Marianne Thilo-Körner
Zellerstr. 9
91074 Herzogenaurach

Handbuchreihe Ländliche Entwicklung

Landwirtschaftliche Beratung
Band 1: Grundlagen und Methoden

Cip-Kurztitelaufnahme der Deutschen Bibliothek

Handbuchreihe ländliche Entwicklung /[Hrsg.: Bundesministerium für wirtschaftliche Zusammenarbeit (BMZ) und Deutsche Gesellschaft für Technische Zusammenarbeit (GTZ) GmbH]. — Rossdorf: TZ-Verlagsgesellschaft·

Teilw. verl. vom Bundesministerium für wirtschaftliche Zusammenarbeit, Bonn und der Deutschen Gesellschaft für Technische Zusammenarbeit (GTZ) GmbH, Eschborn — Franz. Ausg. u.d.T.: Manuels Développement rural

NE: Deutschland <Bundesrepublik>/Bundesministerium für wirtschaftliche Zusammenarbeit

Landwirtschaftliche Beratung.
Bd. 1. Grundlagen und Methoden. — 2., vollst. neu bearb. Auflage — 1987

Landwirtschaftliche Beratung/ [Hrsg.: Bundesministerium für wirtschaftliche Zusammenarbeit (BMZ) und Deutsche Gesellschaft für Technische Zusammenarbeit (GTZ) GmbH]. — Rossdorf: TZ-Verlagsgesellschaft

(Handbuchreihe ländliche Entwicklung)
Franz. Ausg. u.d.T.: Vulgarisation agricole

NE: Deutschland <Bundesrepublik>/ Bundesministerium für wirtschaftliche Zusammenarbeit

Bd. 1. Grundlagen und Methoden/H. Albrecht
[Zeichn.: Rainer Klockow]. — 2., vollst. neu bearb. Auflage — 1987

ISBN 3-88085-345-2

NE: Albrecht, Hartmut [Mitverf.]

Handbuchreihe Ländliche Entwicklung

Landwirtschaftliche Beratung

Band 1: Grundlagen und Methoden

H. Albrecht, H. Bergmann, G. Diederich,
E. Großer, V. Hoffmann, P. Keller,
G. Payr, R. Sülzer

2., vollständig neu bearbeitete Auflage

Eschborn, 1987

Herausgeber:
Bundesministerium für wirtschaftliche Zusammenarbeit (BMZ)
Karl-Marx-Str. 4 — 6, D 5300 Bonn 1,
Deutsche Gesellschaft für Technische Zusammenarbeit (GTZ) GmbH
Dag-Hammarskjöld-Weg 1 — 2, D 6236 Eschborn 1

Autoren
Prof. Dr. Hartmut Albrecht, Dr. Herbert Bergmann, Dr. Georg Diederich, Eberhard Großer, Dr. Volker Hoffmann, Peter Keller, Dr. Gerhard Payr, Dr. Rolf Sülzer

Titelfoto
Walther Haug

Redaktion
Eberhard Großer, Volker Hoffmann, Waltraud Hoffmann

Zeichnungen
Rainer Klockow

Schreibsatz
Waltraud Hoffmann, Christine Neugebauer

Druck
typo-druck-rossdorf gmbh, D 6101 Roßdorf 1

Vertrieb
TZ-Verlagsgesellschaft mbH, Postfach 1164, D 6101 Roßdorf 1

ISBN 3-88085-345-2

Alle Rechte der Verbreitung einschließlich Film, Funk und Fernsehen sowie der Fotokopie und des auszugsweisen Nachdrucks vorbehalten.

GELEITWORT

Ländliche Entwicklung ist eine zentrale Aufgabe der Technischen Zusammenarbeit. Die Arbeit in diesen Projekten erfordert vielfältige Kenntnisse und Erfahrungen. Um sie systematisch zu sammeln und zu vermitteln, haben sich BMZ und GTZ entschlossen, die Handbuchreihe „Ländliche Entwicklung" herauszubringen.

Die erste Auflage des Handbuchs „Landwirtschaftliche Beratung" ist mittlerweile vergriffen. 1984 erschien das Handbuch zur „Vermarktung von Agrarprodukten", und kürzlich fertiggestellt wurden die Handbücher zur „betriebswirtschaftlichen Planung bäuerlicher Kleinbetriebe in Entwicklungsländern", zum „ländlichen Finanzwesen" und zur „formalen und non-formalen Bildung".

Nachdem die erste Auflage des Handbuchs „Landwirtschaftliche Beratung" sowohl bei Projektpraktikern als Arbeitsmittel als auch bei Agrarfakultäten als Lehrbuch für Studenten großen Anklang fand, legen wir nun eine vollständig überarbeitete zweite Auflage vor, die dem Fortschritt der Diskussion und den praktischen Erfahrungen seit 1981 Rechnung trägt. Auch Erfahrungen aus dem Einsatz dieses Handbuchs in der Fortbildungsarbeit von Beratungsfachleuten aus dem In- und Ausland sind in die Überarbeitung eingeflossen. Eine französische (Band 1) und englische (Band 1 und 2) Übersetzung wurden fertiggestellt, eine spanische Übersetzung wird vorbereitet.

Im Geleitwort zur ersten Ausgabe wurde die Frage gestellt, ob man Beratung lernen könne. Davon sind wir inzwischen überzeugt. Vom Berater werden zunächst umfangreiche technische und organisatorische Fähigkeiten und Kenntnisse erwartet. Darüber hinaus muß er in der Zusammenarbeit mit den Menschen kulturelle Einflüsse, andere Religionen und Gesellschaftssysteme sowie geschichtliche Entwicklungen berücksichtigen, denn diese bestimmen die Einstellungen und Handlungen der Familien im ländlichen Raum ganz wesentlich. Neben technischen Fachkenntnissen spielen methodische Fragen eine entscheidende Rolle, für die Beratungskräfte häufig weit weniger gut oder gar nicht ausgebildet wurden.

Mit dem vorliegenden Handbuch wird den Fachkräften die Möglichkeit gegeben, sich die methodischen und theoretischen Grundlagen der landwirtschaftlichen Beratung ergänzend zu ihrer Fachausbildung anzueignen. Im zweiten Band werden dazu dann praktische Beispiele und Arbeitsunterlagen angeboten.

Die Herausgabe der Handbuchreihe hat sich dann gelohnt, wenn sie dazu beiträgt, daß umfangreiche Produktionssteigerungen gerade in den klein- und mittelbäuerlichen Betrieben erzielt werden und daß die Bodenfruchtbarkeit dabei erhalten oder gar verbessert werden kann. So würde ein wichtiger Beitrag zur Lösung der Probleme der Welternährung geleistet.

Allen Mitarbeitern, die bei der Erarbeitung dieses Handbuchs mitgewirkt haben, sei für ihre Mühe und Ausdauer besonders gedankt.

Wir würden uns freuen, wenn die vorliegende Arbeit einen großen Kreis von Interessenten erreicht sowie Leser und Benutzer zu konstruktiver Kritik anregt.

Thomas Schurig

Bundesministerium für wirtschaftliche Zusammenarbeit
(BMZ)

Peter Müller

Deutsche Gesellschaft für Technische Zusammenarbeit
(GTZ) GmbH

INHALTSÜBERSICHT

BAND 1 — GRUNDLAGEN UND METHODEN —

		Seite
I	Bedeutung und Rolle der landwirtschaftlichen Beratung in Entwicklungsländern..	21
II	Beratungsansätze...	45
III	Grundlagen der Beratung...	61
IV	Erfahrungen mit Beratungsvorhaben....................................	115
V	Verfahrensweisen der Beratung..	123
VI	Situationsanalyse...	181
VII	Planung der Beratung..	201
VIII	Organisation und Führung in der Beratung............................	229
IX	Aus- und Fortbildung der Berater......................................	253
X	Die Bewertung landwirtschaftlicher Beratung.........................	263

BAND 2 — ARBEITSUNTERLAGEN —

A	Fallbeschreibungen zu Beratungsansätzen............................	17
B	Ausgewählte Projektbeschreibungen....................................	79
C	Beschreibung wiederkehrender Probleme................................	135
D	Fälle und Beispiele zu Vorgehensweisen...............................	203
E	Verfahrensanleitungen...	277
F	Prüflisten..	361
G	Darstellungsbeispiele und Gestaltungsvorschläge.....................	405

INHALTSVERZEICHNIS BAND 1

- GRUNDLAGEN UND METHODEN -

Seite

Geleitwort.. 3
Inhaltsübersicht und -verzeichnisse... 5
Verzeichnis der Schaubilder.. 17
Verzeichnis der Übersichten.. 18
Vorbemerkungen... 19

I. Bedeutung und Rolle der landwirtschaftlichen Beratung in Entwicklungsländern... 21

    1. Rahmenbedingungen und Ansatzpunkte für die Förderung von Kleinbauern... 22

        1.1 Typische Merkmale der Situation von Kleinbauern................. 22

        1.2 Ländliche Armut und ihre Hauptursachen.......................... 25

        1.3 Ansatzstellen für die Förderung der Kleinbauern................. 31

    2. Funktionen, Ziele und Aufgaben der landwirtschaftlichen Beratung.... 36

        2.1 Allgemeine Charakteristik von Beratung.......................... 36

        2.2 Spezielle Charakteristik landwirtschaftlicher Beratung.......... 39

II. Beratungsansätze.. 45

    1. Der produktionstechnische Ansatz................................... 45

    2. Der Problemlösungsansatz und seine Konsequenzen.................... 46

        2.1 Zielgruppenorientierung... 51

        2.2 Partizipation... 54

        2.3 Schrittweise Projektplanung und -durchführung................... 57

Seite

III. Grundlagen der Beratung 61

    1. Erläuterung zur Auswahl und zum Gebrauch von Konzepten 61

    2. Rahmenmodell der Beratung 64

    3. Vier Beispiele aus der Beratungspraxis 66

    4. Verhalten und Verhaltensänderung 69

    5. Wahrnehmung 73

    6. Abwehrmechanismen 76

    7. Problemlösen und Entscheiden 77

    8. Gruppen und Gruppenprozesse 82

    9. Sozialstruktur und gesellschaftliche Institutionen 86

   10. Kultur 87

   11. Kommunikation 89

   12. Gestaltung von Lernvorgängen 96

   13. Organisation und Führung 99

   14. Die Verbreitung von Neuerungen 103

       14.1 Der Innovator als Störenfried 106

       14.2 Die kritische Phase 107

       14.3 Der Übergang zum sich selbst tragenden Prozeß 108

       14.4 Das Auslaufen der Welle 109

       14.5 Die situationsfunktionale Betrachtungsweise 110

       14.6 Schlußfolgerungen für die Methodik der Beratung 112

IV. Erfahrungen mit Beratungsvorhaben 115

    1. Rolle der Beratung in verschiedenen Förderungsansätzen 115

    2. Situation der Zielgruppen 118

    3. Situation der Berater 119

    4. Bedingungen erfolgreicher Beratung 120

                                                                    Seite
V. Verfahrensweisen der Beratung.. 123

   1. Einzelberatung... 123
      1.1 Einzelberatung im Feld... 125
      1.2 Einzelberatung im Büro oder Haus des Feldberaters.............. 125
   2. Gruppenberatung.. 126
      2.1 Gruppengespräch.. 128
      2.2 Demonstration.. 131
      2.3 Feldtag.. 135
      2.4 Beratung in Ausbildungszentren................................. 138
   3. Massenwirksame Beratung.. 141
      3.1 Kampagne... 142
      3.2 Landwirtschaftsschau... 146
   4. Beratung in ländlichen Schulen..................................... 150
   5. Einsatz von Beratungshilfsmitteln.................................. 154
      5.1 Arten von Beratungshilfsmitteln................................ 155
          5.1.1 Gesprochenes und geschriebenes Wort...................... 156
          5.1.2 Bildliche Darstellungen.................................. 159
          5.1.3 Dias und Filme... 164
          5.1.4 Video-Aufzeichnungen..................................... 165
          5.1.5 Fernsehen.. 167
          5.1.6 Dreidimensionale Darstellungen........................... 167
          5.1.7 Lebendige Darstellungen und Methoden..................... 168
      5.2 Wirkungsmöglichkeiten von Medien............................... 169
      5.3 Einsatzbedingungen für Beratungshilfsmittel.................... 175

Seite

VI. Situationsanalyse 181

    1. Situationsanalyse als Planungsinstrument 182
        1.1 Anwendungsbereiche der Situationsanalyse 183
        1.2 Aufstellung eines Untersuchungsplans 185
        1.3 Bedeutung der Analyse des Sozialsystems 188
    2. Instrumente der Informationsbeschaffung 189
        2.1 Beschaffung und Auswertung vorhandener Daten zur Vorinformation 190
        2.2 Erhebungen im Einsatzland 192
            2.2.1 Beobachtung und Beschreibung 193
            2.2.2 Befragungsmethoden 194
            2.2.3 Direktes Messen 198
            2.2.4 Erprobende Aktion 199

VII. Planung der Beratung 201

    1. Festlegung der Beratungskonzeption 201
    2. Festlegung der Beratungsinhalte 206
        2.1 Beteiligung der Zielgruppen 207
        2.2 Beteiligung der Feldberater 208
        2.3 Beitrag der übergeordneten Ebenen 209
    3. Verknüpfung mit komplementären Maßnahmebereichen 209
        3.1 Forschung 210
        3.2 Infrastruktur 212
        3.3 Bereitstellung von Produktionsmitteln 212
        3.4 Kreditwesen 213
        3.5 Vermarktung 215

	Seite

    4. Gebietseinteilung und Beraterdichte............................... 216

    5. Materielle Ausstattung der Beratung............................... 219

        5.1 Wohn- und Büroräume... 219

        5.2 Transport... 220

        5.3 Beratungshilfsmittel.. 221

        5.4 Budget.. 224

    6. Programmierung der Beratung....................................... 225

VIII. Organisation und Führung in der Beratung............................ 229

    1. Grundlagen der Organisation und Führung........................... 229

    2. Organisationsformen der Beratung.................................. 232

        2.1 Staatliche Beratungsdienste................................... 235

        2.2 Kommerzielle Beratungsdienste................................. 235

        2.3 Projekteigene Beratungsdienste................................ 236

        2.4 Selbsthilfeorganisationen..................................... 237

    3. Personelle Aspekte der Beratungsarbeit............................ 238

        3.1 Aufgaben des Beratungspersonals............................... 238

        3.2 Fachliche Qualifikation....................................... 243

        3.3 Persönliche Eignung... 245

        3.4 Lebens- und Arbeitsbedingungen................................ 246

        3.5 Beurteilung der Berater....................................... 248

    4. Vorschläge für ein verbessertes Berichtswesen..................... 250

Seite

IX. Aus- und Fortbildung der Berater 253

    1. Aus- und Fortbildung leitender Berater 253

    2. Aus- und Fortbildung von Feldberatern 258

    3. Auswahl und Einsatz von Lehrkräften für die Aus- und Fortbildung von Beratern 260

    4. Einsatz von Hilfsmitteln 262

X. Die Bewertung landwirtschaftlicher Beratung 263

    1. Kriterien und Indikatoren für eine Evaluierung der Beratung 265

    2. Verfahren der Evaluierung 269

        2.1 Begleitende Evaluierung 270

        2.2 Abschlußevaluierung 273

    3. Durchführung der Evaluierung 274

        3.1 Auswahl der Evaluierer 275

        3.2 Darstellung der Ergebnisse 277

    4. Aufwand der Evaluierung 280

Quellenverzeichnis 283
Register 297

INHALTSVERZEICHNIS BAND 2
- ARBEITSUNTERLAGEN -

Seite

Inhaltsübersicht und -verzeichnisse 5

A Fallbeschreibungen zu Beratungsansätzen

A 1 Produktionstechnische Orientierung: "Opération Riz" in Madagaskar 17

A 2 Verbesserung der Betriebssysteme: "Fortschrittsleiter-Ansatz" in Salima, Seeuferregion, Malawi 21

A 3 Sozio-ökonomischer Förderansatz: "Community Development" in Indien ... 27

A 4 Sozio-ökonomischer Förderansatz: "Animation Rurale" im frankophonen Afrika 35

A 5 Aktionsforschung und Volksbildung: "Comilla-Ansatz" in Bangladesh ... 41

A 6 Förderung der Grundbildung: "Farmer Training Centres" in Kenya und im Senegal 47

A 7 Dezentrale, partizipatorische Förderung: "DESEC" in Bolivien 51

A 8 Das "CFSME-Beratungs-System" 55

A 9 Das "Training & Visit System" der Weltbank 65

A 10 Forschung und Entwicklung: Verbesserung landwirtschaftlicher Nutzungssysteme durch "Farming Systems Research" 71

B Ausgewählte Projektbeschreibungen

B 1 Landwirtschaftliche Beratung in der Zentralregion Togos - Strategie, Inhalte, Methoden, Mittel 79

B 2 Beratung und Kredit im Rahmen von Betriebssystemen im Projekt Kericho-Distrikt, Kenya 89

B 3 Beratung zur Verbesserung der Ernährungslage im Projekt Paktia-Provinz in Afghanistan 91

B 4 Selbsthilfe-Gruppen und -Vereinigungen bei den TIV in Nigeria 93

B 5 Die Reorganisation der landw. Beratung in der Atlantik-Provinz der Volksrepublik Benin 95

B 6 MINKA, eine peruanische Bauernzeitung im Wandel 113

Seite

C Beschreibung wiederkehrender Probleme

   C 1 "Die Kuh" als Beispiel mißlungener interkultureller Kommunikation.... 135

   C 2 Traditioneller Wissensstand bei den Zielgruppen und die Vermittlung neuer landwirtschaftlicher Informationen........................ 145

   C 3 Hinweise zur Wirksamkeit und Gestaltung bildlicher Darstellungen..... 149

   C 4 Fiktive Kommunikation zwischen Projekten und ihren Zielgruppen: ein Lehrstück aus Nigeria.. 167

   C 5 Erfahrungen mit Demonstrationen in landwirtschaftlichen Entwicklungsvorhaben.. 185

   C 6 Probleme der Arbeit mit Kontaktbauern................................ 189

   C 7 Probleme des Führungsstils in Organisationen........................ 193

   C 8 "Beratung", ein internationales Begriffsproblem..................... 199

D Fälle und Beispiele zu Vorgehensweisen

   D 1 Problemlösungsverfahren des RIP in Botswana......................... 203

   D 2 Problemlösungsansatz im "Tetu Extension Project" in Kenya........... 205

   D 3 Bestimmung der Beratungsverfahren im "Kawinga RDP" in Malawi........ 207

   D 4 Kommitees als Mittler zwischen Zielgruppen und Förderungsorganisation in Malawi... 213

   D 5 Die Rolle der Stimulierung im CFSME-Beratungs-System in Kibuye, Rwanda... 219

   D 6 Bewußtseinsbildung und Ausbildung im Rahmen des CFSME-Beratungs-Systems in Kibuye, Rwanda... 231

   D 7 Majeutik - die Pädagogik der Selbsthilfe von GRAAP.................. 251

   D 8 Ein Gliederungsbeispiel für die Darstellung eines Beratungsprogramms aus dem "Ziegenprojekt" in Ngozi, Burundi..................... 263

   D 9 Abschlußfest und landwirtschaftliche Ausstellung bei den Beratungszentren im CARDER Atlantique, Benin................................. 267

E Verfahrensanleitungen

   E 1 Zielgruppenermittlung und die Differenzierung von Teilgruppen....... 277

	Seite
E 2 Beteiligung der Zielgruppen	283
E 3 Die Identifizierung von Zielgruppen und von Förderungsmaßnahmen	287
E 4 Hinweise für die Auswahl von Kontaktbauern	289
E 5 Zur Methodik des Beratungsgesprächs	295
E 6 Anlage und Nutzung von Fruchtfolgedemonstrationsflächen	305
E 7 Demonstration der Anwendung von Rückenspritzen zur Schädlingskontrolle	311
E 8 Programmierung von Feldtagen	315
E 9 Beispiel für die Beratung an Aufkaufmärkten	319
E 10 Vorbereitung und Durchführung lokaler landwirtschaftlicher Ausstellungen	321
E 11 Einrichtung eines Schulgartens	325
E 12 Hinweise zur Evaluierung von Ausbildungsveranstaltungen	327
E 13 Vortesten von Bildmaterial	337
E 14 Rundbriefe für Berater	343
E 15 Hinweise für Gestaltung und Vortrag einer Rede im Rahmen massenwirksamer Beratungsverfahren	345
E 16 Die Gestaltung von Arbeitsbesprechungen zur Problemermittlung	347
E 17 Verbesserte Kommunikation in Gruppen durch Visualisierung	349
E 18 Vorschläge für die Gestaltung partizipativer externer Evaluierungs-Missionen	355
E 19 Hinweise für die Nutzung von Fahrzeugen bei Beratungsorganisationen	359

F Prüflisten

F 1 Prüfliste zu begrenzenden Faktoren für die Partizipation der Zielgruppen	361
F 2 Prüfliste zu Schwachstellen in der Beratungsarbeit	363
F 3 Prüfliste zu Merkmalen erfolgreicher Förderung und Beratung	367
F 4 Prüfliste zur Informationsbeschaffung in der Situationsanalyse	371

F 5 Prüfliste zu Annahmen über Ausmaß und Geschwindigkeit der Verbreitung von Neuerungen.. 377

F 6 Prüfliste zur Bewertung von Innovationen........................... 379

F 7 Prüfliste für die Auswahl von Kontaktbauern....................... 381

F 8 Merkpunkte für den Feldberater bei der Bildung von Dorfkomitees.... 385

F 9 Merkpunkte zur Vorbereitung und Durchführung von Gesprächen in der Einzelberatung.. 389

F 10 Leitfragen für den Beratungsvorgang................................ 393

F 11 Prüfliste für die Vorbereitung und Durchführung einer Versammlung im Rahmen einer Kampagne... 395

F 12 Prüfliste für den Medieneinsatz.................................... 399

G Darstellungsbeispiele und Gestaltungsvorschläge

G 1 Datenplan zur Situationsanalyse.................................... 405

G 2 Gliederungsvorschlag für Durchführbarkeitsstudien zur Beratung...... 407

G 3 Ausschnitt aus einer Begriffskartei................................ 409

G 4 Beispiel für ein Routine-Berichts-Blatt einer Zielgruppenorganisation.. 411

G 5 Beispiel eines Beratungsrundbriefs zur Einführung einer verbesserten Unkrauthacke... 413

G 6 Beispiel für die Kalkulation des Zeitaufwands für die Demonstration einer Rückenspritze.. 417

G 7 Beispiel für den Personalbedarf einer regionalen Agrarverwaltung in Malawi.. 419

G 8 Drei Beispiele für die Gestaltung von Arbeitsprogrammen für Feldberater.. 421

G 9 Didaktisches Material zur Bewußtseinsbildung und Ausbildung in der Zentralregion Togos... 425

G 10 Didaktisches Material zur Bewußtseinsbildung und Ausbildung aus dem landwirtschaftlichen Beratungsvorhaben Nyabisindu, Rwanda........... 437

G 11 Didaktisches Material zur Bewußtseinsbildung und Ausbildung von GRAAP, Burkina Faso.. 455

VERZEICHNIS DER SCHAUBILDER IN BAND 1

	Seite
1. Produktionstechnischer Ansatz bei Beratungsprojekten	47
2. Problemlösungsansatz bei Beratungsprojekten	48
3. Stellung der Problemdefinition im Projektgeschehen	49
4. Differenzierung von Gruppen aus der Sicht eines Projektes	52
5. Modell der schrittweisen und flexiblen Projektplanung und -durchführung	58
6. Rahmenmodell organisierter Beratung	64
7. Modell des psychischen Feldes	70
8. Modell der Verhaltensänderung	71
9. Vorgänge menschlicher Wahrnehmung	74
10. Stadien systematischer Problemlösung	79
11. Komponenten der Wahl zwischen Alternativen	80
12. Gruppen und ihre Einflußfaktoren	83
13. Modell für die direkte persönliche Kommunikation	90
14. Einflußfaktoren im Kommunikationsprozeß	93
15. Netzwerk von Kommunikationsprozessen in Zusammenhang mit und im Umfeld von Beratungsdiensten	96
16. Zwei Verlaufsformen der Ausbreitung von Neuerungen	105
17. Phasen im Diffusionsprozeß	106
18. Der Management Regelkreis	181
19. Der Evaluierungsvorgang	264
20. Diffusionskurve als Evaluierungsinstrument	278

VERZEICHNIS DER ÜBERSICHTEN IN BAND 1

Seite

1. Wiederkehrende Probleme, die bei der Neuerungsausbreitung auftreten..... 111

2. Wiederkehrende wichtige Eigenschaften von Neuerungen, die den Verlauf und die Geschwindigkeit der Diffusion beeinflussen können............... 112

3. Beispiel für den möglichen Ablauf eines Feldtages...................... 139

4. Benutzungssituationen von Beratungshilfsmitteln........................ 157

5. Kriterien und Indikatoren für die Ableitung des Beratungskonzepts....... 204

6. Beitrag verschiedener organisatorischer Ebenen bei der Ableitung von Beratungsinhalten... 207

7. Schwachstellen im Forschungsbereich und Verbesserungsmöglichkeiten...... 211

8. Einflußfaktoren auf die Beraterdichte.................................. 217

9. Programmierung der Beratung.. 227

10. Merkmale von Beratungsorganisationen verschiedener Träger............... 234

11. Kriterien und Indikatoren zur Evaluierung der Beratung.............. 268,269

12. Vorteile und Nachteile verschiedener Evaluierer........................ 276

VORBEMERKUNGEN

Zielsetzung des Handbuchs

Das vorliegende Handbuch zur landwirtschaftlichen Beratung soll den Fachkräften, die in Ländern der Dritten Welt mit Förderungsmaßnahmen zur Verbesserung der landwirtschaftlichen Beratung befaßt sind, - sei es bei der Planung, Durchführung oder Evaluierung von Beratungsmaßnahmen - Unterstützung bieten.

Dieses Handbuch ist Bestandteil einer Publikationsreihe, die unter dem Namen **"Handbuchreihe Ländliche Entwicklung"** herausgegeben wird. Darin wird der Versuch unternommen, auf verschiedenen Fachgebieten in komprimierter Form eine gedankliche Orientierung und eine Hilfe für die Praxis der Technischen Zuammenarbeit zu geben. Bisherige Erfahrungen sollen aufbereitet und mit bewährten Theorien verknüpft werden. Insgesamt wollen die Herausgeber einen Rahmen schaffen, der die Planung, Durchführung und Bewertung von Projekten durchsichtiger und die Entscheidungen rationaler machen kann. Das bedeutet nicht unbedingt eine Vereinfachung, wohl aber eine bessere Fundierung der Arbeit.

Das Handbuch zur landwirtschaftlichen Beratung versucht, theoretische Grundlagen und wesentliche Zusammenhänge aus dem umfassenden Aufgabenfeld der Beratung zu verdeutlichen und daraus - wie auch aus der bisherigen praktischen Erfahrung - Vorschläge für die Gestaltung der Projektpraxis zu machen. Auf keinen Fall möchte das Handbuch als "Rezeptbuch" verstanden werden, denn es kann keine Anweisung für Einzelfälle geben, sondern lediglich Wege aufzeigen, wie man auf systematische Weise in spezifischen Situationen zu Problemlösungen gelangen kann.

Es wurde versucht, den Text so einfach wie möglich zu gestalten und durch Verzicht auf rein wisssenschaftliche Erörterungen oder auf die dort so beliebten Fußnoten möglichst verständlich zu halten. Hinweise auf weiterführende Literatur geben das Quellenverzeichnis in Band 1 und die Quellen- und Literaturangaben zu den Arbeitsunterlagen des 2. Bands.

Die Darstellung der Erfahrungen, Probleme und Lösungswege ist weder vollständig noch auf jede Situation zutreffend. Der Leser wird "sein" Projekt und "seine" Aufgabe wahrscheinlich so nicht im Handbuch wiederfinden. Er ist daher aufgefordert, selbst zu prüfen, was sich von den grundlegenden Aussagen und den aufgeführten Beispielen in seine jeweilige Arbeitssituation übertragen läßt.

Das Handbuch bleibt beim gegenwärtigen Stand unseres Wissens und unserer Erfahrung auch in seiner zweiten Auflage ein Versuch. Gerade im Hinblick auf die Beratung kleinbäuerlicher Bevölkerung bestehen noch große Lücken in der praktischen Erprobung von Vorgehensweisen. Diese Lücken können nur dann geschlossen werden, wenn sich die Benutzer dieses Handbuchs aktiv an seiner Weiterentwicklung beteiligen.

Auf der Grundlage dieses Handbuchs wird auch weiterhin Aus- und Fortbildung für Mitarbeiter im In- und Ausland sowie für Counterpartpersonal durchgeführt.

Aufbau des Handbuchs

Das Handbuch besteht aus **zwei Bänden**: einem **Grundlagenteil**, (Band 1) und den **Arbeitsunterlagen** (Band 2) als Ergänzung.

In Band 1 sollen Einsichten in die Grundlagen einer problemorientierten und systematischen Beratungsarbeit vermittelt werden. Band 2 enthält eine Sammlung von Arbeitsunterlagen, die zur weiteren Verdeutlichung und Konkretisierung, zur Illustration und Ergänzung von Band 1 dienen sollen.

Alle **Verweise** in diesem Handbuch sind durch diesen ⟶ Pfeil gekennzeichnet. Sie sollen das Nachschlagen und Querlesen erleichtern. Dem gleichen Zweck dient das ⟶ Register in Band 1.

Der Leser sollte sich durch den Umfang des Handbuchs nicht abschrecken lassen. Man liest Handbücher ja selten "am Stück". Die Kapitel 1-3 vermitteln dem Leser die Grundorientierung des Handbuchs; die übrigen Kapitel und die zugehörigen Arbeitsunterlagen sind "Ergänzungslektüre" aus der jeder nach Bedarf die benötigten Sachverhalte gezielt herausgreifen kann.

Abschließend bleibt zu hoffen, daß sich dieses Handbuch auch weiterhin als nützlich erweist, und daß seine Aussagen durch einen fortlaufenden Gedankenaustausch vertieft werden können.

Wolfgang, Graf zu Castell, Karin Foljanty, GTZ, Abt.11

I. BEDEUTUNG UND ROLLE DER LANDWIRTSCHAFTLICHEN BERATUNG IN ENTWICKLUNGSLÄNDERN

Beurteilt man die internationale technische Zusammenarbeit der letzten 20 Jahre nach ihren Wirkungen auf die Lebensbedingungen der ländlichen Bevölkerung in Entwicklungsländern, so stößt man auf wenig erfreuliche Veränderungen und Tendenzen. Nach Angaben der Weltbank ist seit 1970 die **Pro-Kopf-Produktion an Nahrungsmitteln** in 52 der 125 Entwicklungsländer **zurückgegangen**. Noch nie gab es so **extreme Unterschiede** in den Lebensbedingungen und Lebenschancen wie heute. Ohne einschneidende Veränderungen wird der Abstand zwischen Industrieländern und der Dritten Welt sich auch künftig noch vergrößern.

Ist die Zunahme von Überernährung und Nahrungsüberschüssen auf der einen, von Not und Hunger auf der anderen Seite nur auf quantitativ unzureichende Entwicklungsbemühungen zurückzuführen? Oder sind auch die vorherrschenden **Problemdefinitionen und** damit die bisher versuchten **Lösungsansätze** zu überprüfen?

Unterentwicklung wurde bisher als ein Problem "rückständiger" Produktionsverfahren definiert. Demnach ginge es darum, technisch wirksame und wirtschaftlich vorteilhafte Neuerungen anzubieten. Die Produzenten würden diese von selbst aufgreifen, allenfalls sei ein geringer Aufwand an Unterstützung erforderlich. Die Erfahrung zeigt, daß diese Annahmen für den größten Teil der landwirtschaftlichen Produzenten in Entwicklungsländern, nämlich die Landlosen und die Kleinbauern, nicht zutreffen. Angebote vorgefertigter Lösungen, die nicht aus wirklichkeitsgerechter Problemsicht entwickelt wurden, blieben unwirksam oder trugen sogar zur weiteren Verschärfung der Problemlage bei.

Dieses Handbuch will seinen Benutzern dabei helfen, Probleme möglichst zutreffend zu definieren, um qualifiziert an Lösungen mitzuarbeiten.

Gute landwirtschaftliche Beratung erfordert umfangreiches Wissen und Können, detaillierte Analyse und vorausschauende Überlegungen zur Strategie, Methodik und Planung der Arbeit.

Sie nutzt dafür Methoden und Ergebnisse verschiedener Wissenschaftszweige wie Soziologie, Psychologie und Pädagogik, hat sich dabei aber zu einem eigenen Fachgebiet und Berufsfeld entwickelt.

Beratungswissen und -können sind erlernbar. Begründete und gezielte Schritte sollen an die Stelle unreflektierten Handelns im Umgang mit Beratungspartnern treten. Der überlegt Handelnde ist meist im Vorteil gegenüber dem, der nur gefühlsmäßig etwas tut. In diesem Sinne mögen Mitarbeiter und Partner landwirtschaftlicher Beratungsdienste die im Handbuch enthaltenen Grundsätze, Grundlagen und Methoden auffassen, verarbeiten und anwenden.

1. RAHMENBEDINGUNGEN UND ANSATZPUNKTE FÜR DIE FÖRDERUNG VON KLEINBAUERN

Um Ansatzstellen zu wirksamer Förderungspolitik für Kleinbauern zu finden, muß man zunächst ihre Ausgangssituation untersuchen (⟶ Kap. I.1.1) und die Ursachen der ländlichen Armut zu ermitteln versuchen (⟶ Kap. I.1.2). Weiterhin ist die Frage zu beantworten, welche Handlungsmöglichkeiten und welchen Handlungsspielraum die Kleinbauern besitzen, um die armutverursachenden Faktoren zu beseitigen. Daraus ergeben sich Hinweise dafür, wie man den Kleinbauern helfen kann, sich Zugang zu nachhaltig besseren Produktions- und Lebensbedingungen zu verschaffen (⟶ Kap. I.1.3).

1.1 TYPISCHE MERKMALE DER SITUATION VON KLEINBAUERN

Wenn man die eigenen Vorbilder als Maßstäbe anlegt und dann bei andern nach Abweichungen, Fehlern und Mängeln sucht, werden die Eigenarten und Möglichkeiten der Partner kaum erkennbar. Vor allem wird aber der Aufbau einer Beziehung verhindert, die auf **gegenseitiger Wertschätzung** und auf **wechselseitigem Lernen** beruht.

Im Deutschen haben die Bezeichnungen "ländliche Gebiete" und "Bauern" wohl eher Beiklänge von Achtung und Zuneigung als im Englischen, Französischen oder Spanischen ("countryside/peasant", "campagne, brousse/ paysan", "campo/campesino"). Wer sich aber unvoreingenommen mit einem ländlichen Gebiet vertraut macht, der entdeckt vieles, was er achten und schätzen wird: Ausgeprägte Persönlichkeiten, Landnutzungs- und Siedlungsformen, die den Standortbedingungen bewundernswert angepaßt sind, sinnvolle und vielfältige Abläufe von Tätigkeiten im Jahresverlauf, Aufgabenverteilungen und soziale Regelungen, Zeremonien und Feste, einfallsreiche Erzähler und Künstler, treffende Sprichwörter und Geschichten ...

Nur wer eine **persönliche Beziehung** und **Zuneigung** zu den Menschen und der Landschaft hat, die er fördern soll, wird gute Arbeit als Berater leisten können, indem er hilft, **nicht nur** zu **verändern** und zu entwickeln, sondern **auch** zu **bewahren,** zu pflegen und wiederherzustellen.

Nicht nur persönliche Aufgeschlossenheit, sondern auch sachliche Überlegungen legen es nahe, zuerst nach örtlichen Anregungen, Verbündeten, Möglichkeiten und Hilfsquellen zu suchen. Schließlich waren es einfache Bauern und Viehzüchter, welche die Nutzpflanzen und Tiere, von denen wir heute leben, seit fast zehntausend Jahren aus Hunderttausenden von Arten ausgewählt, gezüchtet und weitergegeben haben. Die moderne Agrar- und Arzneiforschung hat auf diesem Erbe von Lokalsorten und -rassen aufgebaut. Diese verdienen es daher in jedem Fall, ebenso wie **bewährte Anbauverfahren und Organisationsformen,** unvoreingenommen auf ihre **Leistungsfähigkeit** und auf **naheliegende Verbesserungsmöglichkeiten** untersucht zu werden.

Preisverfall von Agrarexporten - Preissteigerungen von importierten Geräten, Düngemitteln und Kraftstoffen - wachsende Abhängigkeit von importierten Nahrungsmitteln - Landflucht und Arbeitslosigkeit - abnehmende Bodenfruchtbarkeit und Wüstenausbreitung ...: All diese Erscheinungen legen es nahe, die Situation in Gebieten, die starken Modernisierungseinflüssen ausgesetzt waren, mit der in abgelegenen Gebieten zu vergleichen. Gerade in schwierigen Zeiten nötigen die Leistungen ländlicher Bevölkerung mit verhältnismäßig **eigenständiger Entwicklung** nicht selten Bewunderung ab.

Allerdings sind dort, wo die Absicht besteht, durch Beratung ärmere Bevölkerungsgruppen zu fördern, keine ländlichen Idylle zu erwarten. Die Mehrheit der landwirtschaftlichen Produzenten mag etwa als Landlose oder Kleinbauern von der Nutzung der besten Standorte sowie der wirksamsten Anbaumethoden, Organisationsformen, Dienstleistungen und Produktionszweige mehr oder weniger ausgeschlossen sein. Nicht nur gegenseitige Hilfe und nachbarschaftliche Harmonie, sondern auch gegenseitiges Mißtrauen, Rivalität und Konflikte sind die Regel. Im folgenden werden die Ärmeren aus der landwirtschaftlich tätigen Bevölkerung zusammenfassend als "Kleinbauern" bezeichnet.

Ein "Kleinbauer" läßt sich nicht nach einem einzigen statistischen Merkmal - etwa nach der Größe der bewirtschafteten Fläche - bestimmen. Die Abgrenzung wie auch die Lage dieser Bevölkerungskategorie ist durch ein Bündel von sozialen und ökonomischen Faktoren bestimmt. Dennoch finden sich, bei aller Vielfalt von Besonderheiten, weltweite Gemeinsamkeiten.

Wir gehen hier von folgenden **typischen Merkmalen** aus:

- Kleinbauern sind Eigentümer oder Pächter von **Familienbetrieben**: Haushalt und Betrieb bilden eine Einheit.

- Sie betreiben Ackerbau und Viehzucht **überwiegend zur Subsistenzsicherung**; sie befinden sich am Rande des monetären Wirtschaftskreislaufs.

- Ihre **Ressourcen** (Arbeit, Boden, Kapital, Information) sind in der Regel **knapp** und langfristig z. T. rückläufig (nachlassende Gesundheit und Arbeitskraft, nachlassende Bodenfruchtbarkeit, zunehmende Verschuldung, ein für veränderte Umstände immer weniger ausreichendes Wissen und Können...).

- In der Auseinandersetzung mit der **Natur** können sie sich nur **unvollkommen absichern** und sind Ernteausfällen, dem Verlust von Vieh oder von Erwerbsmöglichkeiten wie auch Krankheiten selbst bei größter Vorsicht oft **hilflos ausgeliefert**. Mythen, religiöse Vorstellungen und Praktiken sind für sie lebenswichtig (dies wird von Außenstehenden gern als "rückständiger Aberglaube", "magisches Denken","Animismus" usw. abqualifiziert).

- Im Verkehr mit der **Außenwelt** und mit wohlhabenderen oder gebildeteren Personen haben sie, oft aus langjähriger Erfahrung und Tradition, das Gefühl, stets am **kürzeren Hebel** zu sitzen. Ruht nicht die gesamte Gesellschaftspyramide auf den Armen auf dem Land als der untersten, breitesten Stufe? Ihre ohnehin mühselige Existenz wird erschwert durch zusätzliche Belastungen und Benachteiligungen wie Abgaben, Arbeitsverpflichtungen, Schulddienste, ungünstige Preis- und Austauschverhältnisse, schlechte Versorgung...

- Im Umgang mit **Autoritäten** (Grundherren, lokalen Führern, Kaufleuten, Beamten, Vertretern ausländischer Organisationen ...) besteht für Kleinbauern oft **keine Möglichkeit zum offenen Dialog**: Meinungsäußerungen werden nicht beachtet, Widerspruch wird bestraft. Um aussichtslose Konfrontation zu vermeiden, bleibt oft nur der Ausweg, dem Ansinnen eines Mächtigeren zunächst scheinbar zuzustimmen, sich daran aber nicht gebunden zu fühlen. Wo auch **passive Formen des Widerstands** versagen, bleibt nur die Unterwerfung und Resignation (dies wird von Außenstehenden oft als "Dummheit", "Hinterhältigkeit" oder "Fatalismus" gedeutet).

- In der **Gemeinschaft** (der Familie, des Dorfes, des Stammes ...) wird das **Ausgeliefertsein** an die Natur und an fremde Willkür **gemildert** durch Zugehörigkeit, Solidarität und Anerkennung. Dabei wird der einzelne in ein Netz von Ansprüchen und Pflichten gegenseitiger Unterstützung und Hilfeleistung eingebunden, im Notfall aber auch darin aufgefangen. Für Außenstehende ist es schwer festzustellen, ob dabei Ausgleich oder Übervorteilung vorwiegt (vorschnelle Verurteilung von "unbeweglichen Strukturen", "veränderungs- und risikoscheuen Bauern" ist ebenso wenig hilfreich wie romantische Verklärung der "Dorfgemeinschaft").

1.2 LÄNDLICHE ARMUT UND IHRE HAUPTURSACHEN

Was man für sich selbst als Armut ansieht und von wo ab man andere als "arm" einstuft, das ist schwer festzulegen. Man kann aber erst dann über Ursachen von Armut ernsthaft nachdenken, wenn geklärt ist, von welchen **Erscheinungsformen von Armut** auszugehen ist.

Es gibt nicht sehr viele Werte, die von allen Menschen und in allen Staaten und Gesellschaften anerkannt werden; die **extreme Ungleichheit der Lebenschancen** in der heutigen Welt führt dazu, daß kein anerkannter Wert überall und jederzeit verwirklicht wird.

"Grundbedürfnisse" und "Menschenrechte" sind Konzepte und Forderungskataloge, auf die sich Mehrheiten von wirtschaftlich gesicherten und einflußreichen Personen geeinigt haben und mit denen sie ausdrücken, wo die Ausbeutung und Unterdrückung anderer spätestens begrenzt oder durch Hilfe gemildert werden soll. Legt man die "Sicherung der Grundbedürfnisse" und die "Wahrung der Menschenrechte" jedoch umfassend aus, so gibt es vermutlich vorwiegend Arme auf dieser Welt.

Andererseits wird **"Armut"** in vielen Sprachen, Religionen und Philosophien **nicht nur** als Mangel, **Unglück** und Unwert begriffen. Dagegen gilt das Streben nach unbegrenztem Reichtum, dessen Zur-Schau-Stellung und Verschwendung auf Kosten der Armen und künftiger Generationen als gefährliche Verirrung. Armut im Sinne von **bewußter Selbstbeschränkung auf** das zu einem guten Leben in der Gemeinschaft **Notwendige** sowie von Verantwortung für und Rechenschaft über den Lebensunterhalt ist nach diesen Auffassungen der höhere Wert.

Da es unseres Erachtens keine allgemeingültige Antwort gibt, wollen wir eine **Begriffsbestimmung der Armut nach** dem **Grad** und dem **Verlauf von Veränderungen** vornehmen und drei Stufen von Armut unterscheiden:

(1) Stationäre Ur-Armut
(2) Verarmung
(3) Elend.

Was wir als **stationäre Ur-Armut** bezeichnen möchten, findet sich heute nur noch an wenigen, vom Weltmarkt unberührten Plätzen. Die Gruppe überlebt mit einfachen technischen Mitteln, meist in einer unwirtlichen Umwelt. Solange nicht Mitglieder oder Teilgruppen von sich aus in größerem Umfang zu anderen Lebensformen übergehen möchten, kann von Armut nur aus der Sicht anmaßender Fremder gesprochen werden.

Verarmung und Verelendung besteht in einer erlebten Verschlechterung der Lebensverhältnisse. Dieses Erlebnis stellt für die Betroffenen wie auch für diejenigen, die ihnen wohl wollen, ein Problem dar. Verarmung geht meist einher mit einem - überwiegend von außen eingeleiteten - **Verlust von Kontrolle über**:

- die eigenen Lebensbedingungen und die der Nachkommen,
- die kulturelle, soziale und wirtschaftliche Erhaltung und Erneuerung des kleinräumlichen Lebenszusammenhangs,
- die Bewahrung eines ökologischen Gleichgewichts.

Elend ist ein Zustand, in welchem durch extreme Verarmung das individuelle oder gar das **Überleben** ganzer Gruppen **akut gefährdet** ist. Identität und Selbstbestimmung sind bedroht oder verloren.

Bei dieser Betrachtungsweise der Erscheinungsformen von Armut rückt die Frage nach den **Ursachen von Verarmung** in den Vordergrund. Die Überlebenskrisen in vielen Teilen der Welt und das Welternährungsproblem sind offenbar weniger eine Folge von "traditioneller" Armut als von akuter Verarmung und Verelendung.

Die Armen und Hungernden haben **nicht** mehr **ausreichend Macht** (Geld, Rechte, Wissen ...), um sich genügend Nahrung, Einkommen, Wohnung usw. zu verschaffen.

Diese Feststellung wird allerdings auch bestritten: Verarmung sei die Wirkung, die Welternährungskrise dagegen die Ursache, und deren Ursache wiederum sei eine im Vergleich zur Nahrungsmittelproduktion schneller wachsende Weltbevölkerung.

Damit wird ein Hinweis auf **Methodenprobleme der Ursachenanalyse** nötig. Offensichtlich besteht eine Grundschwierigkeit darin, Ursachen und Wirkungen richtig zu trennen und zuzuordnen. Erschwert wird dies dadurch, daß es sich bei gesellschaftlichen Entwicklungen nicht um einfach lineare Ursache-Wirkungs-Beziehungen handelt, sondern um komplexe, vernetzte und vielfach über Befürchtungen und

Erwartungen rückgekoppelte Vorgänge. Entsprechend vielfältig sind sowohl die Erscheinungsformen als auch die Erklärungs- und Deutungsmöglichkeiten.

In der wissenschaftlichen Diskussion konkurrieren unterschiedliche Entwicklungstheorien um die Auslegung der Ereignisse, in der politischen Diskussion sind es unterschiedliche entwicklungspolitische Konzepte, die ihrerseits sowohl durch verschiedene Auffassungen als auch aufgrund unterschiedlicher Interessen zustande kommen. Einen allgemeinen Konsensus über die Ursachen von Armut und Verarmung in der Dritten Welt können wir ebensowenig erkennen, wie über die Beurteilung der Zustände und Lebensverhältnisse in den Industrieländern.

Es erscheint uns daher notwendig, unseren Stand der Überlegungen zu dieser grundlegenden entwicklungspolitischen Frage, schon aus Fairness gegenüber dem Leser, nicht verborgen zu halten. Auch wenn Entwicklungspolitik nicht unmittelbar Gegenstand dieses Handbuchs ist, so läßt sich Beratung als Instrument zur ländlichen Entwicklung eben nur von einem allgemeinen Entwicklungsverständnis her begründen und beschreiben.

Wir sehen als wichtigste Ursache von Verarmung und Verelendung die Verschärfung extremer Ungleichheiten zwischen Ländern, gesellschaftlichen Gruppen und Personen. Militärische, wirtschaftliche und Informationsvorsprünge verwandeln sich schnell in ein Übergewicht der Macht. Für die in der Wohlstands- und Wissensentwicklung Zurückbleibenden bedeutet dies **zunehmende Abhängigkeit und Ohnmacht,** sich gegen Unterdrückung und Ausbeutung wirksam zu wehren.

Ins Zentrum unserer Ursachenzuweisung haben wir also die Machtfrage gerückt und damit die aktuelle Verarmung großer Teile der Landbevölkerung in der Dritten Welt auf deren **Verlust an Selbstbestimmung** und an Gestaltungsmöglichkeiten zurückgeführt.

In engem Zusammenhang mit dieser Grundursache sehen wir weitere Problembereiche, die unmittelbar zur Verarmung beitragen, weil sie die Handlungsmöglichkeiten der Betroffenen einschränken. Sie zeigen sich z. B. in entwicklungshemmender Agrarverfassung, in mangelhafter Wissensweitergabe, in zunehmender Überbevölkerung, im Verfall natürlicher Ressourcen, in ungenügender oder ungleicher Verfügbarkeit von Produktionsmitteln oder in ungünstigen Preis- und Austauschverhältnissen. Diese Problembereiche werden im folgenden noch näher beschrieben.

Die **Agrarverfassungen** vieler Länder halten Kleinbauern und Landlose auf unsicherer Existenzgrundlage und in engen Begrenzungen ihrer Handlungsmöglichkeiten fest. Diese Situation verbessert sich auch nach Durchführung von **Agrarreformen** oft nicht. Die wirtschaftlichen, sozialen und politischen Verhältnisse lassen eine Stärkung der Armen überall dort nicht zu, wo mächtigere Gruppierungen eine bessere Landnutzung verhindern.

Agrarpolitische Maßnahmen zugunsten der Stadtbevölkerung wirken sich oft für Kleinbauern ungünstig aus. Preisbeschränkungen für Grundnahrungsmittel bei sonst steigenden Preisen verringern ihr Einkommen und ihre Produktionsanreize. Billigimporte von Nahrungsmitteln und Nahrungsmittelhilfe haben gleiche Wirkungen. Einkommensunabhängige Kopfsteuern und einseitige Förderung von Exportkulturen belasten Kleinbauern unverhältnismäßig stark und gefährden ihre Eigenversorgung direkt und indirekt, indem sie sie zum Raubbau am Boden zwingen.

Mangel an wirksamer Interessenvertretung kennzeichnet insgesamt die Lage der kleinen Betriebe in der sozioökonomischen Struktur der meisten Länder. Oft verfügen wenige einflußreiche Personen im eigenen Interesse über Hilfsmaßnahmen von außen und über Leistungen obligatorischer "Gemeinschaftsarbeit". Modernisierung und wachsende Ungleichheiten führen zum Rückgang von Nachbarschaftshilfe. Mißtrauen und Interessengegensätze, der Kompetenzverlust oder die Korruption traditioneller Führer und die Bildung **außenabhängiger Machteliten** verringern sowohl die Handlungsfähigkeit der Kleinbauern selbst als auch den politischen Rückhalt für Kleinbauernprogramme.

In Zeiten raschen demographischen, technologischen, ökologischen und sozio-kulturellen Wandels reicht die traditionelle Ausbildung im elterlichen Betrieb und im Dorf nicht aus, um die Heranwachsenden auf die neuen Herausforderungen vorzubereiten. Das **formale Schulwesen,** das heute im Zentrum der Bildungsanstrengungen steht, trägt meist wenig zur Verbesserung der ländlichen Lebensverhältnisse bei. Im Gegenteil: Es unterbricht eher die Vermittlung des zum Leben am Ort erforderlichen Wissens und Könnens und **weckt unrealistische Wunschvorstellungen** und Erwartungen. Beides drängt die Jugendlichen, in der Stadt nach anderen Tätigkeiten und Lebensformen zu suchen. Auch in den Augen der Zurückbleibenden erscheint Landarbeit nur noch als minderwertiger Notbehelf.

Die Problematik **zunehmender Überbevölkerung** ist erst in diesem Jahrhundert zur weltweiten Existenzfrage geworden. Jahrtausendelang waren hohe Geburtenzahlen erforderlich, damit Familien und größere soziale Einheiten überleben konnten.

Zwar bestanden auch früher schon kulturelle, soziale und medizinische Vorkehrungen gegen Überbevölkerung, wo Intensivierungs- und Ausweichmöglichkeiten nicht ausreichten, das Hauptgewicht der Regulation lag jedoch auf der Sterberate.

Vor allem Hunger, Krankheiten, Auswanderung und Krieg steuerten die Bevölkerungsdichte. Diese Regulierungen sind zunehmend unwirksam oder unannehmbar geworden. Obwohl dadurch die direkte Beeinflussung der Geburtenrate notwendig wird, stehen in den meisten Gesellschaften aus jahrtausendealter Tradition noch alle Signale auf hoher Kinderzahl. Das Bewußtsein dafür, daß Kindersegen und die höchstmögliche Zahl von Nachkommen nicht mehr unbedingt zu eigenem Lebensglück und zum Wohl der Gemeinschaft führen, ist hinter der Wirklichkeit zurückgeblieben.

Die Problemlösung durch erfolgreiche Familienplanung verlangt eine geschlossene Kette vom Bewußtseinswandel über das Wissen bis zur Verfügbarkeit und Anwendung der Mittel und Methoden, die in den meisten Entwicklungsländern derzeit noch nicht geschmiedet werden kann.

Im **ökologischen System** der meisten Länder ist heute das Zusammenspiel und die Selbstregulierung von Boden, Klima, Wasser, pflanzlichem und tierischem Leben durch menschliche Eingriffe gestört. Die Verödung seit langer Zeit dicht besiedelter Landschaften kann bei wachsender Bevölkerung kaum durch Neulanderschließung wettgemacht werden. Versuche, die Produktion dennoch zu steigern, arten in kurzsichtigen Raubbau aus: Abholzung, Überweidung, Bodenerschöpfung, Absenkung des Grundwasserspiegels durch Erosion und Abpumpen im Wettstreit der Brunnenbesitzer, Schädlingsepidemien nach der Störung früherer Gleichgewichte durch großflächige Monokulturen und massive chemische Behandlungen ... Gerade großangelegte Eingriffe wie Staudämme, großflächige Waldrodungen und große Plantagen leisten über ökologische Katastrophen oder direkt durch die Verdrängung von Nahrungskulturen dem Hunger der Armen Vorschub. Aber auch in der kleinbäuerlichen Landwirtschaft haben die Abkehr von Mischkulturen sowie die Einführung neuer Sorten mit höherer Empfindlichkeit gegen Krankheiten und Schädlinge und höheren Pflegeansprüchen gerade an tropischen Standorten zur Störung des Ökosystems beigetragen.

Verfolgt man in der Kleinbauernförderung Modernisierungskonzepte, die sich an derzeitigen Formen der Landbewirtschaftung in Industrieländern orientieren, so treten neben ökologischen Nachteilen verstärkt auch Probleme in der **Produktionsmittelversorgung**, der Wirtschaftlichkeit der Produktion und in den Bereichen **Vermarktung** und **Kredit** auf.

Als "klassischer" Engpaß der Produktivätsentwicklung in der kleinbäuerlichen Landwirtschaft gilt bisher die Versorgung mit wirksamen, jedoch aus lokalen Quellen nicht verfügbaren Produktionsmitteln. Ihr Erwerb ist mit Geldaufwendungen verbunden, die in keinem Verhältnis zu den bisherigen Betriebsausgaben der meisten Kleinbauern stehen.

Wenn geldintensive Neuerungen ohne **Kredite** angeboten werden, ist ihre Übernahme für die meisten Kleinbauern unmöglich. Der Kredit bei privaten Geldverleihern verstrickt die Schuldner in existenzgefährdende Abhängigkeiten; Sicherheiten und Rückzahlungsgarantien für Bankkredite können Kleinbauern meist nicht bieten.

Selbst wo Bauern durch eine Kreditorganisation, die ihren Bedürfnissen entgegenkommt, in die Lage versetzt werden, ertragssteigernde Produktionsmittel zu bezahlen, ist oft eine rechtzeitige und regelmäßige Versorgung nicht gewährleistet. Schwierige Transportverhältnisse und unzureichende Lagermöglichkeiten überfordern vielfach die Leistungsfähigkeit öffentlicher Monopolorganisationen, sobald die erwartete und erwünschte Nachfragesteigerung tatsächlich eintritt.

Sofern auch dieser Engpaß überwunden werden kann, sind Kleinbauern nur dann in der Lage, den intensivierten Einsatz zugekaufter Produktionsmittel durchzuhalten, wenn lohnende **Vermarktungsmöglichkeiten** für ihre Produkte bestehen und erhalten bleiben. Gerade die längerfristige Sicherung des Absatzes zu attraktiven Erzeugerpreisen erweist sich für die meisten Länder als unlösbare Aufgabe. Auf den Binnenmärkten geraten bei stark erhöhten Angebotsmengen die Preise unter Druck. Für eine erzeugerfreundliche **Preisregulierung** fehlen meist die Mittel, oft auch der politische Wille.

Der **Weltmarkt** für die wichtigsten Agrarexporte der Entwicklungsländer ist infolge der exportorientierten Modernisierungspolitik zunehmend zum **"Käufermarkt"** geworden, an welchem hochorganisierte Nachfrager vielen Anbietern, die unter Verkaufsdruck stehen, die Preise diktieren.

Wo zwischen ungleichen Partnern der stärkere seinen Vorteil ungehindert durchsetzt, werden Modernisierung und Produktivitätssteigerung zu Ködern an einer Schlinge, die sich umso unbarmherziger zuzieht, je umfassender und erfolgreicher die entsprechenden Maßnahmen wirken.

Als Hinweis auf einige wichtige Zusammenhänge im Ursachen-Wirkungs-Geflecht von Verarmung soll das Beschriebene ausreichen. Die Urteile über die allgemeine Gültigkeit der angesprochenen Sachverhalte mögen auseinandergehen. Unbestritten bleibt wohl die Notwendigkeit, jeder Förderungsinitiative eine Analyse der speziellen Situation voranzustellen. Nur so lassen sich vertretbare Ansatzstellen für wirkliche Förderung von Kleinbauern finden, die zur Bewahrung und Wiederherstellung menschenwürdiger Lebensverhältnisse beiträgt.

1.3 ANSATZSTELLEN FÜR DIE FÖRDERUNG DER KLEINBAUERN

Die **Kritik** an der bisherigen Förderung von Kleinbauern läßt sich **in drei Thesen** zusammenfassen:

(1) Im Selbstverständnis der gängigen Förderung werden vorhandene Überlebens- und Entwicklungsleistungen der Zielgruppen zu wenig geachtet und aufgegriffen. Statt Stärken und vorhandene Initiativen zu entwickeln, werden Mängel gesucht, die mit Fremdinitiative behoben werden sollen.

(2) Bei der Planung und Durchführung von Förderungsmaßnahmen orientiert man sich nicht an den Gegebenheiten, Problemen und Bedürfnissen der Zielgruppen, sondern bietet ihnen "von oben herab" verordnete Lösungen an. Bei näherer Betrachtung entspringen diese Lösungen meist nicht nur dem Situationsverständnis von Privilegierten, sondern dienen auch vorrangig deren Interessen.

(3) Die Förderungsansätze beziehen sich dann zumeist auf produktionstechnische Veränderungen, die nicht entsprechenden Reformen im Bereich der institutionellen, organisatorischen, ökonomischen und politischen Rahmenbedingungen verknüpft sind.

Angesichts der geschilderten Probleme der ländlichen Bevölkerung und der häufigen Mißerfolge bei Versuchen, ihre Lage zu verbessern, sind **wirksamere Förderungskonzepte notwendig**. In Zukunft wird eine umfassende Kleinbauernförderung die vordringliche Aufgabe einer Entwicklungspolitik sein müssen, die darauf abzielt, die ländliche Bevölkerung in die Lage zu versetzen, zumindest ihre grundlegenden existentiellen Bedürfnisse zu befriedigen und als integrierte Gruppe der Gesellschaft, in der sie leben, ihre Interessen wirksam zu vertreten. Gerade die Kleinbauernförderung macht besondere Anstrengungen in der Projektpraxis notwendig.

Auch die **Bundesregierung verlangt** die Ausrichtung der Projektpolitik auf den **Abbau der ländlichen Armut.** Im Bereich "Landwirtschaft und ländliche Entwicklung" konzentriert sich das Leistungsangebot der GTZ auf Schwerpunktprogramme, mit denen die wichtigsten Engpässe beseitigt werden sollen. Dazu wurden von der GTZ Leitlinien formuliert, die als Orientierungsrahmen auch für dieses Handbuch gelten:

- Mit Projektmaßnahmen soll der Abbau der ländlichen Armut in Entwicklungsländern erreicht werden.

- Die armutverursachenden Faktoren sollen durch eine Kombination geeigneter Maßnahmen beseitigt werden.

- Einkommenserhöhung soll zunächst über eine Förderung der Produktion erreicht werden. Dabei soll die **Subsistenzproduktion** zur Sicherung der Ernährungsgrundlage **ebenso** gefördert werden **wie** die **Marktproduktion.**

- Die betriebswirtschaftliche, gesamtwirtschaftliche und fiskalische **Rentabilität** muß berücksichtigt werden.

- Die langfristige **Erhaltung der ökologischen Grundlagen** ist sicherzustellen.

- Die **Risiken,** die die Projektmaßnahmen für die Zielbevölkerung beinhalten, sollten überschaubar und so **gering** wie möglich sein.

- Die **aktive Beteiligung der Zielbevölkerung** am Projektablauf ist sowohl unmittelbares Ziel als auch technische Erfolgsvoraussetzung.

- Die Maßnahmen sollen die Zielbevölkerung befähigen, **Probleme** ökonomischer, technischer und institutioneller Art zunehmend **selbst zu lösen.**

- Die angestrebte Produktions- und Einkommenssteigerung sollte die **Mehrheit der ländlichen Bevölkerung** erfassen.

- Zielgruppe von Förderungsangeboten sind in erster Linie die Personen in landwirtschaftlichen **Klein- und Kleinstbetrieben.**

- Der Schwerpunkt von Projektmaßnahmen sollte bei solchen Maßnahmen und Verfahrensweisen liegen, die von den Personen in den landwirtschaftlichen Betrieben direkt aufgegriffen werden können.

Diese Zielsetzungen können nicht mit den bisherigen Projektkonzepten verwirklicht werden. Sicher gibt es darin Elemente, die sich bewährt haben und die man weiter verwenden sollte. Wichtig ist aber, daß man neu überdenkt, wie die Förderung im Zusammenhang aussehen soll.

Entwicklungsförderung muß sich aus der Sicht der betroffenen Kleinbauern ebenso wie aus der Sicht der Mächtigen und Privilegierten vertreten lassen. Deshalb muß eine **Zukunftsperspektive** gefunden werden, die politisch, ökologisch und ökonomisch **für alle Beteiligten tragfähig und erstrebenswert** ist.

Dies erscheint möglich, wenn sich folgendes gemeinsame Verständnis durchsetzt:

- Die Bevölkerung ist letztlich für die Zukunft in ihrer Region selbst verantwortlich.
- Die Verwaltung übernimmt durch ihr Handeln Mitverantwortung für die Entwicklung der Region.
- Unterstützung von außen ist nur sinnvoll, wenn sie die Fähigkeit der eigentlich Verantwortlichen zur Entwicklung ihrer Region stärkt.

Wer als außenstehender Mittler die Entwicklung und Verwirklichung tragfähiger Zukunftsperspektiven fördern will, greift gleichzeitig in drei Bereiche ein:

(1) Den Bewußtseinsstand und das Verhalten der Kleinbauern.
(2) Den Bewußtseinsstand und das Verhalten der Mächtigen.
(3) Die bestehenden Produktions- und Verteilungssysteme.

So gesehen setzt die Entwicklung einer Region zwangsläufig die persönliche Entwicklung der in ihr lebenden Menschen voraus. **Wesentliche Entwicklungsziele** aus der Sicht der betroffenen Einzelpersonen und Gruppen, insbesondere der bisher Benachteiligten sind unseres Erachtens:

- Die **Zunahme an Einsicht** in die eigene Situation im Zusammenhang mit der Situation der Heimatregion.
- Die Stärkung des **Selbstvertrauens** und der **Selbsthilfefähigkeit**.
- Die Förderung der **Autonomie und Selbstkontrolle** und die Abnahme von einseitiger Abhängigkeit.
- Die Bewahrung der **persönlichen** und **kulturellen Identität**.

Erkennt man diese **Ziele** an, so wird damit gleichzeitig über die einsetzbaren **Mittel** der Förderung im Umgang mit Kleinbauern entschieden. Entmündigung und Diktat, Anordnung und Kontrolle sowie alle Arten von verdeckter Manipulation erscheinen dann ebenso als untaugliche Mittel wie die Vergabe von Almosen, da sie diesen Entwicklungszielen konträr entgegenwirken.

Einseitige Parteinahme schürt Widerstand und verbaut gemeinsame Perspektiven. Erfolgreiche Förderung setzt **Bewußtseinswandel und Verhaltensänderung** gerade auch **bei den Reichen und Mächtigen** voraus. Wer bei anderen Hunger und unnötiges Leiden, Krankheit und vorzeitigen Tod selbstsüchtig verursacht, oder wer den Betroffenen seine Hilfe verweigert, wird dies vor sich selbst und vor anderen ungern zugeben. Um den Ansprüchen anderer auf Gesundheit, ein gutes Leben, Würde und Mitsprache gegen die Interessen und Vorstellungen mächtiger Dritter Geltung zu verschaffen, reicht der Appell an deren Mitgefühl und Einsicht oft nicht aus. Wenn zumutbare Auswege aufgezeigt oder eröffnet werden, wenn Betroffenheit und Scham sich ausbreiten und öffentliche Schande droht, erhöhen sich die Aussichten, daß sich Wahrnehmungsverzerrungen und Vorurteile auflösen und destruktive Verhaltensweisen wandeln. Diese Zusammenhänge werden in → Kap. III.4-14 ausführlicher dargestellt.

Letztlich ist der Erfolg der Kleinbauernförderung davon abhängig, daß:

- Mächtige darauf verzichten, ihre Macht zu ungunsten anderer einzusetzen;
- "Nullsummenspiele" oder "Negativsummenspiele" in "produktive Spiele" umschlagen, d.h. in Beziehungen, in denen der Gewinn des einen nicht zwangsläufig aus dem Verlust des andern entspringt, sondern in denen gemeinsame Anstrengung Neues schafft.
- die zusätzlichen Werte so verteilt werden, daß sich bestehende Ungleichgewichte verringern.

Diese **Schaffung und Verteilung zusätzlicher Werte** auf der Grundlage standortgerechter Problemlösungen erfordert neue, kommunikationsintensive Formen des Wissens- und Erfahrungsaustauschs zwischen Bauern und Forschern sowie einfallsreiche Initiative und verläßliche Zusammenarbeit.

Grundlage dieser Perspektive sind tragfähige Produktions- und Verteilungssysteme. Vorhandene Ansätze zu **standortgerechter** Weiterentwicklung kleinbäuerlicher **Anbau- und Betriebssysteme** stehen noch in ihren Anfängen. Mehr Erfahrung liegt bei Verfahren der organischen Düngung vor. Jedoch wirkungsvoller und weiterführend erscheinen "multifunktionale" Betriebsumstellungen, welche Erosionsschutz- und Bodenverbesserungsmaßnahmen mit vermehrter und diversifizierter Nahrungs-, Futter- und Holzproduktion verbinden. Die züchterische Weiterentwicklung lokaler Sorten und Nutztierrassen sowie beratungsreife Verfahren zur Verbreitung integrierter Systeme des Pflanzenschutzes und lokaler Energiegewinnung bedürfen noch erheblicher Anstrengungen und vielfältiger Experimente und Praxisversuche.

Die Entwicklung standortgerechter Produktions- und Landnutzungssysteme stellt Anforderungen an Infrastruktur und Marktverhältnisse zur Lösung der Verteilungsprobleme und zur Schaffung breitenwirksamer Entwicklungsanreize. Auf die Ermittlung und Verwirklichung von Zukunftsperspektiven für zusammenhängende Wirtschafts- und Lebensräume zielt das Konzept "Ländliche Regionalentwicklung".

Welche Lösungskonzepte und Maßnahmen sich im einzelnen entwickeln und eignen werden, kann nicht allgemein beantwortet werden.

Ungeachtet dessen wollen wir unsere Überlegungen zur Tauglichkeit von Ansätzen der Kleinbauernförderung in folgender These zusammenfassen:

Maßnahmen zur Lösung des Hauptproblems Verarmung, die an einzelnen Problembereichen ansetzen, haben nur dann Aussicht auf Erfolg, wenn sie gleichzeitig auf dessen Hauptursache wirken, d.h., wenn sie zur Verringerung bestehender Ungleichgewichte beitragen.

Alle Förderungsbemühungen, darunter auch landwirtschaftliche Beratung, stehen also im Spannungsfeld internationaler Beziehungen sowie nationaler und lokaler Kräfteverhältnisse. Beratungsfachleute und Berater werden ihre Rolle in diesem Prozeß überdenken und ihre Kenntnisse und Fertigkeiten erweitern müssen.

2. FUNKTIONEN, ZIELE UND AUFGABEN DER LANDWIRTSCHAFTLICHEN BERATUNG

Beratung als eine typische Form geistiger Hilfe wird zuerst allgemein charakterisiert und von anderen Formen der Beeinflussung abgegrenzt (→ Kap. I.2.1), bevor die Besonderheiten der speziell landwirtschaftlichen Beratung dargestellt werden (→ Kap. I.2.2).

2.1 ALLGEMEINE CHARAKTERISTIK VON BERATUNG

Überall in der Welt beschleunigen sich die Veränderungen von Umwelt und Lebensbedingungen. In gleichem Maße erweitern und vervielfachen sich das Wissen und die Informationen, die der einzelne für seine Lebensführung braucht. Wir müssen immer schneller laufen, um auch nur auf der Stelle zu bleiben.

Weltweit sind daher immer mehr Menschen auf sachkundige und vertrauenswürdige Beratung zur Lösung ihrer Probleme angewiesen. Dies gilt auch für die abgelegenste ländliche Gegend insoweit sie vom Weltmarkt erfaßt wird.

Beratung läßt sich allgemein etwa so definieren:

Beratung ist der Vorgang, in dem der Berater versucht, seine Beratungspartner durch geistige Hilfe zu solchem Handeln zu motivieren und zu befähigen, das geeignet ist, ihre akuten Probleme zu lösen. Die Betroffenen erhalten bessere Einsicht in den Problemzusammenhang und erkennen die verfügbaren Lösungsalternativen. Sie gewinnen daraus sowohl den Antrieb als auch die Orientierung über die Richtung für problemlösendes Handeln. Ansonsten brachliegende Kräfte werden durch die Vermittlung von Beratung freigesetzt und nutzbar. Die dazu notwendige Beziehung zwischen Berater und Beratungspartner sollte partnerschaftlich sein, wobei der Berater dem Wohl seines Gegenübers verpflichtet ist. Die Entscheidungsfreiheit und Selbstverantwortlichkeit des Partners muß dabei voll gewahrt bleiben, weil dieser schließlich auch die Verantwortung für die Folgen seiner Handlung allein tragen muß.

Diese Definition orientiert sich vorrangig an der Situation und den Bedürfnissen der Beratungspartner, leitet daraus das Ziel des Beratungsvorgangs ab und beschreibt die notwendigen Bedingungen für die Zielerreichung. Da sich die weiteren Ausführungen dieses Handbuchs wiederkehrend dieser Position verpflichtet sehen, soll hier ausdrücklich darauf hingewiesen werden, daß es für diese Auffassung zwei Begründungen gibt. Eine **Wertposition**, humanistische Ethik einerseits **und** die **sachliche Einsicht** andererseits, daß erfolgreiche Beratungsarbeit längerfristig nur so möglich ist.

Von diesem Verständnis her **läßt sich Beratung** von anderen Formen der geistigen Hilfe und Beeinflussung mehr oder weniger deutlich **abgrenzen**:

Gegenüber **Ausbildung**, die im wesentlichen Problemlösungen auf Vorrat bereitstellt, beschränkt sich Beratung stärker auf die akuten, unmittelbar vorliegenden Probleme. In vielen Beratungssituationen sind allerdings Ausbildungs- und Beratungsvorgänge eng verflochten.

Mit Hilfe des **allgemeinen Informationswesens** (Bücher, Broschüren, Zeitungen, Rundfunk, etc.) lassen sich zwar oft aktuelle Probleme lösen, und dies sogar mit großer Breitenwirkung, jedoch geschieht dieser Vorgang im Gegensatz zur Beratung nicht bezogen auf individuelle Probleme, es findet kein Dialog statt, und er unterscheidet sich daher von Beratung im wesentlichen durch den fehlenden persönlichen Kontakt. Neben ihrer Verflechtung mit Ausbildung ist erfolgreiche Beratung oft mit Phasen der Informationsübermittlung auch über unpersönliche Medien kombiniert.

Während also Ausbildung und Informationswesen nur formal von der Beratungsarbeit trennbar sind, normalerweise aber funktionale Bestandteile von ihr, müssen **Werbung, Propaganda, Therapie** und schließlich **administrativer oder politischer Zwang** ganz eindeutig als nicht mit Beratung vereinbar angesehen werden.

Werbung zielt auf das Wohl des Werbungtreibenden und nicht vorrangig auf das Wohl des Umworbenen. Auch sind die von der Werbung eingesetzten Mittel oft nicht geeignet, die Selbständigkeit und Entscheidungsfähigkeit des Partners zu fördern.

Weitgehend die gleiche Unterscheidung trifft auch auf **Propaganda**, eine Form politischer Werbung, zu. Während Werbung häufiger an unbewußte Wünsche und Sehnsüchte appelliert, bedient sich Propaganda mehr der Weckung von Emotionen auf der Grundlage verborgener Ängste.

Therapie bezeichnet in der Medizin wie in der Psychiatrie einen Vorgang, der mehr zum Wohle des Klienten als des Therapeuten geschieht. Solange jedoch der Patient den Therapieplan nicht aus voller Einsicht billigt, liegt eine freie Entscheidung über Annahme oder Ablehnung des Rats nicht vor.

Wird schließlich **Zwang** angewendet, so kann es sich aus dem gleichen Grund der fehlenden Entscheidungsfreiheit und Selbstverantwortlichkeit nicht um Beratung handeln, auch wenn die Betroffenen dadurch nur zu ihrem eigenen "Wohl" gezwungen werden sollen.

Die logische Folge einer so vorgenommenen Definition und Abgrenzung von Beratung besteht darin, daß längst nicht mehr alles, was unter dem Etikett Beratung durchgeführt wird, auch tatsächlich als Beratung anerkannt werden kann. Vieles erweist sich bei genauer Betrachtung als **Beeinflussungsversuch im Dienste fremder Interessen**, keinesfalls aber im Dienste des Betroffenen. Beratungsgespräche von Firmenberatern erweisen sich mehrheitlich als Verkaufsgespräch und auch Berater im staatlichen Dienst versuchen nur allzu häufig, ihren Beratungspartnern vorgefertigte Lösungen zur Erfüllung eines staatlichen Programms zu "verkaufen", das sich zwar Beratungsprogramm nennt, eigentlich aber ein agrarpolitisches Programm ist.

Da Beratung in das Entscheidungsfeld von Personen eindringt, d.h., Wahrnehmung, Werte, Normen und Handlungen zu beeinflussen versucht, muß dieser Eingriff auch ethisch gerechtfertigt werden können. Die **Berechtigung und Notwendigkeit von Beratung** wird aus dem Tatbestand abgeleitet, daß die Zielgruppen unter akutem Problemdruck stehen und selbständig und kurzfristig keine Lösungen zu finden vermögen. Diese Notsituation der anderen nicht auszunutzen, heißt, wie in der Definition bereits klar gesagt, partner-zentriert sein, sich voll dem Wohl des Partners verpflichten und in seinen Dienst stellen. Dies erfordert vom Berater eine generelle Offenheit gegenüber den Vorstellungen seiner Partner und die echte Bereitschaft zu wechselseitigem Lernen.

Auch wenn die Beratungspartner schließlich die Verantwortung für ihre eigene selbständige Entscheidung tragen müssen, so ist der **Berater nicht frei von Verantwortung**. Er ist dem Partner und dem Träger der Beratungseinrichtung gegenüber verantwortlich für die Qualität seiner Beratung, die sich **gleichrangig aus der Qualität des fachlichen Inhalts und des methodischen Vorgehens** ergibt.

Wichtig sind dabei:

- Der Bezug auf die Situation des Partners, sein Erleben und Verstehen;
- die fachliche Zuverlässigkeit der entwickelten Lösungen;
- das Offenlegen der Risiken (sachliche und persönliche), die in den Lösungsalternativen enthalten sind.

Will sich der Berater ausschließlich dem Wohl seiner Partner verpflichten, so gerät er in Konflikt, wenn er daneben noch weiteren Interessengruppen verpflichtet ist oder wenn er selbst nicht frei von Eigeninteresse in dem betroffenen Handlungsbereich ist. Zwangsläufig tritt dieser Konflikt dann auf, wenn sich die Beratungspartner in einer hierarchischen Abhängigkeit vom Berater befinden. **Befangenheit und Rollenkonflikt stören** dann die Beratungsbeziehung und -arbeit.

2.2 SPEZIELLE CHARAKTERISTIK LANDWIRTSCHAFTLICHER BERATUNG

Nach diesem allgemein gehaltenen Versuch, das hier zugrundeliegende Verständnis von Beratung zu klären, soll nun eine weitergehende Beschreibung von Funktionen, Zielen und Aufgaben der **speziell landwirtschaftlichen Beratung** folgen. (In anderen Sprachen spricht man von: Agricultural extension, vulgarisation agricole, extensión agropecuaria, extensao agricola, landbouw voorlichting. Die damit verbundenen Übersetzungsprobleme beschreibt → C 8).

Landwirtschaftliche Beratung soll vier methodische Hauptfunktionen erfüllen:

- Die **Vermittlung** zwischen landwirtschaftlichen Förderungseinrichtungen und den Zielgruppen. Dabei macht sie dem Bauern neue Forschungsergebnisse so zugänglich, daß sie verstehbar und anwendbar werden und meldet andererseits auch den Bedarf an Lösungen für bestimmte bäuerliche Probleme an die Forschungsinstitutionen zurück.

- Die **Umsetzung und Anpassung** der Leistungen vorhandener Einrichtungen an die Fähigkeiten und Möglichkeiten der kleinbäuerlichen Zielbevölkerung. Mittelfristig kann sich als Rückwirkung daraus auch eine Veränderung des Leistungsangebots auf die Bedürfnisse der Zielgruppe Kleinbauern ergeben.

- Die Institutionalisierung von Förderungs- und Dienstleistungen im ländlichen Raum durch **Mitwirkung am Institutionenaufbau**. Neue Institutionen, seien es staatlich organisierte oder Selbsthilfeeinrichtungen, beeinflussen das gesamte landwirtschaftliche Produktionssystem (das gilt auch für organisierte Beratung).

- **Mobilisierung**, die sich als Motivieren und Befähigen durch die gezielte Ansprache und konkrete Hilfestellung von benachteiligten Gruppen ergibt, womit diese zu selbständigem Handeln und zur Selbsthilfe kommen. Damit erschließt Beratung ein ansonsten ungenutztes Potential entwicklungsfördernder Kräfte. Diese Mobilisierung schafft auch die Voraussetzung für die Ausbreitung von Neuerungen im ländlichen Raum.

Landwirtschaftliche **Beratung als Institution** läßt sich aus der Einsicht begründen, daß fehlendes Wissen, geringe Motivation sowie nicht entfaltete praktische und soziale Fähigkeiten ebenso massive Entwicklungsbarrieren sein können wie Unterernährung, Begrenztheit der Produktionsfaktoren oder fehlende Infrastruktur.

Als **staatliche Aufgabe** ergibt sich landwirtschaftliche Beratung einmal aus der Verpflichtung zu sozialer Gerechtigkeit und sozialem Ausgleich, zum anderen aber auch aus der Erkenntnis, daß ohne die Aktivierung der Masse der landwirtschaftlichen Produzenten eine ausreichende Nahrungsmittelversorgung und darüber hinausgehende Entwicklungsziele nicht erreicht werden können.

Aufgabe landwirtschaftlicher Beratung ist es, planmäßig und in organisierter Form dort zu helfen, wo selbständige Lösungen nicht mehr erarbeitet werden können und andere Förderungsmaßnahmen (Preispolitik, Infrastrukturverbesserungen usw.) nicht ausreichen, um der Zielgruppe eine rechtzeitige Problemlösung zu ermöglichen. Dadurch soll einer weiteren Verarmung der in der Landwirtschaft tätigen Menschen entgegengewirkt und sollen ihre Lebensbedingungen verbessert werden.

Die **inhaltliche Aufgabenstellung** sollte sich auch in der Aufbauphase landwirtschaftlicher Beratungsdienste der Entwicklungsländer nicht nur auf die Einführung produktionstechnischer Neuerungen beschränken. Die Erweiterung der Aktivitäten auf betriebswirtschaftliche, sozialökonomische und institutionelle Aspekte von einer landwirtschaftlichen zu einer **ländlichen Beratung** hin, hat insbesondere bei Kleinbauern die größeren Erfolgsaussichten, weil dies ihrer Lebenssituation besser entspricht. Der "Kleinbauer" übt in seiner Person gleichzeitig oder zu bestimmten Zeiten verschiedene Berufe, wie die des Händlers, Handwerkers, Fischers, lohnabhängigen Arbeiters, Verpächters oder Pächters, aus. Die "Landfrau" ist sowohl in der Feldarbeit als auch in Handel und Handwerk tätig und nicht nur in der Hauswirtschaft und der Kindererziehung. Auch Jugendliche können durch landwirtschaftliche und außerlandwirtschaftliche Tätigkeiten zum Familieneinkommen beisteuern.

Landwirtschaftliche Beratung in dem hier angesprochenen Sinne umfassender ländlicher Beratung bezieht sich daher bei der Unterstützung der Zielgruppen insgesamt auf folgende Bereiche:

Produktionstechnik:

Einführung neuer Produktionstechniken und Vermittlung von notwendigen Kenntnissen und Fertigkeiten, um die Nahrungsgrundlage zu verbessern, vermarktbare Überschüsse zu erzielen und ein höheres Einkommen zu erwirtschaften. Langfristig sind die Einkommensquellen, und dabei vor allem die Bodenfruchtbarkeit, zu erhalten.

Betriebswirtschaft:

Verbesserung der Betriebsorganisation durch effiziente Nutzung der vorhandenen Produktionsfaktoren.

Sozioökonomische Fragen:

Verbesserung der Ernährung und Haushaltsführung, Erörterung außerlandwirtschaftlicher Beschäftigungsmöglichkeiten für Familienmitglieder usw.

Institutionelle Fragen:

Förderung von organisierter Zusammenarbeit und anderen Einrichtungen zur Steigerung der Selbsthilfefähigkeit.

Landwirtschaftliche Beratung, im Sinne umfassender ländlicher Beratung ist kein Programm, um etwa nur Sachwissen zu verbreiten. Gerade im Zusammenhang mit Projekten der Technischen Zusammenarbeit läßt sich nicht übersehen, daß Förderungsprogramme auch immer **politische Programme** sind. Für Agrarförderung und landwirtschaftliche Beratung muß daher auf zwei Seiten Zustimmung und aktive Unterstützung gesucht werden: Sowohl bei den Betroffenen, die gefördert werden sollen als auch bei den politisch Verantwortlichen, die die Förderungsprogramme unterschreiben.

Beratungsmaßnahmen sind, politisch gesehen, nur als Basisprogramme denkbar. **Einsicht kann man nicht verordnen.** So zeigt es sich auch immer wieder, daß schwerwiegende Verstöße gegen das partnerschaftliche Prinzip eine häufige Ursache von Mißerfolgen sind. Es ist mehrfach dokumentiert, daß:

- Maßnahmen, die ohne Zustimmung oder Verständnis der Betroffenen durchgeführt werden, auf deren Desinteresse, Mißtrauen oder Ablehnung stoßen;
- staatlich propagierte Ziele, die den individuellen Interessen der Anbauer widersprechen, nicht durchsetzbar sind bzw. bei Zwangsanwendung die Problemsituation insgesamt verschärfen;

- gut gemeinter Zwang Gegenreaktionen auslöst und die notwendige Vertrauensbasis zwischen Beratern und Zielgruppen zerstört;
- viele Beratungsorganisationen falsche Vorstellungen von den Verhältnissen, Problemen und Bedürfnissen der Bauern haben, da keine wechselseitige Kommunikation gepflegt wird. Dies kann zu falschen Beratungsansätzen und -inhalten führen.

Betrachtet man gängige Beratungsprogramme und die darin angebotenen **Problemlösungen aus der Sicht der Bauern**, so können sich z.B. folgende typische **Schwachstellen** zeigen:

- Der Arbeitsaufwand erfordert eine erhebliche Einschränkung der bisherigen "Freizeit", einer Zeit, die jedoch nur "landwirtschaftliche Freizeit" ist und in der andere notwendige Tätigkeiten stattfinden (z. B. Hausbau, Reparaturen, Zu- und Nebenerwerb, soziale Verpflichtungen).
- Neue Kulturen und neue Produktionsverfahren sind den ökologischen Bedingungen nicht optimal angepaßt.
- Die ökonomische Vorteilhaftigkeit besteht nur auf dem Papier.
- Die Neuerungen entsprechen nicht den Handlungsmöglichkeiten der Zielgruppe oder sind soziokulturell und psychologisch nicht akzeptabel.

Allerdings steht auch der partner-zentriert arbeitende Berater oft vor der Schwierigkeit, daß er mit objektiv "guten" Ratschlägen auf taube Ohren stößt, weil bei seinen Adressaten **kein Problembewußtsein** vorliegt. Somit steht er vor der schwierigen und geduldabfordernden Aufgabe, ein solches Problembewußtsein bei der Zielgruppe erst heranzubilden, aus dem sich dann später ein Interesse und ein Bedarf für Beratung ergeben kann. Dabei sollte er seine eigene Problemsicht und die daraus abgeleiteten Empfehlungen nie voreilig für richtig halten, ohne die Gegenargumente der betroffenen Bauern angehört und geprüft zu haben. In vielen Fällen **haben die Bauern berechtigte Gründe**, eine Neuerung **abzulehnen**, mit denen sich der Berater erst auseinandersetzen muß, auf die er sich einzulassen hat, will er ihre Berechtigung in der speziell vorliegenden Situation selbst erkennen und verstehen.

Partner-zentrierte Beratung erscheint als grundlegende Einstellung gerade auch für den Bereich landwirtschaftlicher Beratung in Entwicklungsländern angebracht. Zwar lassen sich die Aufgaben der Agrarförderung kaum jemals durch den Einsatz von Beratung alleine bewältigen, fast immer **ist Beratung** in Entwicklungsländern auch **auf andere ergänzende Förderungsmaßnahmen angewiesen**. Beratung ist **aber** in bestimmten Problemsituationen, bei fehlender Einsicht, fehlender Motivation oder bei Wissensmängeln, **auch durch keine anderen Förderungsmaß-nahmen zu ersetzen.**

Jetzt läßt sich vielleicht vorhersehen, was im nächsten Kapitel unter dem Stichwort Beratungsansätze ausführlicher dargestellt werden wird. Folgerichtig im Sinne des Beratungsverständnisses, das die vorgestellte Definition bestimmt, werden in diesem Handbuch Beratungsansätze empfohlen, die sich an der Zielgruppe orientieren und Partizipation als zentralen Grundsatz der Arbeit herausstellen.

II. BERATUNGSANSÄTZE

Beratungsansätze kennzeichnen das grundsätzliche, **konzeptionelle** und **funktionale Vorgehen der Beratung** bei der Erfüllung ihrer Aufgaben, vor allem in der Planungsphase. Dabei werden zwei grundsätzlich unterschiedliche Vorgehensweisen unterschieden, der **produktionstechnische Ansatz** (⟶ Kap II.1) und der **Problemlösungsansatz** (⟶ Kap. II.2). Logische Konsequenzen eines Vorgehens nach dem Problemlösungsansatz sind:

- spezielle Ausrichtung der Beratung auf definierte Zielgruppen und Teilgruppen und die Entwicklung von Lösungsansätzen, die auf deren Problemsituation zugeschnitten sind. (**Zielgruppenorientierung,** ⟶ Kap. II.2.1);

- aktive Beteiligung von Zielgruppen und Trägereinrichtungen an Planung, Durchführung und Evaluierung von Beratungsmaßnahmen (**Partizipation,** ⟶ Kap. II.2.2);

- die Planung und Durchführung von Förderungs- und Beratungsvorhaben muß den Anforderungen der Partizipation Rechnung tragen und darf wichtige Entscheidungen nicht vorweg festschreiben. (**schrittweise Projektplanung und -durchführung,** ⟶ Kap. II.2.3).

1. PRODUKTIONSTECHNISCHER ANSATZ

Da landwirtschaftliche Beratung durch gezielte Anstrengungen dazu beitragen will, die Probleme der Bevölkerung im ländlichen Raum zu mildern oder zu beseitigen, muß sie deren Problemsituation erfassen und sich daran orientieren. So simpel diese Erkenntnis erscheint, so häufig wird sie auch mißachtet: **Ländliche Förderungspolitik "von oben"**, die nationale und gesamtwirtschaftliche Interessen vertritt oder zu vertreten vorgibt, tendiert oft dazu, landwirtschaftliche Probleme und Ziele "vom Schreibtisch aus" zu formulieren, ohne die Situation der ländlichen Bevölkerung näher zu kennen, sei es, daß man glaubt, genügend Informationen zu besitzen oder daß keine Zeit oder Mittel zur Verfügung stehen, um mehr Informationen einzuholen. Der landwirtschaftlichen Beratung wird in solchen Fällen die Aufgabe zugewiesen, die Menschen auf vorformulierte, meist "selbstverständliche" Ziele hin (z.B. Produktionssteigerung) auszurichten und ihnen verordnete Lösungswege anzubieten oder sogar aufzuzwingen. Ein solcher Ansatz führt nur gelegentlich zu Erfolgen, dabei meistens mit unerwünschten

Nebenwirkungen, die den eigentlichen "Erfolg" wieder in Frage stellen. Mit unserer Auffassung von Beratung ist ein solches Vorgehen nicht vereinbar.

Daher ist es wichtig, als Alternative den Problemlösungsansatz zu betrachten. Wenn Probleme nicht nur abstrakt und volkswirtschaftlich gesehen (Kleinbauern als "Anhang" von Produktionsdaten, bewirtschafteten Flächen, Betriebsmitteleinsatz usw.), sondern auch aus der Sicht der Bevölkerung erfaßt und formuliert werden, so erhöht sich die Chance, tragfähige, situationsspezifische Lösungswege zu finden. Dabei kommt dem Berater die schwierige Mittlerrolle zu, aus der wechselseitigen Konfrontation der Problemsichten von Institutionen und Zielgruppen bei beiden neue Formen von Problembewußtsein möglich werden zu lassen.

Mit der Gegenüberstellung der unterschiedlichen Beratungsansätze (⟶ Schaubilder 1 und 2) in Beratungsprojekten soll der Gegensatz zwischen dem derzeit noch vielfach üblichen produktionstechnischen Ansatz und dem problemorientierten Ansatz besonders deutlich herausgestellt werden.

2. DER PROBLEMLÖSUNGSANSATZ UND SEINE KONSEQUENZEN

Die Bedeutung des Problemlösungsansatzes liegt darin, daß die Analyse der Ausgangssituation und die Vorschläge für Maßnahmen nicht nur vom Wissens- und Informationsstand der Planer allein abhängen. Kleinbauern können z.B. eine gute Kenntnis der Produktionselastizität ihrer Betriebe haben und die sozialen Auswirkungen von geplanten Maßnahmen abschätzen. Die Planungsbasis verbreitert sich und Planungsunsicherheiten verringern sich, wenn die Problemlage und die Problemsicht der Zielgruppe erfaßt und zum Ausgangspunkt für Förderungsansätze gemacht werden.

Bei der Planung der Beratung stehen die **Definitionen von Zielen und Problemen in Wechselbeziehung** zueinander. Beide sind aus einer Situationsanalyse (⟶ Kap. VI.) zu ermitteln. Ziele sind als erstrebenswert angesehene Zustände in der Umwelt, denen man sich nähern möchte. Aber auch die Vermeidung unangenehmer Zustände kann als Ziel gelten. Probleme stellen die Widerstände und spezifischen Bedingungen dar, die einer Zielerreichung entgegenstehen.

Schaubild 1:

PRODUKTIONSTECHNISCHER ANSATZ
BEI BERATUNGSPROJEKTEN "von oben"

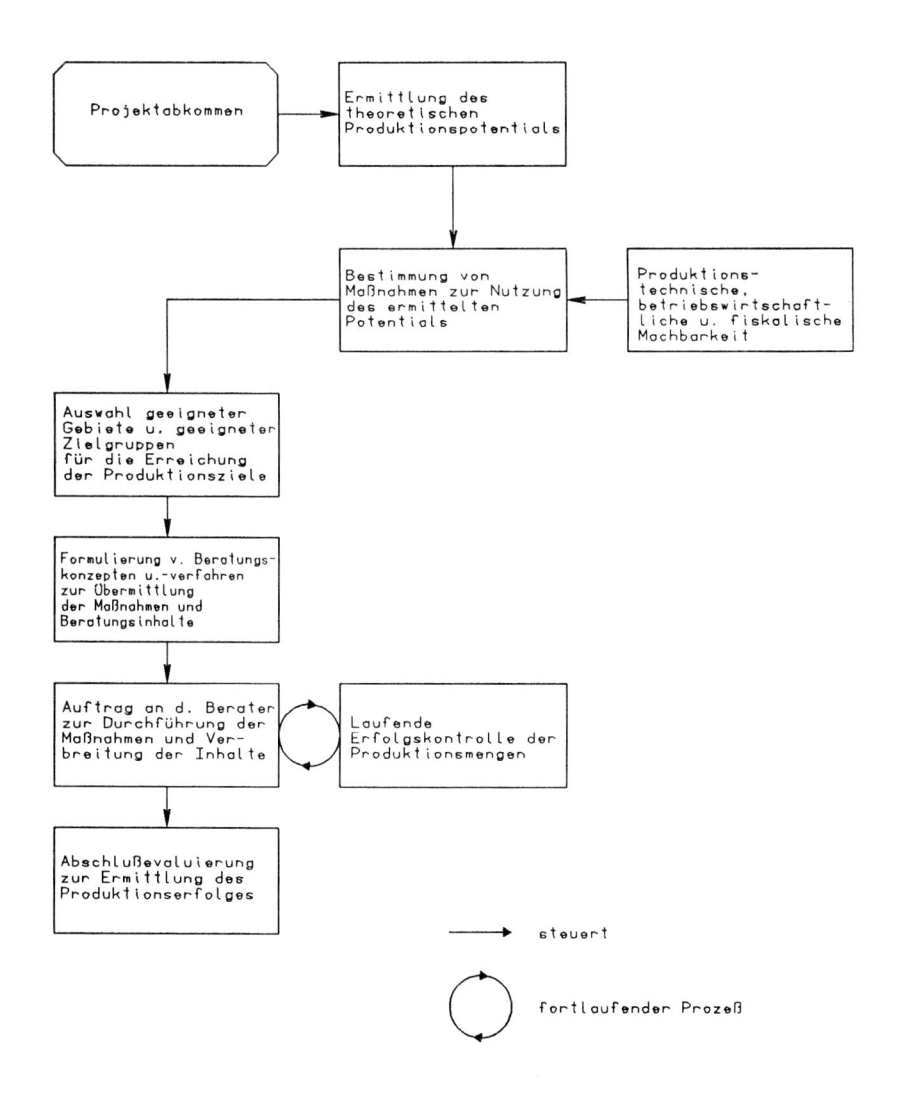

```
┌─────────────────┐      ┌──────────────────┐
│ Projektabkommen │─────▶│ Ermittlung des   │
│                 │      │ theoretischen    │
└─────────────────┘      │ Produktionspoten-│
                         │ tials            │
                         └────────┬─────────┘
                                  │
                                  ▼
                         ┌──────────────────┐      ┌──────────────────┐
        ┌───────────────▶│ Bestimmung von   │◀─────│ Produktions-     │
        │                │ Maßnahmen zur    │      │ technische,      │
        │                │ Nutzung des      │      │ betriebswirtsch- │
        │                │ ermittelten      │      │ aftliche u.      │
        │                │ Potentials       │      │ fiskalische      │
        │                └────────┬─────────┘      │ Machbarkeit      │
        │                         │                └──────────────────┘
        │                         ▼
┌──────────────────────┐
│ Auswahl geeigneter   │
│ Gebiete u. geeigneter│
│ Zielgruppen          │
│ für die Erreichung   │
│ der Produktionsziele │
└──────────┬───────────┘
           │
           ▼
┌──────────────────────┐
│ Formulierung v.      │
│ Beratungskonzepten   │
│ u.-verfahren zur     │
│ Übermittlung der     │
│ Maßnahmen und        │
│ Beratungsinhalte     │
└──────────┬───────────┘
           │
           ▼
┌──────────────────────┐        ┌──────────────────┐
│ Auftrag an d. Berater│   ⟳    │ Laufende         │
│ zur Durchführung der │◀──────▶│ Erfolgskontrolle │
│ Maßnahmen und Ver-   │        │ der Produktions- │
│ breitung der Inhalte │        │ mengen           │
└──────────┬───────────┘        └──────────────────┘
           │
           ▼
┌──────────────────────┐
│ Abschlußevaluierung  │
│ zur Ermittlung des   │
│ Produktionserfolges  │
└──────────────────────┘
```

⟶   steuert

◯   fortlaufender Prozeß

Schaubild 2:

PROBLEMLÖSUNGSANSATZ
BEI BERATUNGSPROJEKTEN "von unten"

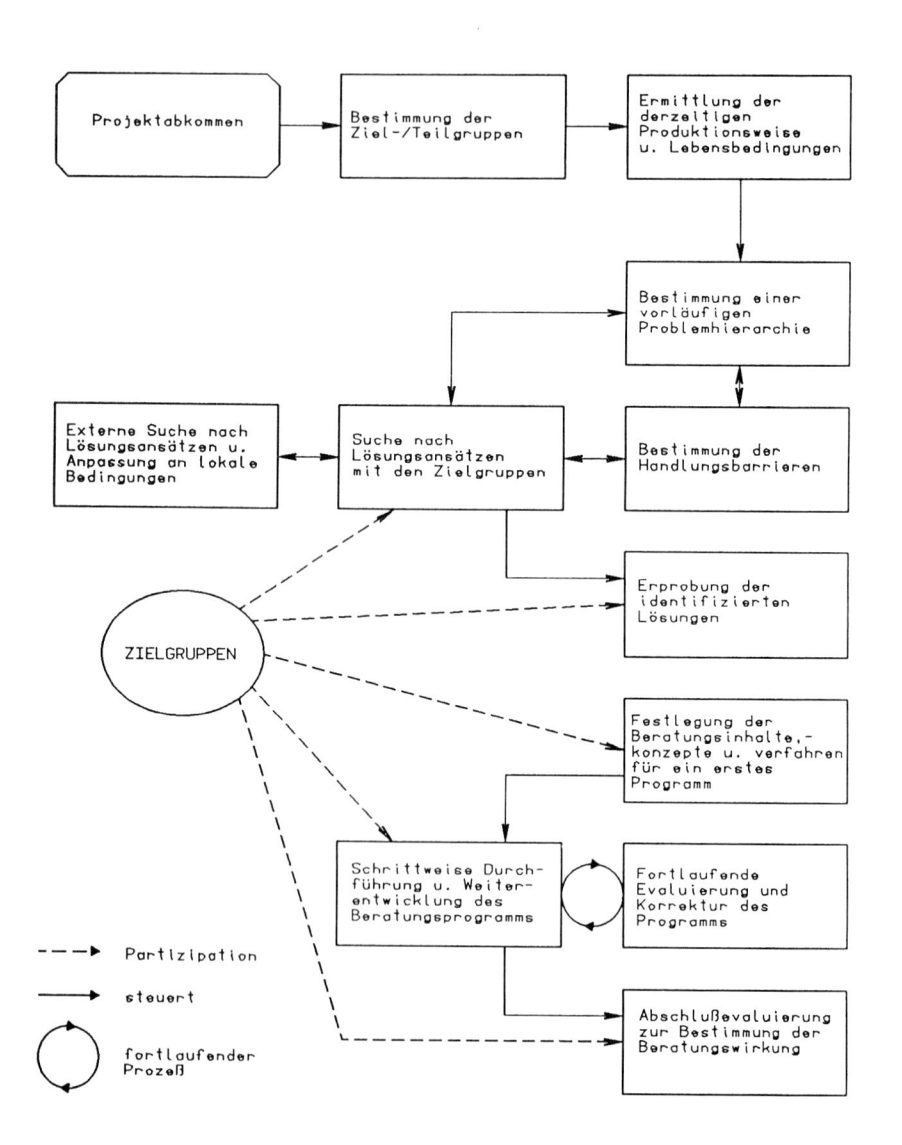

```
┌──────────────┐   ┌──────────────┐   ┌──────────────┐
│ Projekt-     │──▶│ Bestimmung   │──▶│ Ermittlung der│
│ abkommen     │   │ der Ziel-/   │   │ derzeitigen  │
│              │   │ Teilgruppen  │   │ Produktionsweise│
└──────────────┘   └──────────────┘   │ u. Lebens-   │
                                      │ bedingungen  │
                                      └──────┬───────┘
                                             ▼
                                      ┌──────────────┐
                      ┌──────────────▶│ Bestimmung   │
                      │               │ einer vor-   │
                      │               │ läufigen     │
                      │               │ Problem-     │
                      │               │ hierarchie   │
                      │               └──────┬───────┘
                      │                      ▼
┌──────────────┐   ┌──────────────┐   ┌──────────────┐
│ Externe Suche│   │ Suche nach   │   │ Bestimmung   │
│ nach Lösungs-│◀─▶│ Lösungs-     │◀──│ der Handlungs-│
│ ansätzen u.  │   │ ansätzen mit │   │ barrieren    │
│ Anpassung an │   │ den Ziel-    │   │              │
│ lokale       │   │ gruppen      │   │              │
│ Bedingungen  │   │              │   │              │
└──────────────┘   └──────┬───────┘   └──────────────┘
                          │
                          ▼
                   ┌──────────────┐
                   │ Erprobung der│
                   │ identifizier-│
                   │ ten Lösungen │
  ┌─────────┐      └──────────────┘
  │ ZIEL-   │      ┌──────────────┐
  │ GRUPPEN │─ ─ ─▶│ Festlegung   │
  └─────────┘      │ der Beratungs-│
                   │ inhalte,-kon-│
                   │ zepte u. ver-│
                   │ fahren für   │
                   │ ein erstes   │
                   │ Programm     │
                   └──────┬───────┘
                          ▼
                   ┌──────────────┐   ┌──────────────┐
                   │ Schrittweise │   │ Fortlaufende │
                   │ Durchführung │◀─▶│ Evaluierung  │
                   │ u. Weiter-   │   │ und Korrektur│
                   │ entwicklung  │   │ des Programms│
                   │ des Beratungs│   │              │
                   │ programms    │   │              │
                   └──────────────┘   └──────────────┘
                   ┌──────────────┐
                   │ Abschluß-    │
                   │ evaluierung  │
                   │ zur Bestimmung│
                   │ der Beratungs-│
                   │ wirkung      │
                   └──────────────┘
```

– – –▶   Partizipation

──────▶   steuert

◯   fortlaufender Prozeß

Eine sorgfältige Problemdefinition läßt bereits den Lösungsansatz erkennen und gibt indirekte Hinweise auf die anzuwendenden Maßnahmen.

Beim Problemlösungsansatz ist die **Problemdefinition der Dreh- und Angelpunkt** für die Planung und Durchführung von Beratungsvorhaben (→ Schaubild 3), nicht die Zieldefinition oder Maßnahmenbestimmung, die bisher meistens im Mittelpunkt der Überlegungen standen. Gerade weil in der Art der Problemdefinition meistens schon mehr als die halbe Lösung enthalten ist, sollte man sich dabei nicht zu früh festlegen.

Schaubild 3: STELLUNG DER PROBLEMDEFINITION

IM PROJEKTGESCHEHEN

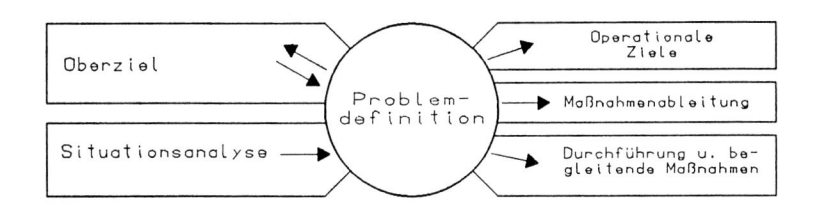

```
                                        ┌──────────────┐
                                    ┌──→│ Operationale │
┌──────────────┐         ↖    ↗     │   │ Ziele        │
│ Oberziel     │──────→      ←──────┤   └──────────────┘
└──────────────┘       ┌────────┐   │   ┌──────────────┐
                       │Problem-│───┼──→│Maßnahmenableitung│
                       │definition│  │   └──────────────┘
┌──────────────┐       └────────┘   │   ┌──────────────────────┐
│Situationsanalyse│───→          ───┴──→│Durchführung u. be-   │
└──────────────┘                        │gleitende Maßnahmen   │
                                        └──────────────────────┘
```

→ = steuert/löst aus

Günstig erweist es sich, möglichst viele Problemdefinitionen alternativ zu erfinden, um dann daraus erst diejenige herauszusuchen, die der Sichtweise der Betroffenen entspricht und gleichzeitig auf begehbare Lösungswege hinweist (z.B. "Wassermangel" → "neue Brunnen" gegenüber anderen möglichen Definitionen und Lösungen, wie z.B. "begrenzt verfügbares Wasser" → "wassersparende Techniken"). Da Problemstrukturen meistens verwickelt sind, empfiehlt es sich, nach einem Kernproblem zu suchen und von diesem ausgehend, Ursachen und Folgen zu benennen, wodurch eine **Hierarchie der Probleme** oder ein Beziehungsnetzwerk von Problemzusammenhängen und Ursachen-Wirkungsbeziehungen entsteht. Näheres darüber enthält das Verfahren der zielorientierten Projektplanung ("ZOPP").

An das **Verfahren zur Problemdefinition** sind eine Reihe von **Anforderungen** zu stellen (⟶ Kap. III.7):

- Die Ausgangslage muß unvoreingenommen untersucht werden. Dazu gehören nicht nur die Sammlung und Überprüfung objektiver Tatsachen, sondern auch eine Erhebung und Darstellung der Vorstellungen aller Beteiligten.

- Ein Problem ist selten objektiv gegeben. Jede Problemdefinition hängt stark von der Person und vom Standort des Betrachters ab. Daher müssen die Person oder die Personengruppe, für die das Problem besteht und diejenige, die das Problem beschreibt, näher charakterisiert werden, und zwar durch ihr Wissen, ihre Fähigkeiten, Motive und Ziele (z.B. bei Politikern, Gutachtern, ausländischen Fachkräften, Förderungsinstitutionen, Kleinbauern, Großbauern, Händlern usw.). Was z.B. einem Wasserbauingenieur selbstverständlich erscheint, mag aus der Sicht eines Kleinbauern ein unlösbares Problem darstellen.

- Der Zielzustand soll möglichst konkret definiert werden (z.B. Ressourcenpotential, subjektive Ziele der Bevölkerung). Wenn nur allgemein die Verbesserung des Lebensstandards als Ziel angegeben wird, so ist nicht ersichtlich, wie das Ziel erreicht werden soll. Bei Spezifizierung des Ziels (z.B. Verbesserung der Vermarktung) sind die Maßnahmen bereits vorgezeichnet (operationalisiertes Ziel). Es muß schrittweise definiert werden, welcher Zielzustand bei welchen Gruppen konkret erreicht werden soll, da sonst die Maßnahmen nicht auf ihren Beitrag zur Zielerreichung hin überprüft werden können.

- Definition der Barrieren (physikalische, ökonomische, soziokulturelle, politische Nutzungsschranken).

- Analyse der bisher bereits versuchten Lösungswege und Pioniererfahrungen (Mittel, beteiligte Personen, Erfolg).

- Wichtig ist, daß Probleme in ihrem Zusammenhang gesehen werden. Letztlich ist jedes Problem eng mit der Situation und dem Bedingungsrahmen verbunden. In semiariden Gebieten z.B. tauchen strukturell andere Barrieren auf als im tropischen Regenwald; bei kleinbäuerlicher Reiskultur andere als im Wanderfeldbau.

Die Verwirklichung des Problemlösungsansatzes macht in der Praxis oft Schwierigkeiten. Jedoch geht es auch nicht um "alles oder nichts". Jeder Schritt auf dem langwierigen und mühsamen Weg, der kleinbäuerlichen Bevölkerung eines Projektgebietes Gelegenheit zu geben, ihre Sichtweise, die ja nicht immer einheitlich und gleichbleibend ist, in die Projektplanung und -durchführung einzubringen, ist ein Fortschritt. Wo es nicht möglich ist, gleich nach dem Problemlösungsansatz zu beginnen, geht es darum, möglichst viele Elemente aus dem Problemlösungsansatz in das Vorgehen zu übernehmen. Letztlich ist in jedem Beratungsansatz Raum, um mehr Partizipation zu wagen und häufigere Rückkopplungs- und Korrekturmöglichkeiten vorzusehen. Konkrete Beispiele für unterschiedliche

Beratungsansätze werden von → A 1 bis A 10 vorgestellt. Beispiele für das Vorgehen nach dem Problemlösungsansatz bringen→D 1 und→D 2.

Mit dem Verfahren der **"zielorientierten Projektplanung" (ZOPP)** verfügt die GTZ inzwischen über ein Instrument, mit dem sich - bei sachgerechtem Einsatz - die Anforderungen des Problemlösungsansatzes leichter und sicherer schon bei der Planung berücksichtigen lassen.

2.1 ZIELGRUPPENORIENTIERUNG

Die Anwendung des Problemlösungsansatzes führt folgerichtig zur Zielgruppenorientierung. Darunter versteht man die Ausrichtung der Beratung auf die besonderen Verhältnisse der Zielgruppe und anderer, indirekt betroffener Gruppen, um sie in ihrer spezifischen Situation ansprechen und ihre Reaktionsbereitschaft erhöhen zu können. Die Zielgruppenorientierung ist notwendig, weil, wie Erfahrungen zeigen, Förderungsmaßnahmen völlig an den Personen und Gruppen vorbeigehen können, die eigentlich davon profitieren sollen. Ein Beleg dafür ist die schon erwähnte Tatsache, daß die Masse der Kleinbauern von vielen Förderungsmaßnahmen, u.a. auch von der Beratung, bisher meist nicht wirkungsvoll erreicht wurde. Die Ursachen liegen zu einem großen Teil darin, daß man die **"ländliche Bevölkerung" als Zielgruppe zu undifferenziert** sah und nicht nach ihrer sozialökonomischen Struktur, ihren Merkmalen und Eigenschaften untergliederte. Deshalb war es nicht möglich, die Förderungsmaßnahmen auf die Situation der Kleinbauern abzustimmen. Die typischen Nutzungsschranken kristallisieren sich meistens erst im Verlauf der Projekte heraus.

Die **mangelnde Zielgruppenorientierung** der Beratung drückt sich auch darin aus, daß sie bisher die wichtige Rolle, die die Landfrau in vielen Entwicklungsländern spielt, nicht erkannt oder nicht genutzt hat. Je nach Kulturkreis findet man unterschiedliche traditionelle Regelungen für die Arbeitsteilung zwischen den Geschlechtern. Der Einsatz moderner Produktionsverfahren kann zu **Veränderungen in der Rolle der Frau** führen, z.B. zu erhöhter Arbeitsbeanspruchung, zu stärkerer Mitbestimmung, aber auch zur Verringerung von Einkommensmöglichkeiten und zum Ausschluß von Entscheidungsprozessen. Aus dieser Sicht müssen bei der ländlichen Beratung die Situation der Landfrauen berücksichtigt und spezielle Verfahren entwickelt werden, um sie - trotz oft bestehender soziokultureller

Hindernisse - gezielt zu erreichen. Bisher ist die Beratung allenfalls in der Lage gewesen, die Frau in ihrer hauswirtschaftlichen Rolle, nicht aber als Produzentin und Entscheidungsträgerin in betrieblichen Dingen anzusprechen. Bei Beratungsvorhaben innerhalb einer bestimmten Region ist es sinnvoll, folgende Gruppierungen zu unterscheiden (→ Schaubild 4):

Schaubild 4:

<u>DIFFERENZIERUNG VON GRUPPEN</u>

<u>IN EINEM PROJEKTGEBIET</u>

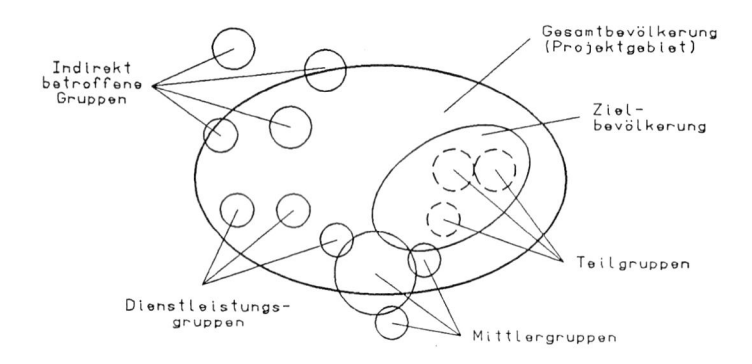

Diagramm: Ellipse (Gesamtbevölkerung (Projektgebiet)) mit Kreisen, die Indirekt betroffene Gruppen, Zielbevölkerung, Teilgruppen, Dienstleistungsgruppen und Mittlergruppen darstellen.

- Die **Gesamtbevölkerung** im Projektgebiet;

- die **Zielbevölkerung** (= Zielgruppe), d.h. alle Personen (also Männer und Frauen), die im Sinne des Projektziels von der Beratung und den begleitenden Maßnahmen profitieren sollen;

- **Teilgruppen innerhalb der Zielgruppe**, d.h. Unterteilung der Zielbevölkerung anhand projektspezifischer Problemstellungen (z.B. Subsistenz- und kommerzielle Betriebe, Kleinbauern mit und ohne Nebenerwerb, Pächter, landlose Arbeiter usw.);

- **Mittlergruppen**, d.h. vorhandene Zusammenschlüsse innerhalb der Zielgruppe und Teilgruppen (z.B. Großfamilien, Jugendclubs, Selbsthilfegruppen, Genossenschaften usw.);

- **indirekt vom Projekt betroffene Gruppen**, z.B. Personen, die vom Projekt nicht direkt angesprochen werden, aber trotzdem Nutzen oder Nachteile daraus ziehen können. Sie können dementsprechend Befürworter oder Gegner der Projektmaßnahmen sein, z.B. Großgrundbesitzer, Händler, ländliche Eliten,

Genossenschaften usw.. In dem Maße wie diese ihre Interessen und Einflußsphären bedroht sehen, können sie die soziale oder politische Durchführbarkeit eines Projektes in Frage stellen;

- **Dienstleistungsgruppen**, die das Beratungsprogramm und andere Maßnahmen tragen und unterstützen sollen, dazu gehören Regierungsstellen, Forschungsstationen, Beratungsorganisationen, Vermarktungseinrichtungen, Landfunkdienste usw.. Sie verfolgen oft eigenständige, der Beratung nicht zweckdienliche Zielsetzungen und stehen sozial meist weit von der Zielgruppe entfernt.

Bereits aus der Analyse der Ausgangssituation ergeben sich Hinweise dafür, wo sich Möglichkeiten für die Zusammenarbeit mit existierenden Mittlergruppen abzeichnen, ob Widerstand von direkt oder indirekt betroffenen Gruppen zu erwarten ist und ob die vorhandenen Träger- und Dienstleistungsinstitutionen ihren Aufgaben gewachsen sein werden. Eventuell sind Maßnahmen zu ergreifen, um diese Gruppen so zu beeinflussen (Kooperation, Motivation, Fortbildung, Aufklärung usw.), daß sie die auf die Zielgruppe gerichteten Aktivitäten des Projekts nicht blockieren.

Wenn man die Zielbevölkerung nach **Teilgruppen differenziert**, so sollte dies **problemorientiert** erfolgen, d.h. im Hinblick auf zukünftige Beratungsmaßnahmen. Als Einteilungskriterien können dienen: Die unterschiedliche Ressourcenausstattung der Betriebe (bzw. ihre Ressourcennutzung und vorhandene Nutzungsschranken) sowie sozioökonomische Merkmale. In der Praxis sind zwei Verfahren üblich:

- Klassifizierung landwirtschaftlicher Betriebe nach Betriebsgrößen, sozialökonomischen Merkmalen (z.B. Vollerwerb, Zuerwerb, Nebenerwerb), Produktionsstruktur (Bodennutzungssysteme, Betriebssysteme) usw.. Dieses Verfahren, das vorwiegend in entwickelten Ländern angewandt wird, erfordert umfangreiche Erhebungen, die in Entwicklungsländern nicht immer möglich sind. Meistens ist es nicht praktikabel, ein Projekt mit einer langen Vorlaufphase oder aufwendigen Datenerhebungen zu beginnen. Selbst nach mehrjähriger Projektlaufzeit sind quantitative Betriebsdaten oft nicht verfügbar.

- Anlehnung an lokal übliche Differenzierungen: Einfacher und praktischer ist es, Gruppeneinteilungen vorzunehmen, die in der jeweiligen Gesellschaft bereits vorliegen. Sie sind meistens weniger künstlich und spiegeln die Problemsituation aus der Sicht der Bevölkerung besser wider. Mit Hilfe von Gruppengesprächen läßt sich die ortsübliche Differenzierung nach der Produktionsweise und nach den wichtigsten Problemen verhältnismäßig leicht ermitteln (⟶ Kap. VI.2.2.2). Folgende Fragenbereiche können dabei angesprochen werden: Problem- und Risikosituation, Versorgungslage, Subsistenz/Zukauf, Organisation des Haushaltes/Betriebes, Besitz- und Pachtverhältnisse, Verfügbarkeit und Verwendung von Bareinkommen, soziale Organisation.

Zielgruppenorientierung bedeutet auch, daß die vorgesehenen einheimischen Trägereinrichtungen auf ihre Leistungsfähigkeit hin untersucht werden. In der internationalen Zusammenarbeit sind - vom Standpunkt der "Geberseite" aus gesehen die an der Planung und Durchführung von Beratungsmaßnahmen beteiligten Träger der "Nehmerseite" ebenso Zielgruppen wie die kleinbäuerlichen Familien selbst. Die Analyse der Trägerinstitutionen muß auch die Frage einbeziehen, ob sie von ihrer Personalausstattung her in der Lage sind, die kleinbäuerliche Gruppe der Landwirte überhaupt zu erreichen. Ein entscheidendes Kriterium ist auch die Bereitschaft gerade staatlicher Träger, von der typischen Nachfrageberatung, Beratung unter Druck bzw. der Anbauanweisung abzugehen und Bauern tatsächlich problembezogene Lösungswege zu vermitteln.

Weitere Hinweise zur Zielgruppenermittlung geben → E 1 und → E 3.

2.2 PARTIZIPATION

Nach dem, was über Problem- und Zielgruppenorientierung gesagt wurde, erscheint die Forderung nach **Partizipation der Zielgruppen an der Planung und Durchführung von Förderungs- und Beratungsvorhaben** als eine Selbstverständlichkeit, zumal Beratung von ihrem Wesen her eine Partnerschaftsbeziehung ist und eine aktive Teilnahme der Zielgruppe an Entscheidungsprozessen voraussetzt. Trotzdem gibt es zahlreiche Widerstände gegen den Partizipationsansatz, und er wird in der Praxis selten verwirklicht.

Selbst in "Community Development"-Projekten (→ A 3), die ausdrücklich auf Partizipation und wechselseitige Kommunikation mit den Zielgruppen angelegt waren, blieb die **Teilnahme und Selbstverantwortung** der Bevölkerung **weitgehend** ein **Wunschbild**. Es zeigte sich, daß das Konzept der Partizipation im Sinne von verantwortlicher, kritischer Teilnahme an Entwicklungs- und Beratungsmaßnahmen oft **nur deklamatorischen Wert** besaß und schnell aufgegeben wurde, **sobald Interessenkonflikte** zwischen Zielgruppen und Förderungsinstitutionen **auftraten**.

Aufgrund von Erfahrungen in vorkolonialen, kolonialen und nachkolonialen Epochen ist die Masse der ländlichen Bevölkerung daran gewöhnt, passive Rollen einzunehmen, Anordnungen zu befolgen, nur auf Druck zu reagieren und staatlichen Maßnahmen mit Mißtrauen zu begegnen. Darum kann man **nicht einfach** eine **Partizipationsbereitschaft** bei der Zielgruppe der Kleinbauern **voraussetzen.**

Auf der anderen Seite fällt es den staatlichen Förderungsinstitutionen trotz guter Vorsätze oft schwer, in ihrem von der leitenden Spitze bis zur Dorfebene hinab reichenden, hierarchisch aufgebauten Personalapparat partizipatorische Prinzipien zu verwirklichen. Allzuoft läßt man sich unter dem Zwang der Verhältnisse (z.B. Erwartung von schnellen, vorzeigbaren Erfolgen und hoher Rentabilität) dazu verführen, zu traditionellen, autoritativen, anordnungsorientierten Verhaltensweisen gegenüber der Zielgruppe zurückzukehren.

Auch **fehlt** es vielen Planern und Investoren **an Vertrauen in** die physischen und geistigen **Fähigkeiten** der "ungebildeten" ländlichen Bevölkerung zu Partizipation und Selbstentwicklung. In vielen Ländern sträubt sich außerdem die Machtelite dagegen, daß die wirtschaftlich und sozial Schwachen durch Partizipation an Einfluß gewinnen. Dies kann dazu führen, daß die politische und wirtschaftliche Interessengemeinschaft zwischen Nehmer- und Geberland ebenfalls partizipationsbegrenzend wirksam wird.

Trotz vieler Mißerfolge und steckengebliebener Ansätze ist die Bedeutung der Partizipation ungeschmälert, wie zahlreiche wissenschaftliche Evaluierungen ausdrücklich bestätigen. In einer Untersuchung von 33 Projekten im Jahre 1976 wurde nachgewiesen, daß die Beteiligung der Zielgruppen an der Planung und Durchführung ein Hauptkriterium für den Projekterfolg darstellte, und zwar vor allem das Einverständnis der Zielgruppen über die von ihr aufzubringende Arbeits- und Finanzierungsleistung. (MORSS, 1976, S. 205).

Aus den Erfahrungen von "Community Development" (⟶ A 3), "Animation Rurale" (⟶ A 4), und anderer Vorhaben können bewährte Verfahren empfohlen werden, wie man Partizipation in der Praxis bewerkstelligen kann. Formale **Voraussetzung** für den Versuch, die Partizipation aller an einem Beratungsvorhaben Beteiligten zu gewährleisten, sind **regelmäßige gemeinsame Besprechungen** zwischen Beratern, den Vertretern der Zielgruppe, den beteiligten Organisationen und den ausländischen Fachkräften. Während des gesamten Projektverlaufs sind bei diesen Zusammenkünften die unterschiedlichen Vorstellungen über Ziele, Engpässe, Fehler, Maßnahmen, Verantwortung, Kontrolle, Delegation usw. zu diskutieren und zu koordinieren. Besonders wichtig ist die Abklärung von Aufwandszeiten, da hier eine der "klassischen" Fehlerquellen liegt. Die Bereitschaft und Fähigkeit, Anregungen und Kritik anzunehmen, sind Voraussetzung fruchtbarer Zusammenarbeit.

Partizipation in der Durchführungsphase eines Projektes bedeutet, möglichst wenig Funktionen in die zentrale Ausübung des Projektes zu übernehmen und diese wenigen **Funktionen** schrittweise abzubauen und **an lokale,** dezentral operierende **Einheiten weiterzugeben,** z.B. an Genossenschaften, örtliche Service-Einrichtungen und informelle Gruppen. Dazu gehört auch die Einbeziehung von ausgewählten Bauern als nebenberufliche Berater.

Partizipation - angewandt auf das Verhältnis zwischen ausländischen und einheimischen Fachkräften bei der Zusammenarbeit in Projekten - hat eine besondere Problematik. Die "alte" Projektkonzeption sah in der Anfangsphase des Projekts ein starkes Engagement an ausländischem Fachpersonal, an Ausrüstung und Betriebsmitteln vor, das oft so weit ging, daß sogar das Management des Projekts in ausländischen Händen lag. Begründet wurde dieses Vorgehen damit, daß man angesichts der Inkompetenz des einheimischen Personals diesem ein "Beispiel" geben wolle. Die einheimischen Mitarbeiter wurden dabei an die Seite gedrängt und mußten sich mit Statistenrollen begnügen.

In einigen bilateralen Beratungsprojekten, die sich jeweils auf eine größere Region erstreckten, war es üblich, daß die ausländischen Fachkräfte unter Umgehung der einheimischen Berater einzelne Bauern aufsuchten und berieten. Damit bestand die Gefahr, daß trotz "guten Willens" und hoher fachlicher Qualifikation der Ausländer wertvolles einheimisches Potential an situationsspezifischem Wissen und Können überlagert und verschüttet wurde, abgesehen davon, daß solches Verhalten pädagogisch nicht zu rechtfertigen ist. Wenn nach mehrmaliger Verlängerung der Projektlaufzeit (wegen "Unabkömmlichkeit" der Ausländer) doch endlich die "Übergabe" an den einheimischen Projektträger stattfand, war der **Zusammenbruch** der bisherigen Aktivitäten meistens **vorprogrammiert.**

Ein Partizipationsansatz manifestiert sich bei Beratungsprojekten im Rahmen der internationalen Zusammenarbeit etwa wie folgt:

- Die verantwortliche Mitwirkung der beteiligten Institutionen und Personen des "Nehmerlandes" ist von Anfang an und in jeder Phase des Projektablaufs garantiert. "Förderung der Selbsthilfe-Organisation" gehört zu den wichtigen Projektzielen.

- Die ausländischen Fachkräfte nehmen die Rolle von Beratern ihrer voll verantwortlichen Kollegen ein; so können sie auch Berater von Beratern sein. Eine solche Partnerschaftsbeziehung ist in den meisten Fällen auch dann möglich, wenn die "Counterparts" noch nicht die volle erforderliche Qualifikation besitzen. Eine Lehrlingsrolle jedoch wäre ihrem Selbstwertgefühl und ihrer Lern- und Arbeitsmotivation abträglich.

- Eine "Übergabe" des Projektes entfällt, weil der Weggang der ausländischen Mitarbeiter keinen gravierenden Einschnitt in den Projektverlauf darstellt.

Von der ausländischen Fachkraft erfordert das ein geändertes Rollenverständnis - Berater und nicht durchführender Experte - und von seinem Auftraggeber einen Verzicht auf strengen Leistungsdruck. Die Fachkraft darf nicht für die Zielerreichung verantwortlich gemacht werden.

Sicherlich erfordert Partizipation aller an Förderungsvorhaben Beteiligten - Träger, wie Zielgruppen - viel Zeit, Geduld und Ausdauer sowie einen Mittelaufwand zusätzlich zu den üblichen ökonomisch begründeten Investitionen eines Projekts. **Ohne Partizipation ist** jedoch **der Erfolg aller Maßnahmen in Frage gestellt.**

Weitere Hinweise geben die Arbeitsunterlagen ⟶ B 6, ⟶ D 7, ⟶ E 2 und ⟶ F 1.

2.3 SCHRITTWEISE PROJEKTPLANUNG UND -DURCHFÜHRUNG

Wenn man die Grundsätze des Problemlösungsansatzes befolgt, so gelangt man auch zu wichtigen Konsequenzen hinsichtlich der Planung und Durchführung von Projekten, die Beratungsmaßnahmen einschließen. Die **Projektplanung und -durchführung muß** nämlich **flexibel** genug **sein**, damit Änderungen, die aufgrund neuer Daten und Fakten, neu erkannter oder neu auftretender Probleme und neuer Zielsetzungen nötig erscheinen, ohne Störung des Projektablaufs vorgenommen werden können. Der Wert eines Projektplans, der in umfassender Weise mit Hilfe von Annahmen alle nachfolgenden Schritte und Maßnahmen verbindlich zu regeln versucht, ist gering.

Statt dessen ist die Aufstellung eines "Masterplans" angebracht, der es aufgrund seiner besonderen Struktur erlaubt, Zusätze, Abstriche und Modifikationen anzubringen, die als Ergebnisse eines fortlaufenden Prozesses von Informationsgewinnung, -auswertung und Entscheidungen nötig werden. Die geforderte Flexibilität kommt nicht einem Verzicht auf Planung gleich, sondern macht Planung und Planrevision zu einem ständigen, den Projektablauf begleitenden Vorgang.

Die Prozesse der schrittweisen Planung, der entsprechenden Durchführung und der erneuten Datensammlung greifen ineinander, d.h., sie laufen permanent und gleichzeitig ab. Diese "Verzahnung" ist in → Schaubild 5 dargestellt. Zum Aufbau der "Stufen" gibt es keine detaillierten Empfehlungen, da der Planungsprozeß problem- und zielabhängig ist.

Schaubild 5:

MODELL DER SCHRITTWEISEN
UND FLEXIBLEN PROJEKTPLANUNG
UND-DURCHFÜHRUNG

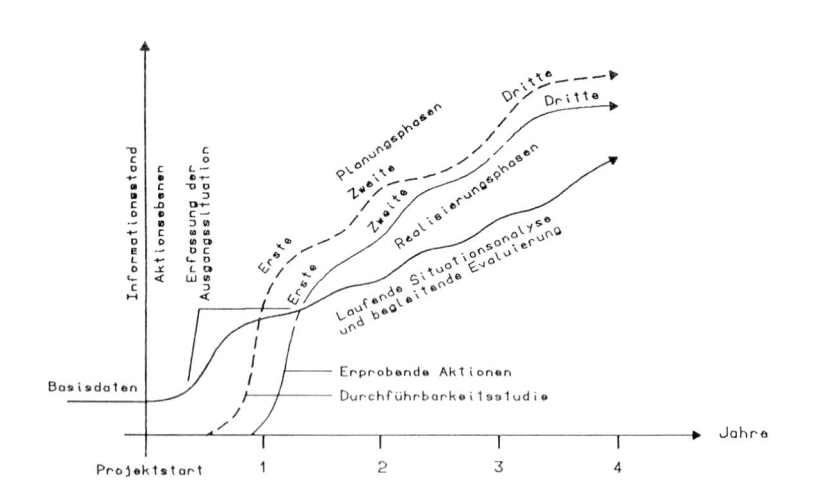

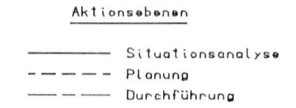

Als Instrument zur Durchführung der schrittweisen und partizipativen Planung sowohl ganzer Projekte, als auch von Projektsparten bis hin zu einzelnen Maßnahmen empfiehlt sich ZOPP, die **"zielorientierte Projektplanung"**.

Die **Vorteile** der schrittweisen Planung und Durchführung mittels ZOPP liegen in folgendem:

- Die Ausgangssituation und Grundlagen der Planung nähern sich immer mehr der Wirklichkeit. Die Planung wird dadurch realistischer.
- Die Auswirkungen der Maßnahmen können besser kontrolliert und vorausgeschätzt werden.
- Projektmitarbeiter und Zielgruppe engagieren sich stärker, da ihre eigenen Erfahrungen und Vorschläge in den Planungsprozeß eingehen.
- Interessenkonflikte und Probleme können verarbeitet und gelöst werden.
- Die Zielerreichung läßt sich besser beurteilen und Evaluierung kann auf der Planung aufbauen und diese leichter fortschreiben.(→ E 18)

Die genannten **Vorteile** können aber **nur dann** wirksam werden, **wenn die schrittweise Planung, zusammen mit Problemlösungsansatz, Zielgruppenorientierung und Partizipation, konzeptionell im Projekt verankert sind**, d.h., wenn das Projektabkommen genügend Handlungsspielraum für Planung und Durchführung von Maßnahmen gewährt, die erst später definiert werden können. Auf diese Problematik sollten schon die Gutachter in ihren Durchführbarkeitsstudien für Beratungsprojekte hinweisen, damit die für das Projektabkommen verantwortlichen Stellen entsprechende Vereinbarungen treffen können. Sinnvoll erscheint die **Vorschaltung von "Pilotprojekten"** mit begrenzter Zielsetzung für einen überschaubaren Zeitraum (1 bis 2 Jahre), bevor man zu einer Ausdehnung mit weiterreichenden, kostenintensiveren Maßnahmen schreitet.

Abschließend soll jedoch nicht verschwiegen werden, daß gerade die Forderung nach flexibler Planung bei den Verantwortlichen im Geberland und dort wiederum hauptsächlich in der Administration noch auf Schwierigkeiten stößt, weil sich so geführte Projekte weniger leicht planen, verwalten und kontrollieren lassen. Hier werden organisatorische Änderungen und Weiterbildungsmaßnahmen erforderlich sowie eine Ermutigung zu dynamischen Verhaltensweisen.

III. GRUNDLAGEN DER BERATUNG

In diesem Abschnitt wird zuerst erklärt, wozu die Grundlagen dienen sollen, wonach sie zusammengestellt wurden und wie mit ihnen umzugehen ist (→ Kap. III.1). Nach einem **Rahmenmodell** organisierter Beratung als Überblick (→ Kap. III.2) werden zum konkreten Einstieg vier **Bezugsbeispiele** aus der Beratungspraxis geschildert (→ Kap. III.3). Ihnen folgen eine Serie von **Konzepten zum Verständnis von Verhalten** (→ Kap. III.4 bis 10), Abschnitte über **Kommunikation** (→ Kap. III.11), die **Gestaltung von Lernvorgängen** (→ Kap. III. 12) sowie über **Organisation und Führung** (→ Kap. III.13). Mit einer Schilderung und Erklärung wiederkehrender Ereignisse bei der **Verbreitung von Neuerungen** im ländlichen Raum (→ Kap. III.14), die verschiedene der vorausgegangenen Konzepte nochmals aufgreift und verwendet, endet das Kapitel.

1. ERLÄUTERUNG ZUR AUSWAHL UND ZUM GEBRAUCH VON KONZEPTEN

Beratung wurde definiert als **Hilfe zur Problemlösung**. Dies stellt den Menschen in den Mittelpunkt der Betrachtung, denn nur Menschen haben Probleme, keineswegs Betriebe oder Gegenden. Was als Problem gesehen wird, gründet sich stets auf Wertungen. Allerdings gehen in die Lösungsversuche dann auch immer sachliche Gegebenheiten ein, so daß **Fachberatung** stets die **gleichzeitige Beherrschung von Inhalt und Methode** erfordert.

Da die Beratungsinhalte so unzählig sein können wie die menschlichen Wissensgebiete und somit in den Bereich anderer Wissenschaften und Handbücher fallen, **konzentriert sich die Darstellung** von Grundlagen der Beratung **auf den methodischen Bereich**, auf die menschliche Seite im Geschehen.

Probleme lösen, die bisher nicht gelöst werden konnten, erfordert meistens eine Veränderung des Verhaltens. Wer dabei unterstützen und helfen will, muß zutreffende Vorstellungen über die Bestimmungsgründe menschlichen Verhaltens und seiner Veränderung haben. Da ein Fachberater normalerweise von der Fachausbildung her kommt, muß er sich Orientierung und Rüstzeug aus dem Bereich der Sozialwissenschaften zusätzlich erarbeiten, damit er seine Fachkenntnisse auch methodisch richtig einsetzen kann.

Damit ergibt sich das Problem der sinnvollen Auswahl, das dadurch noch erschwert wird, daß in den Sozialwissenschaften inzwischen eine unübersehbare Flut von Theorien, Modellen und widersprüchlichster Einzelergebnisse vorliegt, durch die sich selbst die Fachleute kaum hindurch finden. Deshalb erscheint es notwendig, die hier getroffene Auswahl kurz zu begründen und zu erläutern.

Im Unterschied zur übrigen Natur hat der Mensch im besonderen Maße die Gnade der Freiheit, er kann sich entscheiden. Daraus resultiert, was Psychologen die **Plastizität des Verhaltens** nennen, nämlich die Möglichkeit, daß sich der gleiche Mensch in genau der gleichen Situation jeweils unterschiedlich verhält. Deshalb gibt es in den Sozialwissenschaften **nur Wahrscheinlichkeitsaussagen**, jedoch keine "todsicheren" Vorhersagen.

Menschliches Verhalten ergibt sich aus dem Zusammenspiel von Mensch und Umwelt in spezifischen Situationen und in einem dynamischen, unwiederholbaren Prozeß. Von daher empfiehlt es sich dringend, **mit Rezepten** im Umgang mit anderen Menschen **vorsichtig** zu sein und **statt dessen von** allgemeineren **Konzepten** auszugehen, um diese dann situationsentsprechend zu verwenden. Solche Konzepte sind dann keine Aussagen über konkrete Wirklichkeit, sondern vereinfachende Darstellungen, allgemeine Überlegungen und Vorstellungen, Abstraktionen zur Weitergabe allgemeiner Erfahrungen, Hilfsmittel zum besseren Verständnis neuer Situationen, wahrnehmungs- und erkenntnisleitende Fingerzeige.

Letztlich ist alles, was wir unsere Erfahrung nennen, ein großer Satz solcher Konzepte. Sie erleichtern uns schnelles Handeln und Reagieren, geben uns Orientierung und Sicherheit. Damit **beeinflußt die Wahl der Konzepte** entscheidend **unsere Wahrnehmung, unser Denken und Handeln**. Treffen wir die falsche Wahl, und ist das Konzept nicht für den Situations- und Problemzusammenhang passend, so hindert es uns daran, das Richtige zu tun, macht uns blind dafür, die Realität zu erfassen, und das Ergebnis unserer Handlung fällt somit anders aus, als wir es wollten.

Also sollten wir:
- den eigenen Konzepten gegenüber kritisch bleiben, anderen Konzepten gegenüber offen sein!
- Mißerfolge nicht zum Ärger auf andere ummünzen, sondern als Denkanstoß verstehen, ob unsere Auffassung von der Situation zutreffend war oder ob es gilt, falsche Vorstellungen, unpassende Konzepte zu korrigieren oder zu ersetzen.

Die nachfolgende Auswahl von grundlegenden Konzepten für Beratung fußt darauf, daß sie uns für die Beratungsarbeit nützlich und dem Nicht-Sozialwissenschaftler trotzdem verständlich erscheinen. Sie haben sich in der Berateraus- und -fortbildung bisher bewährt, sind unseres Erachtens übersichtlich und realitätsentsprechend und haben ausreichenden Erklärungswert.

Erfahrungsgemäß ist es jedoch noch nicht sehr fruchtbar für die eigene Arbeit, wenn man diese Konzepte nur kennt. Es gehört darüber hinaus die **Übung** dazu, die **Konzepte richtig** situationsentsprechend **anzuwenden**, also das abstrakte Modell richtig zu konkretisieren, die konkrete Situation zutreffend zu abstrahieren. Dieses leichtfüßige Auf und Ab auf der Abstraktionsleiter ergibt sich erst durch längere konzeptgeleitete Erfahrungssammlung. Hilfreich ist der Dialog, besonders mit Beraterkollegen verschiedener Fachabteilungen, die übungs- und anwendungsbezogene Fortbildung und das "on the job training".

Die vorgestellten **Konzepte sollen Sachverhalte in ein System bringen**, d.h., klären, was dazu gehört (Elemente), wie es zueinander in Beziehung steht (Struktur), was die Elemente für die Arbeit und Aufrechterhaltung des Ganzen bedeuten (Funktion) und wie die Verfahren und Abläufe sind (Prozesse). Dabei sind die Konzepte so gewählt, daß sie zusammenpassen, also sich ergänzen, ohne sich zu widersprechen.

Aus der Beherrschung der Konzepte sollte es dem Berater möglich werden, die folgenden fünf **Fragen in konkreten Beratungssituationen** über konzeptgeleitete und zielbezogene Situationsanalysen **selbst zu beantworten**:

(1) Warum verhalten sich die Beteiligten so, wie sie sich jetzt verhalten?

(2) Gibt es denkbare andere Möglichkeiten des Verhaltens?

(3) Welches sind die treibenden, welches die hemmenden Kräfte, die eine Verhaltensänderung bewirken können?

(4) Mit welchen Mitteln läßt sich eine Verhaltensänderung herbeiführen?

(5) Welche Auswirkungen werden Änderungen des Verhaltens vermutlich haben?

2. RAHMENMODELL DER BERATUNG

Wenn man einen näheren Einblick in die Vorgänge gewinnen will, die sich zwischen Beratern und einzelnen Ratsuchenden oder auch ganzen Zielgruppen abspielen, so ist es nützlich, sich zunächst einen allgemeinen Rahmen zu schaffen, um einen **Überblick** zu gewinnen, bevor man auf Einzelheiten eingeht.

Das in → Schaubild 6 dargestellte Rahmenmodell organisierter Beratungsarbeit versucht mit graphischen Mitteln einen Überblick über die Interaktion zwischen Beratungsdienst und Zielgruppen zu geben.

Schaubild 6:

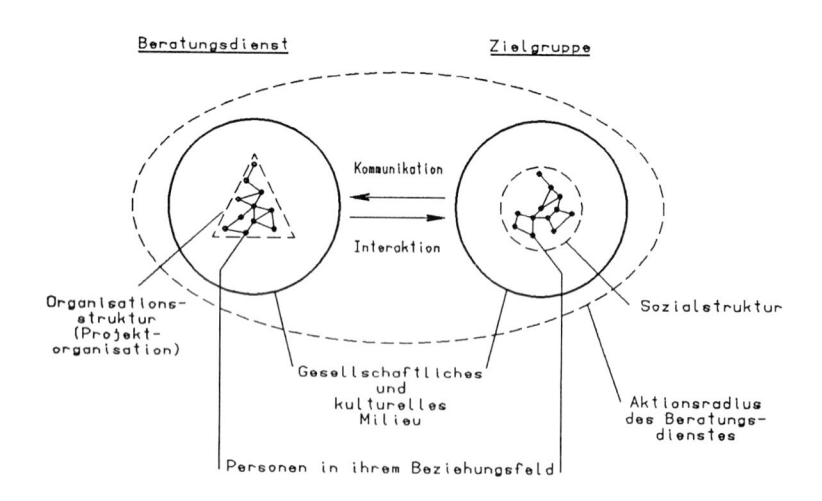

RAHMENMODELL ORGANISIERTER BERATUNG

Dieses Modell soll vor allem darauf hinweisen, daß das Verhalten einzelner Personen, also sowohl das **Verhalten** des Beraters wie auch seines Beratungspartners immer schon **eingebettet ist in größere soziale Zusammenhänge** und von daher wesentlich beeinflußt wird:

- In ein **Feld persönlicher Beziehungen**. Beim Ratsuchenden gehören dazu, z.B. seine Familie, sein Freundeskreis, die Dorfgemeinschaft. Beim Berater ist das genauso, zusätzlich hat er informelle Kontakte mit anderen Mitgliedern des Beratungsdienstes.
- In eine **Sozialstruktur** (⟶ Kap. III.9) bei den Zielgruppen und beim Berater zusätzlich in eine **Organisationsstruktur** (⟶ Kap. III.13). Im Unterschied zu den persönlichen Beziehungen des Beraters in seiner Organisation liegt bei Organisationsstruktur die Betonung auf den formalen Beziehungen und Regelungen.
- In ein **kulturelles Milieu**. Bei den Zielgruppen zumeist "traditionell" und ländlich, beim Beratungsdienst tendenziell "modern" und städtisch orientiert.
- In ein **Kultur- und Gesellschaftssystem** (⟶ Kap. III.10). Normalerweise ist es für Beratungsdienst und Zielgruppen das gleiche. Im Fall der Entwicklungszusammenarbeit kommt es jedoch sowohl innerhalb des Förderungssystems als auch zwischen Förderungssystem und Zielbevölkerung häufiger zu interkulturellen Kontakten.

Im Modell sind Förderungssystem und Zielbevölkerung als völlig getrennte soziale Bezugssysteme nebeneinander gestellt. Für erfolgreiche Beratungsarbeit ist es erforderlich, daß sich die Systeme so weit wie möglich überdecken. (Wenn z.B. der Feldberater aus dem Dorf des Ratsuchenden stammt und zu dessen persönlichem Beziehungsfeld gehört). Inwieweit eine solche Überdeckung der Systeme möglich ist, hängt vom Beratungsansatz und vom Aufbau der Beratungsorganisation ab.

Neben dem Hinweis auf die soziale Einbettung des Verhaltens der Beteiligten am Beratungsvorgang soll das Modell drei weitere Funktionen erfüllen:

Es soll einen **Orientierungsrahmen** abgeben sowohl zum **Lokalisieren von Problemen** als auch zur **Integration von Teilmodellen** und uns als **Fehlersuchsystem** dienen.

Indem wir Beratung so umfassend betrachten, akzeptieren wir auch, daß mögliche Ursachen für Mißerfolge grundsätzlich an jeder Stelle des Gesamtzusammenhangs liegen können. Damit wird der Neigung entgegengewirkt, die Ursache auftretender Fehler regelmäßig den Bauern zuzuschreiben. **Fehler müssen** systematisch **sowohl im Bereich des Förderungssystems, als auch im Bereich der Zielbevölkerung und** schließlich im Bereich der Interaktion, also **bei den Beratungsmethoden gesucht werden.** Auftretende Probleme lassen sich mit Hilfe des Modells leichter zu ursächlichen Faktoren zuordnen. Das gleiche gilt für speziellere Modelle menschlichen Verhaltens, die das Auftreten von Problemen bei der Beratungsarbeit erklären sollen. Somit lassen sich die im folgenden dargestellten Teilmodelle zu Aspekten menschlichen Verhaltens, ebenso wie Praxiserfahrungen, jeweils an einzelnen Stellen des Rahmenmodells einordnen.

Die wesentlichen Bereiche, zu denen die folgenden Konzepte Aussagen machen, sind:

- Bestimmungsgründe des **Handelns** und Bedingungen von **Verhaltensänderung**
- Bedingungen erfolgreicher **Kommunikation** und fruchtbaren **Lernens** und
- Prinzipien erfolgreicher **Führung** und **Organisation**.

3. VIER BEISPIELE AUS DER BERATUNGSPRAXIS

Um das abstrakte Rahmenmodell in einem ersten Schritt zu veranschaulichen und als konkreter Einstieg in die Konzepte zu den einzelnen Modellausschnitten, die dann zahlreich folgen werden, sollen zunächst vier Bezugsbeispiele aus dem Beratungsalltag geschildert werden.

Beispiel 1: Togo
Aussagen von Bauern über ihre Einstellung zu Beratern:

- "Da ich ungebildet bin, kenne ich nicht ihren (der Berater) Wert."
- "Ich sehe ihn nur so, aber ich weiß nicht, was er tut. Wenn er da ist, kann er ja kommen."
- "Man verkehrt nicht mit Beratern. Wenn du etwas falsch gemacht hast, dann erwischt man dich, z.B., wenn du eine Ölpalme (zur Palmwein-Bereitung) umhaust."
- "Weil meine (Kaffee-)Felder (= Pflanzen) ziemlich alt sind, lohnt sich der Besuch eines Beraters bei mir nicht. Da ist ein Berater, der kommt zweimal am Tag vorbei, aber keiner weiß, wo er eigentlich hinfährt."
- "Was tut er denn für die Bewohner dieses Dorfes? Nichts. Er war einmal hier seit 1963 (das Jahr zuvor), um uns im Verlauf einer Versammlung unter dem

Baum anzuraten, die Felder sauberzuhalten. Er hat seinen Fuß nie in ein Feld gesetzt."

- "Der Berater fährt auf den Straßen herum und weiß nicht, was in den Feldern los ist. Er soll(te) der Bevölkerung das Notwendige zeigen. Wer Kaffee anbaut, kennt den Kaffee besser als die (Kaffee-)Berater. Die Berater sind im Theoretischen tüchtig, aber nicht in der Praxis."

- "Ich habe dem Berater nichts zu sagen, denn ich arbeite in Freiheit, ohne irgendwelche Geschichten mit irgendwem zu haben. Uns geht's gut, drum sag ich ihnen auch nichts."

- "Wenn die Berater kommen, bitte ich um Vergrößerung meiner Anbaufläche, um mehr zu pflanzen, das ist alles."

- "Früher gab es Häuptlinge, die uns mißhandelten, jetzt haben wir die Unabhängigkeit erhalten, man rät uns, in Freiheit zu arbeiten. Ich diskutiere über die Ausrichtung der Parzelle nur mit meinen Kameraden, die auch Siedler sind, dann bitten wir den Berater, an Ort und Stelle zu kommen, uns beim Abstecken der Feldgrenzen zu berichtigen."
(Nach MÜLLER, J. O., 1967, S. 283 - 285).

Beispiel 2: Sri Lanka

Soziale Hindernisse für die Verbreitung von Neuerungen

"In einem Dorf erfuhren wir z.B., daß ein Innovator vier Jahre lang eine neue ertragreiche Reissorte auf seinem Feld angebaut hatte, ohne daß sein Beispiel eine nennenswerte Nachahmung im Dorfe fand. Nur einige seiner engsten Verwandten und Freunde erhielten von ihm Informationen über seine Versuche und pflanzten die neue Sorte ebenfalls mit Erfolg an. Vier Jahre nach dem ersten Anbauversuch des Innovators machte der Beratungsdienst die neue Sorte in dem Dorf zum erstenmal auf einer öffentlichen Veranstaltung publik. Danach wurde sie schlagartig von der Mehrheit der Dorfbewohner übernommen.

Es gibt mehrere Gründe für solche Kommunikationshindernisse, die der raschen Verbreitung von Neuerungen entgegenstehen. Sie sind in der ländlichen Sozialstruktur und in den traditionellen Werten und Normen der bäuerlichen Bevölkerung zu finden.

Die Sozialstruktur des Dorfes ist ausschlaggebend dafür, wie sich Informationen verbreiten und welche Personen und Gruppen Zugang dazu finden. Für die sozialen Beziehungen der Dorfbewohner sind Faktoren wie Kastenzugehörigkeit, Blutsverwandschaft und Gruppenbildung aufgrund gleicher politischer Einstellung entscheidend. Man kann beobachten, wie sich Informationen und Neuerungen den sozialen Beziehungen der Dorfbewohner entsprechend verbreiten.

Ich kenne einen Fall, wo ein Lehrer als erster in seinem Dorf die Verpflanzungsmethode im Reisbau anwandte. Aufgrund seiner politischen Haltung wurde er jedoch von den übrigen Dorfbewohnern gemieden. Er favorisierte eine bestimmte politische Partei, die die Mehrheit der Bauern ablehnte. Keiner wagte es, das Beispiel des Lehrers nachzuahmen, um nicht den Eindruck aufkommen zu lassen, er sei dessen Freund und identifiziere sich mit dessen politischem Engagement. Man

findet sehr sonderbare und subtile Motivationen für das soziale Verhalten der Dorfbewohner."
(Nach DIEDERICH, G., 1975, S. 9-12).

Beispiel 3: Brasilien

Ausbildung und Neuerungsanwendung

Im Rahmen eines Ausbildungsprogrammes wurden junge Brasilianer aus landwirtschaftlichen Betrieben zwei Jahre lang in der Bundesrepublik Deutschland ausgebildet. Sie lebten auf einem größeren Betrieb mit Familienanschluß, besuchten die Fachschule und kehrten nach der Prüfung auf den Familienbetrieb in ihrem Heimatland zurück. Es wurde erwartet, daß die ausgebildeten Brasilianer ihre im Industrieland erworbenen Kenntnisse an die heimatliche Umgebung anpassen und entsprechend anwenden würden.

Diese Annahme konnte nicht bestätigt werden. Die Ausbildung auf einem modern geführten Betrieb hatte die jungen Praktikanten zwar sehr beeindruckt und fachlich weitergebildet. Der Ausbildungsgang ließ sie jedoch damit allein, das Erlernte auf die heimatlichen Verhältnisse zu übertragen. Zudem hatten die Eltern der Praktikanten eine Vorstellung davon, wie "man" wirtschaftet und wollten vor der Umstellung auf Neuerungen erst einmal prüfen, ob der Sohn auch in der Lage sei, nach ihren Vorstellungen und Maßstäben an einen Betrieb heranzugehen.
(Nach GfA, 1976).

Beispiel 4: Iran

Realisierbarkeit des Beratungsvorschlags

Ein Berater erzählte: "Das Schaf eines Landwirts hinkte. Ich erkannte die Krankheit (es handelte sich um Maul- und Klauenseuche) und sagte zu ihm: ´Du mußt ihm unbedingt dieses Medikament geben, sonst geht es ein.´ Er sagte: ´Ach, laß es, es wird von selbst wieder gesund.´

Dann ging das Tier ein, und die anderen Schafe haben sich auch angesteckt. Aber er wollte noch immer keine 200 Rial (ca. 9,50 DM) ausgeben, um sie zu heilen, bis ich das Medikament selbst kaufte und es in meinem Büro an eine auffällige Stelle legte. Der betreffende Landwirt kam, sah es und fragte: ´Was ist das?´ Ich sagte: ´Das ist das Medikament gegen die Krankheit, die deine Schafe haben.´ Er sagte: ´Dann komme doch und behandle meine Schafe.´ Ich erwiderte: ´Du sollst zuerst das Geld dafür bezahlen.´ Der Landwirt sagte: ´Zuerst sollst du die Schafe behandeln; wenn sie wieder gesund werden, zahle ich das Geld.´ ... Ich tat dies, und die Tiere wurden wieder gesund, und er zahlte auch das Geld. Dann sagte ich zu ihm: ´Siehst du, hättest du dies früher getan, dann hättest du jetzt ein Schaf mehr. Er sagte: Ich weiß doch nicht Bescheid, ich bin Analphabet. Du hättest mich dazu zwingen müssen, dann hätte ich es auch getan´."

"Also doch Druck", wäre man jetzt versucht zu sagen. Diese Ansicht ist jedoch aus methodischen Gründen zurückzuweisen: Hätte der Berater dies getan, dann müßte er es auch bei jedem zukünftigen Vorschlag machen. Er müßte dem entsprechenden Landwirt jedesmal hinterherrennen, und seine Empfehlungen würden trotzdem nicht ernstgenommen bzw. für nicht genügend wirksam gehalten. Durch das Opfer eines Tieres und die nachträgliche Heilung der anderen kam die Wirksamkeit seiner Empfehlung weit besser zur Geltung. Der Berater gewann in den Augen dieses Mannes und auch bei den anderen beobachtenden Landwirten einen ganz anderen Rang. Jetzt braucht er keinem Landwirt mehr nachzulaufen, denn sie wissen, daß er etwas kann, und sie kommen von selbst mit ihren Problemen zu ihm. (Nach RAFIPOOR, F., 1974, S. 171).

Auf einzelne Aspekte dieser vier Beispiele wird im folgenden, zur Illustration der Konzepte, Bezug genommen.

4. VERHALTEN UND VERHALTENSÄNDERUNG

Menschliches Verhalten ist nicht von einer einzelnen Ursache her bestimmt, sondern ergibt sich aus dem Zusammenwirken verschiedenster Faktoren, die in einer dynamischen Wechselwirkung von Person und Umwelt die Situation bestimmen. Entsprechend der **psychologischen Feldtheorie** läßt sich das Insgesamt von situationsbezogenen Faktoren der Person und der von ihr wahrgenommenen Umwelt in ihrem Zusammenwirken als **Kräftefeld**, als ein **System in Spannung**, oder auch kurz als psychisches Feld bezeichnen.

In einer Formel ausgedrückt lautet dies:

$$V = f (P, U\ \text{subj.})$$

Verhalten ist eine Funktion aus dem Zusammenwirken der Person und der von ihr wahrgenommenen Umwelt. Verhaltenswirksam werden demnach nicht alle möglichen Umweltfaktoren, sondern genau nur diejenigen, die von der Person wahrgenommen werden. Wie anschließend näher erläutert wird, ist die menschliche Wahrnehmung ein hochgradig individueller und subjektiv unterschiedlicher Vorgang. Verhaltenswirksam wird aus der physischen Umwelt jeweils nur der Ausschnitt der psychischen Umwelt.

In die subjektive Wahrnehmung der Situation gehen dabei nicht nur aktuelle Informationen ein, sondern auch historisches Wissen, also Erfahrungen und die Vorwegnahme zukünftiger Ereignisse, also Erwartungen.

Folgt man der Darstellung in → Schaubild 7, so läßt sich Verhalten wie folgt beschreiben: Eine Person (P) in ihrer Lebensumwelt (der subjektiv wahrgenommenen Umwelt) erlebt etwas als erstrebenswert (ein Ziel, einen erwünschten Zustand, ein Objekt mit positivem Anforderungscharakter) und sie mobilisiert psychische Kräfte, um das betreffende Ziel zu erreichen. In gleicher Weise mobilisiert die Person psychische Kräfte, wenn in ihrer Lebensumwelt etwas Negatives oder Meidenswertes auftaucht, um diesen so negativ bewerteten Zuständen aus dem Weg zu gehen (Beispiel Iran: das kranke Schaf und fehlende Medizin). Wege zur Erreichung von Zielen oder zur Vermeidung negativer Zustände können durch Barrieren oder hemmende Faktoren blockiert oder erschwert sein (fehlendes Wissen, Unsicherheit über Folgewirkungen, unzureichende Mittel, soziale Sanktionen, etc.).

Schaubild 7:

<u>MODELL DES PSYCHOLOGISCHEN FELDES</u>

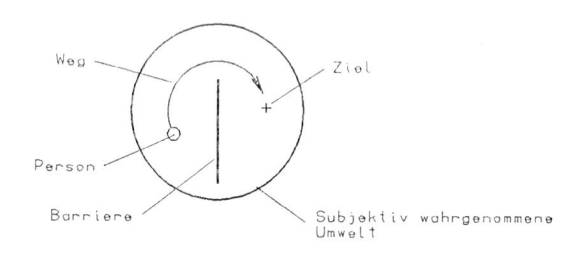

Kräfte in Richtung auf positive Zielzustände werden als **treibende** Kräfte bezeichnet, in Richtung auf negative Zustände als **hemmende**. Verhalten wird demnach gesehen als Resultante des psychischen Kräftefeldes, in dem hemmende und treibende Kräfte in Gleichgewichts- oder Ungleichgewichtszuständen verschiedener Spannungsintensität vorliegen.

Über die feldtheoretische Betrachtung von Verhalten als bestimmt **durch hemmende und treibende Kräfte** läßt sich auch der Vorgang von **Verhaltensänderung** unmittelbar **erklären**. Die graphische Darstellung dazu gibt → Schaubild 8.

Verhaltensänderung wird dabei als ein **Vorgang in drei Phasen** betrachtet:

(1) Das Aufheben des bisherigen Gleichgewichts.
(2) Die Bewegung zu einem neuen Gleichgewichtsniveau hin.
(3) Das Stabilisieren des geänderten Verhaltens.

Schaubild 8:

MODELL DER VERHALTENSÄNDERUNG

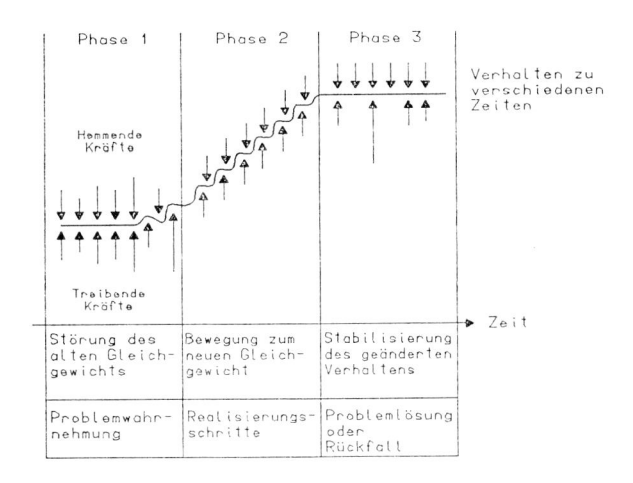

	Phase 1	Phase 2	Phase 3	
	Hemmende Kräfte			Verhalten zu verschiedenen Zeiten
	Treibende Kräfte			Zeit
	Störung des alten Gleichgewichts	Bewegung zum neuen Gleichgewicht	Stabilisierung des geänderten Verhaltens	
	Problemwahrnehmung	Realisierungsschritte	Problemlösung oder Rückfall	

In jeder der drei Phasen kommt Beratung eine wichtige Funktion zu, wenn sie solche Vorgänge der Verhaltensänderung systematisch fördern und erleichtern will.

Die Veränderung eines bestehenden Gleichgewichts läßt sich erzielen:

- durch die Hinzufügung treibender Kräfte
- durch die Wegnahme von hemmenden Kräften sowie
- durch wirksame Kombinationen beider Vorgänge.

Werden bei starken hemmenden Kräften lediglich die treibenden Kräfte vergrößert, so erhöht sich dadurch die Innenspannung und eine solche hohe Innenspannung des neuen Gleichgewichts erhöht die Gefahr des Rückfalls auf das alte Verhaltensniveau. **Innenspannung** und **Rückfallgefahr** vermindern sich, wenn zusätzlich zur Einführung neuer änderungspositiver Kräfte auch der Abbau bestehender änderungsnegativer Kräfte gelingt. (So ging der Berater im Beispiel Iran vor. Er legte dem Landwirt das Medikament vor Augen und entlastete ihn vom Erfolgsrisiko, da er erst nach der Heilung zu bezahlen brauchte.)

Oft wird übersehen, daß gerade in der dritten Phase eine besonders wichtige Aufgabe für Beratung besteht. Kurz nach der vollzogenen Verhaltensänderung ergibt sich noch kein ausreichend stabiler neuer Gleichgewichtszustand. Es treten wiederkehrend **"Nach-Entscheidungs-Konflikte"** auf - wer schon einmal nicht ganz passende Schuhe gekauft hat, der weiß vermutlich, was das ist - und auch unerwartete Probleme bei der Durchführung der Alternative, auf die die Entscheidung gefallen ist, **erhöhen die Rückfallgefahr**. Hier sollte der Berater zur Stelle sein, um die Bewältigung dieser Schwierigkeiten zu unterstützen und seinem Beratungspartner das Vertrauen in die Richtigkeit der getroffenen Entscheidung solange zu stärken, bis dieser die Erfolge seiner Verhaltensänderung selbst ausreichend erkennen und erleben kann. (Siehe dazu auch ⟶ D 5).

Eine Änderung des Verhaltens erfolgt oft auch deshalb nicht, weil ein Teil der Faktoren in ihrer Bedeutung noch unklar ist und deshalb noch nicht als Kräfte mit eindeutig änderungspositiver oder änderungsnegativer Richtung wirksam werden kann.

Unklarheit des Ratsuchenden kann dadurch bedingt sein, daß er seine eigene Position und Rolle in Verbindung mit seinen Zielsetzungen und Bedürfnissen nicht klar erkennen oder nicht richtig beurteilen kann. Er hat **keinen "Abstand zum Problem"**. In solchen Situationen ist es deshalb Aufgabe des Beraters, dem Ratsuchenden Einsicht in das Sachgefüge und den Sachzusammenhang sowie in die eigenen Zielsetzungen und Bewertungen gewinnen zu helfen. Dadurch erhält dieser den nötigen Abstand zum Problem, um dieses zu erkennen und so für sich zu definieren, daß eine sachgerechte Lösung sichtbar wird. Der Berater setzt damit einen geistigen Prozeß des **Umstrukturierens** und Umordnens **des psychischen Feldes** beim Ratsuchenden in Gang, wodurch der Zustand der diffusen, ungerichteten Spannung in eine klare Ungleichgewichtslage geführt wird. Das ermöglicht eine Veränderung des Verhaltens und gezielte Handlung.

Wenn die Kräfte im psychischen Feld das Verhalten bestimmen, so stellt sich die Frage, wo denn diese Kräfte herkommen, wie sie zustande kommen. Damit stoßen wir auf die Frage der Wahrnehmung, die uns schon mit der Aussage, es würde nicht die gesamte Umwelt, sondern lediglich die subjektiv wahrgenommene Umwelt verhaltensbestimmend, begegnet ist.

Die **Kräfte entwickeln sich über den Vorgang der Wahrnehmung**, durch den Sachverhalte in das Bewußtsein gelangen, sei es aus der Aufnahme in der augenblicklichen Situation, aus Erfahrungen der Vergangenheit oder aus Erwartungen an die Zukunft. Diese werden dabei zu Zielvorstellungen, Wünschen und Bedürfnissen in Beziehung gesetzt, kurz gesagt, sie werden bewertet. Über die Bewertung erhalten Wahrnehmungsinhalte Aufforderungscharakter für das Verhalten, sie entwickeln sich zu wirksamen Kräften im psychischen Feld.

5. WAHRNEHMUNG

Für das Verständnis von Verhalten ist ein Verständnis für die Vorgänge menschlicher Wahrnehmung zentral wichtig. Die Hauptaussage dazu lautet, daß **Wahrnehmung kein** rein **technischer Aufnahmevorgang** ist, unsere Augen arbeiten keineswegs vergleichbar einer Filmkamera und unser Gehör auch nicht wie ein Tonbandgerät. Längst nicht alles, was um uns herum geschieht, wird von uns auch wahrgenommen. Wir treffen eine durch unsere Aufmerksamkeit geleitete Auswahl und das Ausgewählte wird von uns unmittelbar geordnet und im Verlauf des Wahrnehmungsvorganges aktiv verändert. Dadurch entsteht ein deutlicher **Unterschied zwischen der physischen Umwelt und der** subjektiven, d.h. von uns wahrgenommenen Umwelt, die man auch **psychische Umwelt** nennen kann. Mit ⟶ Schaubild 9 soll dies anschaulich gemacht werden.

Wesentlichen Einfluß auf die Art der Verarbeitung und Speicherung der Wahrnehmungsreize nehmen einerseits **strukturelle Faktoren**, die sich aus dem Aufbau und der Leistungsfähigkeit der Sinnesorgane ableiten, andererseits **funktionale Faktoren**, die sich aus der psychischen Situation des Wahrnehmenden ableiten.

Die funktionalen Faktoren, wie z.B. Stimmungen, Bedürfnisse und Erfahrungen, gestalten die Aufnahme und Verarbeitung der Wahrnehmungsreize in ständiger

Schaubild 9:

VORGÄNGE MENSCHLICHER WAHRNEHMUNG

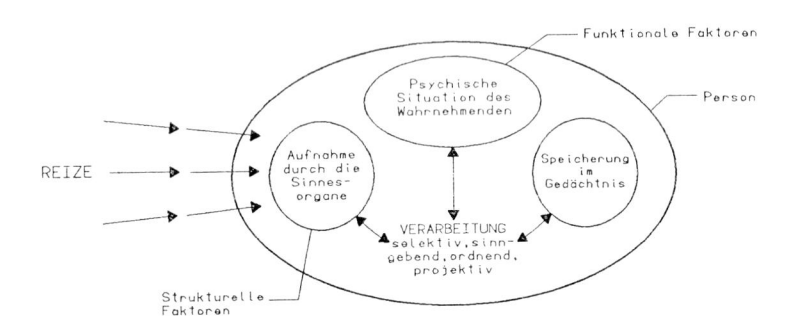

```
                                    ── Funktionale Faktoren
              ┌─────────────┐
              │ Psychische  │
              │Situation des│         ── Person
              │Wahrnehmenden│
              └─────────────┘
   ┌────────┐      ▲        ┌──────────┐
   │Aufnahme│      │        │Speicherung│
──▶│durch die│              │    im    │
REIZE │Sinnes-│              │Gedächtnis│
──▶│organe  │               └──────────┘
   └────────┘      ▼
              VERARBEITUNG
              selektiv, sinn-
              gebend, ordnend,
              projektiv

   Strukturelle
   Faktoren
```

Wechselwirkung mit dem Gedächtnis und der persönlichen Innenwelt. Insgesamt gehören zu den **funktionalen Faktoren**:

- Erfahrungen Mein Boden ist dazu nicht gut genug; notwendigen Kredit bekomme ich nicht. (Erfahrungen mit dem Berater bestimmen mit, wie er wahrgenommen wird. Beispiel Togo.)

- Wertvorstellungen Das lohnt sich nicht - Mußepräferenz oder Sozialpräferenz; das ist die "richtige" Art der Landbewirtschaftung.

- Zukunftserwartungen Abwanderung in die Stadt, Hoffnung darauf, daß die Söhne es einmal besser machen oder auch Hoffnungslosigkeit.

- Bedürfnisse Mir reicht es zum Leben; das alte Wasserloch ist ein guter Treffpunkt; mit einem Brunnen auf dem Dorfplatz hätten wir fast eine "Plaza".

- Einstellungen Die Frauen bleiben im Haus, schwere Arbeit ist Männerarbeit; Fruchtbarkeitsriten beeinflussen den Ertrag.

- Verinnerlichte soziokulturelle Normen Melken ist Raub an dem, was dem Kalb zukommt; Frauen dürfen keine Fahrradmühle treten.

Die Erkenntnisphilosophie behauptet, daß wir Menschen die "wahre Welt", die Wirklichkeit nie als solche erkennen können, sondern daß wir darauf angewiesen bleiben, uns immer nur ein eigenes Bild von dieser Welt zu machen. Aus der Wahrnehmungspsychologie erfahren wir, mit welchen Mitteln wir uns unsere "Weltbilder" erschaffen. **Wahrnehmung erfolgt selektiv, projektiv, ordnend und sinn- und gestaltgebend.**

Selektion bezeichnet den Vorgang der Auswahl, denn aus der unendlichen Fülle möglicher Sinnesreize entnehmen wir uns einen interessenbezogenen Ausschnitt, wobei vor allem aktuelle Bedürfnisse und die Ordnung unserer Gedanken die Aufmerksamkeit lenken.

Projektion meint den Vorgang, daß wir etwas von uns selbst, unsere Gefühle, Wünsche oder Ängste in die Aussage hineinlegen, übertragen, also projizieren. Dabei wird, für den Wahrnehmenden meist nicht bemerkbar, Außen und Innen vertauscht, im Umgang mit Personen Ich und Du verwechselt. Wer kennt nicht die Situation, wo auf die Feststellung: "Du wolltest doch vorhin ..." die entrüstete Antwort folgt: "Aber wieso denn? Ich doch nicht! Wer wollte denn? Du wolltest!" Somit erweist sich der Wunsch nicht erst als "Vater des Gedankens", sondern auch schon als die "Mutter der Wahrnehmung".

Ordnung, Sinn und Gestalt schließlich sind Prinzipien, die unserem Bedürfnis nach Orientierung entspringen und die wir an neue Wahrnehmungsinhalte anlegen müssen, um diese im Gedächtnis speichern zu können. Ohne Ordnung, Sinn und Gestalt kann ein Eindruck nicht bezeichnet und damit weder gespeichert noch wieder abgerufen werden. Das Bezeichnen von Eindrücken ist deshalb so wichtig, weil unser Denken und damit in hohem Ausmaß auch unsere **Wahrnehmung durch Sprache** wesentlich **geprägt** und beeinflußt ist.(→ G 3).

Fehlende Teilstücke im Wahrnehmungsangebot, unvollständige Strukturen **schließen eine Verarbeitung nicht aus**. Einzelreize werden zueinander in Beziehung gesetzt und als Ganzes, als Bedeutungseinheit im Gedächtnis gespeichert. Die Zuordnung von solchen Einzelteilen zueinander erfolgt etwa nach Kriterien der Einfachheit, der Nähe, der Geschlossenheit und der Vertrautheit. In der Summe sind diese "Ganzheiten" mehr als ihre Teile. Sie sind qualitativ von neuer Bedeutung.

Als Folge dieser beschriebenen Vorgänge kann man sagen, daß wir in der Regel solche Inhalte bevorzugt wahrnehmen, die subjektiv bedeutsam sind, die unseren Bedürfnissen entgegen kommen, die unsere Sicherheit verstärken, die uns als

Mittel zur Zielerreichung geeignet scheinen, die unseren Erwartungen entsprechen und unsere Erfahrungen bestätigen.

Wichtige Konsequenzen für die Gestaltung von Bildmaterial werden in → C 3 und in → E 13 gezogen.

6. ABWEHRMECHANISMEN

Verhaltensänderung ist unangenehm. Oft fällt es **leichter, statt des Verhaltens lieber die Wahrnehmung** und das Urteil **zu ändern.**

Unterstellt man, daß alle Menschen ein **Bedürfnis nach Sicherheit und Orientierung** haben, so ist nach den voraus beschriebenen Prinzipien der Wahrnehmung damit zu rechnen, daß zu stark verunsichernde Information den Prozeß der Wahrnehmung nicht ungeschminkt durchlaufen wird. So nötig ein innerer Spannungszustand für das Handeln ist, so ist doch dem Menschen nur eine bestimmte Stärke an Spannung angenehm oder erträglich. Lachen, weinen, wütend werden, sind uns als Akte der Spannungsabfuhr allen geläufig. Daneben gibt es jedoch eine Reihe weiterer psychischer Vorgänge, die dem Ziel der **Spannungsminderung**, der **psychologischen Entlastung** dienen und z.T. so automatisch und zumeist unterbewußt stattfinden, daß ihre Kenntnis weniger verbreitet ist. Sie sind in der Psychologie unter dem Stichwort **"Kognitive Dissonanz"** untersucht und bekanntgemacht worden.

Erinnern wir uns an die erste Phase im Verhaltensänderungsmodell (→ Kap. III.4), wo durch Hinzukommen treibender Kräfte oder den Wegfall hemmender Kräfte ein Ungleichgewicht entsteht. Dort sind wir davon ausgegangen, daß ein Überwiegen der treibenden Kräfte eine Verhaltensänderung zur Folge hat. Hier, an dieser Stelle müssen wir nun bekennen, daß diese Darstellungsweise zu einfach ist, denn eine Verhaltensänderung ist nur eine der möglichen Reaktionen auf ein Kräfteungleichgewicht.

Kognitive Dissonanz beschreibt den Zustand, daß **Elemente im Denken und Erkennen** zueinander **im Widerspruch** stehen, einen Mißklang bilden. Bevor dies Konsequenzen im Handeln fordert, gibt es Möglichkeiten, den Mißklang dort zu beheben, wo er als erstes erlebbar wird. Mit vielen dissonanten Informationen geschieht dies schon unmittelbar während der Wahrnehmung, ohne daß dies dem Wahrnehmenden überhaupt bewußt wird.

Dissonante Information kann schon bei der Wahrnehmung übergangen werden (Übersehen, Überhören). Sie kann während des Wahrnehmungsvorgangs geändert, abgeschwächt oder sogar in ihr Gegenteil verdreht werden. Gelangt sie ins Bewußtsein, so gibt es immer noch die Möglichkeit, sie aktiv zu vergessen. Stammt die Information von Personen oder Organisationen, so gibt es die Möglichkeit, deren Glaubwürdigkeit zu bezweifeln. Umgekehrt natürlich färbt auch die schon zweifelhafte Glaubwürdigkeit von Personen auf das ab, was diese vertreten. (Beratungsorganisation mit schlechtem Image oder → Beispiel Sri Lanka, das schlechte, politische Image des Lehrers färbte ab auf die von ihm praktizierte Neuerung.)

Man kann Situationen und Informationen, die Dissonanz erzeugen, aktiv aus dem Weg gehen oder verstärkt nach solchen Informationen suchen, den Kontakt zu solchen Personen pflegen, die die eigene Position stärken. Schließlich kann man verschiedene Strategien beschreiben, um die Realität zu leugnen. Dazu gehören die Tagträumerei, der periodische Genuß von Sucht- und Rauschmitteln, Wahn- und Zwangsvorstellungen, die Flucht in Scheinwelten und die verschiedensten Formen psychischer Krankheit.

Es ist damit zu rechnen, daß **Verhaltensänderung** für die meisten Leute **unangenehm** ist und daß ein Ungleichgewicht psychischer Kräfte **zuerst** auf den Widerstand **dissonanzmindernder Vorgänge** stößt, **bevor** es als **Antrieb für Verhaltensänderung** wirkt. Erkennbare Entlastungstendenzen beim Beratungspartner geben dem Berater Hinweise auf Art und Ausmaß der inneren Widerstände, die einer Verhaltensänderung entgegenstehen und ermöglichen es, diese Hintergründe in der Beratungsarbeit klärend zu berücksichtigen.

7. PROBLEMLÖSEN UND ENTSCHEIDEN

Beratung als geistige Hilfe beim Problemlösen läßt sich wirkungsvoller durchführen, wenn bekannt ist, wie der systematische Weg zu einer guten Problemlösung aussieht und mit welchen wiederkehrenden Schwierigkeiten die Betroffenen dabei zu kämpfen haben. Dies wurde mit der Beschreibung des Problemsatzes in →Kap. II.1 schon herausgestellt. Wird also die Hilfe beim Problemlösen für den Berater zum Problem, so kann ihm ebenfalls auf dem Weg der **Stadien systematischer Problemlösung** (→Schaubild 10) geholfen werden.

Diese Schritte systematischer Problemlösung unterscheiden sich nicht wesentlich von den Schritten systematisch geplanter Beratungsarbeit und von den Grundfunktionen von Management, die in späteren Kapiteln dieses Handbuchs vorgestellt werden (→Kap. VI. und VIII. → Schaubild 18). Stets beginnt der Vorgang mit der Analyse der vorliegenden Situation und endet mit der Bewertung der erreichten Handlungsergebnisse. Lediglich die Differenzierung der Zwischenschritte wird aus Gründen der Zweckmäßigkeit hier geringfügig anders vorgenommen.

Zum Teil sind die Schritte in → Schaubild 10 so dargestellt, daß sie für sich selbst sprechen sollen. Kritische Zusammenhänge sollen jedoch weitergehend beschrieben werden.

Die Differenz zwischen einem gegebenen Zustand und einem prinzipiell als realisierbar erachteten und als besser bewerteten Zustand wird subjektiv als Problem erlebt. Solche **Problemwahrnehmung** kann grundsätzlich **auf zwei verschiedenen Wegen** entstehen: Über die erlebte Verschlechterung der Situation oder über die Wahrnehmung realisierbarer Verbesserungsmöglichkeiten.

Nachdem wir gesehen haben, in welchem Maße die Wahrnehmung der Subjektivität unterliegt, empfiehlt es sich im Beratungsvorgang, die Ausgangssituation ausreichend zu beschreiben. Dazu gehört die Nennung der Betroffenen, der weiteren Situationselemente und der vermuteten Zusammenhänge, damit im zweiten Schritt eine **Überprüfung der Situationswahrnehmung** stattfinden kann. Dies erscheint vor allem deshalb notwendig, damit der Berater und der Ratsuchende nicht unausgesprochen von einer ganz unterschiedlichen Auffassung der vorliegenden Situation ausgehen. Gleichzeitig ergibt sich damit eine erste Möglichkeit, Wahrnehmungsverzerrungen und Fehleinschätzungen des Ratsuchenden zu erkennen und zu besprechen.

Während die Beschreibung der Ausgangslage durchaus einen objektiven Kern enthält und insoweit die Mitwirkung des Beraters nicht nur zuläßt, sondern geradezu fordert, **sind Zielbestimmung und Problemdefinition** letztlich subjektive Angelegenheiten, die vorwiegend **von Bedürfnissen und Wertvorstellungen bestimmt**

Schaubild 10:

STADIEN SYSTEMATISCHER PROBLEMLÖSUNG

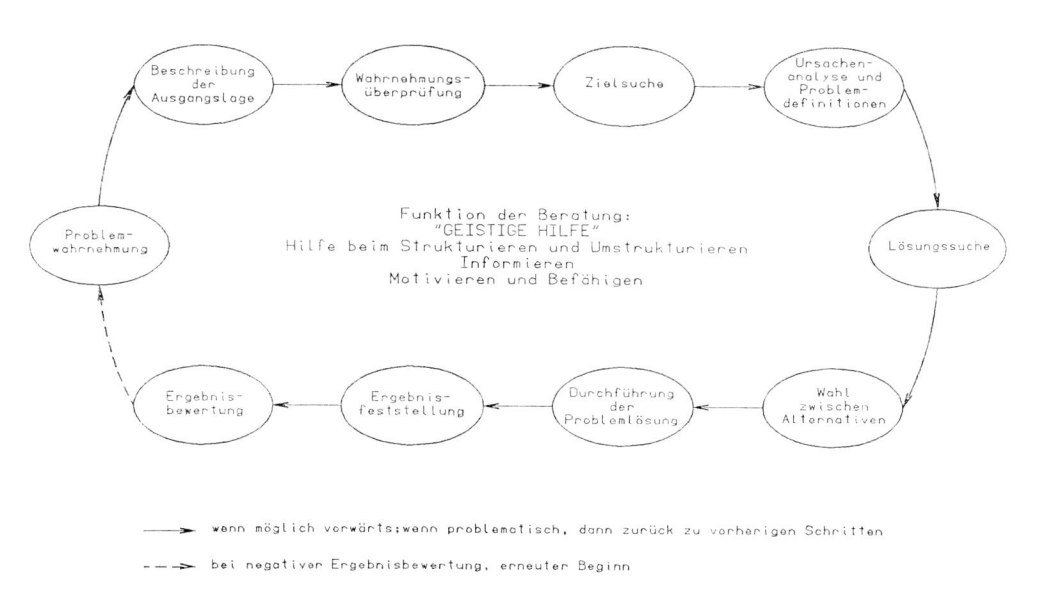

```
  Beschreibung      Wahrnehmungs-                          Ursachen-
       der     →    überprüfung    →   Zielsuche     →     analyse und
   Ausgangslage                                            Problem-
                                                           definitionen

                         Funktion der Beratung:
  Problem-              "GEISTIGE HILFE"
  wahrnehmung      Hilfe beim Strukturieren und Umstrukturieren      Lösungssuche
                              Informieren
                         Motivieren und Befähigen

  Ergebnis-         Ergebnis-         Durchführung          Wahl
  bewertung    ←   feststellung   ←        der         ←   zwischen
                                     Problemlösung         Alternativen
```

⟶ wenn möglich vorwärts;wenn problematisch, dann zurück zu vorherigen Schritten

- - ⟶ bei negativer Ergebnisbewertung, erneuter Beginn

werden. Deshalb sollte sich der Berater dabei zurückhalten. Seine unterstützende Funktion bezieht sich hier darauf, daß sowohl Ziele als auch Problemdefinitionen tatsächlich gesucht, alternativ entwickelt und realistisch formuliert werden.

Die **Ziele** lassen sich letztlich nur **aus** einer **Bedürfnisanalyse** beim Ratsuchenden **entwickeln** und sollten dann sowohl von der Richtung als auch vom angestrebten Ausmaß der Zielerreichung her formuliert werden. Eine endgültige Zielfestlegung läßt sich oft erst vornehmen, wenn schon konkrete Lösungsalternativen in die Betrachtung eingehen.

Der Schritt der Problemdefinition im Zusammenhang mit Überlegungen zu Problemursachen und Folgen wird gern übersprungen, jedoch ist er der Dreh- und Angelpunkt jeder Problemlösungsbemühung. Weil in der Art und Weise, wie ein Problem benannt wird, automatisch schon die Aufmerksamkeit auf bestimmte Lösungswege gelenkt wird, also in der **Definition des Problems** schon die **halbe Lösung** steckte, ist Sorgfalt hierbei besonders notwendig. Der Berater sollte daher darauf achten, daß zunächst mehrere Problemdefinitionen entwickelt werden, aus denen dann im Verlauf der Lösungssuche und der Entscheidung die endgültige erst festgelegt wird.

Bleibt die Lösungssuche erfolglos, so ist dies ein Hinweis, daß die Zielsetzung oder die Problemdefinition geändert werden muß. Ziele lassen sich zumeist nicht fest vorgeben, sondern sind von den vorliegenden Bedürfnissen und vom **Anspruchsniveau** abhängig. Erweisen sich die Ansprüche an die eigene Leistungsfähigkeit oder an die Mitwirkung anderer Personen als zu hoch, liegt die einzige Lösung in der Senkung des Anspruchsniveaus.

Bieten sich jedoch Lösungswege an, so ist zu prüfen, ob ein Versuch damit unternommen werden soll. Sind es mehrere Lösungswege, wird eine **Wahl zwischen** den **Alternativen** erforderlich. Die allgemeine Überlegung bei der Wahl zwischen Alternativen **vergleicht die Vorteile im Fall des Gelingens mit den Nachteilen des Scheiterns**. In die Abwägung beider Größen gehen zwei Komponenten ein, nämlich die erwarteten Werte und die Wahrscheinlichkeit für das Eintreffen dieser Werte, also das Risiko, die Sicherheit oder Unsicherheit der Zielerreichung. Schaubild 11 zeigt diesen Sachverhalt.

Schaubild 11:

KOMPONENTEN DER WAHL ZWISCHEN ALTERNATIVEN

$$\text{Tendenzwert einer Alternative} = \text{Erhoffter Nutzen} \times \text{Wahrscheinlichkeit des Gelingens} - \text{Befürchteter Schaden} \times \text{Wahrscheinlichkeit des Scheiterns}$$

Im Erfolgsfall   Im Misserfolgsfall

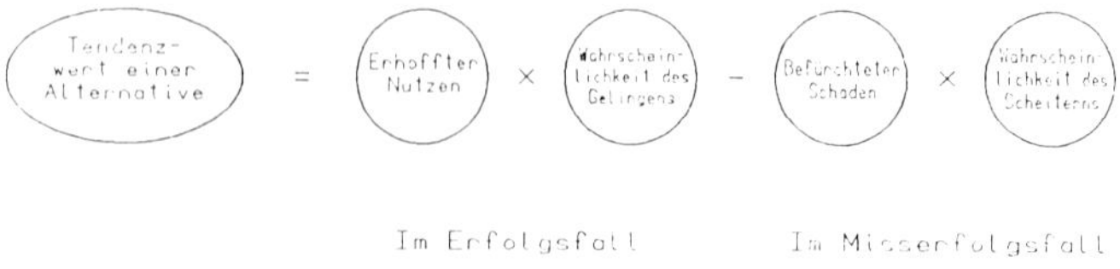

Gewählt wird normalerweise **die Alternative, die** im Vergleich zu den anderen **den höheren Tendenzwert verspricht**. Aus dieser Betrachtungsweise ergibt sich, daß hoch positiv bewertete Alternativen mit relativ günstiger Erfolgswahrscheinlichkeit trotzdem nicht realisiert werden, wenn die erwarteten negativen Auswirkungen im Falle des Mißlingens als sehr gravierend angesehen werden (z.B.

Marktfruchtanbau bei Aufgabe des Subsistenzanbaus birgt das Risiko des Verhungerns in sich, wenn der Zukauf von Lebensmitteln nicht hundertprozentig gewährleistet werden kann).

Eine ausgereifte Entscheidung ist **mehr als nur rational kalkuliert.** Auch vom Gefühl und den verinnerlichten kulturellen Werten her muß sie als stimmig erlebt werden. Bei der Problemklärung und der Prüfung möglicher Lösungen sind "Selbstklärung" und "soziale Abstimmung" wesentliche Vorgänge.

Bei der Durchführung und Bewertung der gewählten Lösung wird sich spätestens zeigen, ob ein Begründungsnetz vorliegt (und nicht nur eine Argumentationskette), dessen Offenlegung soziale Zustimmung findet. In der Sprache des Verhaltensänderungsmodells (⟶ Kap. III.4) würde man sagen: Mangel an Selbstklärung und sozialer Abstimmung erhöht die Spannung und Rückfallgefahr. Unausgereifte Entscheidungen, die erst nachträglich gerechtfertigt werden, befremden und wirken problemverschärfend.

Gerade bei der Wahl zwischen Alternativen kommen dem **Berater wichtige Funktionen** zu. Er ist mit seinem vollen **Sachwissen und Fachverstand** gefordert, wenn es etwa darum geht, den zu erwartenden Beitrag der Alternativen zur Zielerreichung, den vermutlich dazu erforderlichen Aufwand sowie die damit verbundenen Risiken und möglichen ungewollten Folgewirkungen realistisch abzuschätzen.

Methodisch muß er darauf hinwirken, daß ein produktiver Ablauf von Selbstklärung und sozialer Abstimmung entsteht, in den die sachlichen Erwägungen fruchtbar eingehen.

Mit der **Durchführung** der problemlösenden Maßnahme sollte der Vorgang **nicht enden.** Erst nach einer **Ergebnisfeststellung** und **Ergebnisbewertung** wird sich herausstellen, ob das Problem tatsächlich befriedigend gelöst ist oder ob eine erneute Überlegung und Aktivität zur Problemlösung einsetzen muß. Schwierig bei der Ergebnisbeurteilung ist meistens die Ursachenzuschreibung, also die Antwort auf die Frage nach den Gründen und Ursachen, die zum festgestellten Ergebnis geführt haben.

Die Ergebnisfeststellung ist dann leichter durchführbar, wenn die Zielsetzung operational, d.h. nach Art und Menge festgelegt formuliert wurde. Erst eine zutreffende Feststellung der erreichten Wirkungen und Ergebnisse macht deren abschließende Beurteilung möglich. Wenn sie erlebbar positiv ausfällt, ist auch die Rückfallgefahr endgültig gebannt.

Die spezielle **Hilfsfunktion** des Beraters besteht demnach darin, den Ratsuchenden zur aktiven Problemlösung zu **motivieren und** zu **befähigen**. Wichtigstes Mittel dazu stellt die Unterstützung beim geistigen **Strukturieren und Umstrukturieren** dar. Gerade bei starker Problembetroffenheit des Ratsuchenden, bei hoher psychischer Spannung verengt sich sein Blick, schränkt sich seine Wahrnehmung ein, leidet er unter gesteigerter Empfindlichkeit, verstärkter Handlungsängstlichkeit und geminderter Kreativität. Wer in ein Problem verstrickt ist, kann sich selten selbst entfesseln, wer im Sumpf steckt, kann es nicht wie Münchhausen tun und sich selbst am Schopf herausziehen. Aus dieser Problemsicht, was das Problem der Hilfe beim Problemlösen betrifft, begründet sich letztlich die Wirksamkeit beratender Unterstützung. (Weitergehende Hinweise zur Methodik des Beratungsgesprächs → E 5)

8. GRUPPEN UND GRUPPENPROZESSE

Einzelberatung ist zeitaufwendig und mühsam. Die **Arbeit mit Gruppen**, wenn sie verstanden wird, **verschafft mehr Breitenwirkung und nachhaltigere Umstellungsergebnisse** bei den Betroffenen. Daher sollen einige für Beratung wesentliche Fakten aus der **Gruppendynamik** beschrieben werden.

Soziale Beziehungen sind für den Menschen lebensnotwendig. Sie sind Bestandteil seiner Erziehung, sie vermitteln das Gefühl von Sicherheit und Zuwendung. Durch sie erfährt man Anerkennung, Selbstbestätigung aber auch Macht und Einfluß. Die **Gruppe** ist das zentrale Bindeglied zwischen dem einzelnen und organisierten Gesellschaftsstrukturen. Einerseits **wirkt** sie **formend**, vermittelt Einstellungen, Werte und Orientierung, andererseits **befriedigt** sie auch grundlegende **Bedürfnisse**, gibt ihren Angehörigen ein Gefühl der Nützlichkeit, der Geborgenheit und Möglichkeiten gesteigerter Selbstverwirklichung. Einen Überblick über Elemente und Einflußfaktoren im Gruppengeschehen gibt → Schaubild 12.

Von einer Gruppe spricht man, wenn eine **bestimmte Anzahl** von Menschen regelmäßig zueinander **in Beziehung** treten und dadurch **gemeinsame Ziele** zu realisieren suchen. Die Zugehörigkeit zu Gruppen legt dem einzelnen einerseits gewisse Fes-

Schaubild 12: GRUPPEN UND IHRE EINFLUSSFAKTOREN

Definierte Gruppe

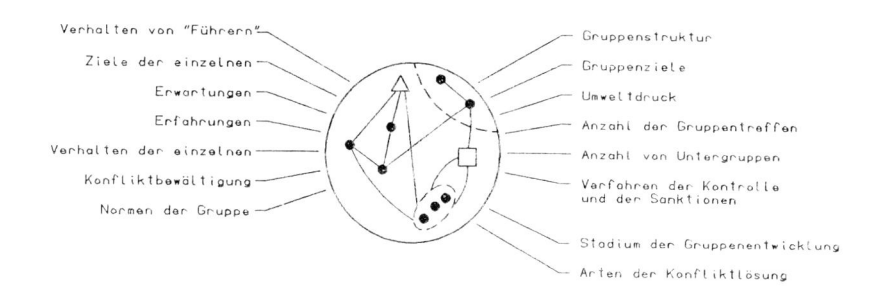

Verhalten von "Führern"
Ziele der einzelnen
Erwartungen
Erfahrungen
Verhalten der einzelnen
Konfliktbewältigung
Normen der Gruppe

Gruppenstruktur
Gruppenziele
Umweltdruck
Anzahl der Gruppentreffen
Anzahl von Untergruppen
Verfahren der Kontrolle und der Sanktionen
Stadium der Gruppenentwicklung
Arten der Konfliktlösung

● = Gruppenmitglieder
△ = "Vertreter" der Gruppe nach außen
□ = Angesehene Person in bezug auf landwirtschaftliches Wissen
( ) = Untergruppen

sein an, setzt ihn unter spezielle Zwänge, andererseits verschafft sie ihm, neben der Möglichkeit persönlicher Befriedigung im sozialen Geschehen, auch die Chance, an Leistungsvorteilen der Gruppe teilzuhaben.

Wesentliche **Zwänge in Gruppen** beziehen sich auf **Anpassung**, die Entwicklung eines **Wir-Gefühls** und auf die **Außendarstellung**. Jedes Gruppenmitglied muß sich anpassen. Beharrt es auf einer zu extremen Außenseiterposition, muß es aus der Gruppe ausscheiden. Dadurch haben Gruppen eine Tendenz zur Angleichung ihrer Mitglieder. Führer innerhalb der Gruppe sind diesem Druck noch stärker ausgesetzt, weil gerade sie die Gruppenideale und die **Gruppennormen** in besonderer Weise verkörpern. Das heißt umgekehrt, daß ein zu sehr abweichendes Verhalten für sie risikoreicher ist als für die übrigen Gruppenmitglieder, da es den Verlust der Führungsposition bedeuten kann.

Wer sich jedoch genügend anpaßt, wird sich dadurch stark mit seiner Gruppe identifizieren, und durch die wechselseitige Bestätigung der Gruppenmitglieder bilden sich Maßstäbe heraus, an denen man sich und andere mißt. Dieses innere Selbstverständnis einer Gruppe äußert sich in **gemeinsamen Wertorientierungen**, in dem **Stolz auf** gemeinsam erreichte **Leistungen** sowie in einer gemeinsamen **Gruppensprache.**

Durch das **Wir-Gefühl rücken** die Gruppenmitglieder näher **zueinander und entfernen sich** dadurch gleichzeitig stärker **von der** nicht zur Gruppe gehörenden **Umwelt.** Dieser gegenüber muß nun deutlich gemacht werden, worin die besonderen Zielsetzungen und Leistungen der Gruppe liegen. Die Gruppe versucht, sich als solche soziale Anerkennung zu verschaffen. Neben der Anerkennung erfährt die Gruppe jedoch auch Konkurrenz, Kritik und Anfeindung. Beide Vorgänge sind erforderlich, um das Wir-Gefühl und den Anpassungsdruck auf die Mitglieder aufrechtzuerhalten.

Was schon als Wahrnehmungsprinzip vorgestellt wurde, nämlich, daß das ganze mehr als die Summe seiner Teile sei, gilt im übertragenen Sinn auch für die Leistungsfähigkeit der Gruppe, die unter günstigen Bedingungen höher sein kann, als die Summe der Einzelleistungen ihrer Mitglieder. Solche **Leistungsvorteile** können sich ergeben aus den Prinzipien der **Kräfteaddition**, des **Fehler- und Kapazitätsausgleichs**, des anspornenden **Wettstreits**, des gemeinsamen verbindlichen **Handlungsplans**, der erleichterten **Umstellfähigkeit** und der **Gruppenidentifikation.** Diese Prinzipien sollen kurz erläutert werden.

Kräfteaddition führt dann zu einem deutlichen Gruppenvorteil, wenn die gestellte Aufgabe die Kraft eines einzelnen übersteigt und nur durch gemeinsame Anstrengung gelöst werden kann. Dies geht vom einfachen Heben einer schweren Last bis hin zu einer wirksamen Interessenvertretung.

Fehler- und Kapazitätsausgleich führen dazu, daß sich die Schwächen und Stärken der Mitglieder positiv ergänzen und daß die Fehler einzelner durch die Aktivität der anderen Gruppenmitglieder verhindert, gemildert oder korrigiert werden können.

Unter günstigen Bedingungen kommt es in einer arbeitenden Gruppe zu **förderlichem Wettstreit**, der den einzelnen dazu anspornt, sich stärker für die gemeinsame Aufgabe einzusetzen, als er dies in der Einzelarbeit täte.

Gruppen entwickeln zur Erreichung ihrer Ziele gemeinsam festgelegte Normen und einen **Handlungsplan** zur Aufgabenerfüllung, an den sich die Gruppenmitglieder anschließend gebunden fühlen. Die Einhaltung des Handlungsplans wird von den übrigen Gruppenmitgliedern kontrolliert und dem Abweichler drohen Sanktionsmaßnahmen. Sind die bestehenden Normen dem gemeinsamen Leistungsziel förderlich, und ist der gemeinsame Handlungsplan genügend durchdacht und ausreichend realisierbar, so ist die Wahrscheinlichkeit der Zielerreichung für die Gruppe im Durchschnitt größer als für den einzelnen.

Der gemeinsame Entschluß zu **Veränderungen** gelingt in der Regel leichter als die Einzelentscheidung, und die Gruppe bietet anschließend den notwendigen Rückhalt, um mit den Durchführungsproblemen in der **Umstellungsphase** fertig zu werden. Nach-Entscheidungskonflikte wirken sich meist weniger gravierend aus, da ihnen die Gruppennorm entgegensteht. Schwierige Verhaltensänderungen sind daher in Gruppen seltener vom Rückfall bedroht als im Einzelfall. Dies erklärt auch, warum Gruppen leichter ein Risiko eingehen können als einzelne.

Gruppen ausreichender Reife, d.h., die ihre Anfangsprobleme bei der Gruppenbildung und Rollenverteilung zufriedenstellend überwinden konnten, können ihren Mitgliedern ein Gefühl der Geborgenheit bieten, die Zugehörigkeit wird als positiv und erstrebenswert wahrgenommen. Bereits erreichte Leistungen der Gruppe tragen dazu wesentlich bei. Aus diesem **Identifikationsgefühl** heraus erwachsen dem einzelnen zusätzliche Kräfte, die in weitere Anstrengungen zur Erreichung des Gruppenziels einmünden können.

Keineswegs sollte man jedoch davon ausgehen, daß sich solche Leistungsvorteile automatisch in jeder Gruppe einstellen, den Mitgliedern sozusagen in den Schoß fallen. Dies hängt zum einen von der Art der Aufgabenstellung ab; bei komplizierten Aufgaben mit Möglichkeiten der Arbeitsteilung sind Leistungsvorteile besser erreichbar; zum anderen von der Gruppenzusammensetzung und vom Verlauf der Gruppendynamik. Vermutlich hat schon jeder einmal die Erfahrung gemacht, daß Gruppen zu keiner gemeinsamen Norm und zu keinem Handlungsplan finden konnten, weil sie sich auf dem Weg dorthin so maßlos zerstritten haben, daß alle Leistungsfähigkeit dabei auf der Strecke blieb.

Für die Beratungsarbeit ist es sinnvoll, mit Gruppen zu arbeiten. Dabei gilt es, den Besonderheiten der Gruppen und der Gruppendynamik gerecht zu werden, um zunächst überhaupt eine Wirkungsmöglichkeit in der Gruppe zu erwerben. Hier ist vor allem vor Autoritätsanmaßung und Manipulation zu warnen.

Die Konzentration auf einflußreiche Führungspersonen ist meist ebenfalls wenig wirksam. Besser ist es, mit deren Zustimmung die Beratungsinhalte mit der ganzen Gruppe zu erarbeiten.

Hilfreich für die Arbeit mit Gruppen ist der Einsatz von Techniken der Moderation und der Visualisierung. (→ E 16 und → E 17).

9. SOZIALSTRUKTUR UND GESELLSCHAFTLICHE INSTITUTIONEN

Gesellschaftliche Institutionen mit ihrer handlungsregulierenden Kraft **bilden die Elemente der Sozialstruktur**. Ihrer Wirkung ist es zuzuschreiben, daß es in jeder Gesellschaft relativ viele Verhaltensweisen gibt, die konform und dauerhaft bestehen, die dadurch vorhersehbar sind und auf die man sich verlassen kann. Solche gesellschaftlich kontrollierten Verhaltensvorschriften nennt man **Norm**, die Mechanismen, die ihre Einhaltung gewährleisten sollen, **Sanktion** und **soziale Kontrolle**. Normen sind unterschiedlich stark verbindlich, und auch die Konformität des einzelnen, seine Bereitschaft, bestehende Normen zu akzeptieren und einzuhalten, ist unterschiedlich groß. Schließlich unterliegen gesellschaftliche Normen auch einem zeitlichen Wandel. Zweckmäßig ist es daher zu unterscheiden:

- für welche Personen sie gelten (Frauen haben andere Möglichkeiten als Männer, was Kindern noch gestattet wird, ist Jugendlichen verboten usw.);

- an welchen Orten sie Gültigkeit haben (kirchlichen gegenüber weltlichen, privaten gegenüber öffentlichen usw.);

- für welche Situationen sie gelten (Alltag, Festtage, Arbeit, Freizeit usw.);

- welche Alternativen bestehen (z. B. Ersatz von Fleisch durch Fisch, von Hirse durch Weizen usw.);

- wie sie sanktioniert werden (Art und Weise der Bestrafung bzw. Belohnung);

- welche Abweichungen gestattet sind (Toleranz).

Die Anzahl der **Institutionen** und ihrer Ausprägungen ist zwischen Gesellschaften sehr verschieden. Dabei kann man etwa zwischen sozialen, wirtschaftlichen, rechtlichen, politischen und religiösen Institutionen unterscheiden.

Eine sich entwickelnde Gesellschaft baut auch ständig neue Institutionen auf. Diesen Vorgang im ländlichen und landwirtschaftlichen Bereich zu fördern, ist eine wesentliche Aufgabe landwirtschaftlicher Beratung.

10. KULTUR

Der allgemeinste Zusammenhang, aus dem sich menschliches Verhalten verstehen und erklären läßt, ist die gemeinsame Teilhabe an einer Kultur. Welches die gemeinsamen und charakteristischen Elemente gleicher Kulturzugehörigkeit sind, läßt sich nur aus der Konfrontation mit einer anderen Kultur im Rückblick erschließen. Normalerweise sind uns diese Kulturcharakteristika so selbstverständlich, daß wir sie weder in Frage stellen, noch als etwas Besonderes erkennen können.

Kurz gefaßt, kann man **Kultur als die gemeinsame Teilhabe an menschlichen Lernvorgängen** bezeichnen.

Jedes Kultursystem entwickelt bestimmte:

- Weisen der **Wahrnehmung** und des **Denkens**
- Vorstellungen von **Ursache-Wirkungszusammenhängen**
- **Wertvorstellungen**
- **Regeln im Umgang** mit Menschen, Lebewesen und Dingen.

Die kulturell bestimmte **Art der Wahrnehmung und des Denkens** legt fest, wie Erfahrungen aus der Auseinandersetzung mit der Umwelt letztlich strukturiert und geordnet werden. Insbesondere die **Sprache** gibt darüber aufschlußreiche Hinweise, weil sie einerseits **differenziert** (z.B. 50 verschiedene Begriffe für Schnee bei den Eskimos) und andererseits **gruppiert** (Bäume und Ahnen zusammenbringt, Heuschrecken zu Nahrungsmitteln und nicht zu den Insekten zählt, die Welt in Substantive und Verben, also in Zustände und Vorgänge teilt, oder aber, wie in manchen Indianersprachen, substantivlos alles nur prozeßhaft beschreibt).
($\longrightarrow$ G 3).

Vorstellungen über Ursachen und Wirkungen sind sehr unterschiedlich, wenn man z.B. ein naturwissenschaftliches oder ein animistisches Weltbild vergleicht. Für uns ist Pflanzenwachstum ein Ergebnis aus Bodenfruchtbarkeit, Wasserverfügbarkeit, Wärme und Lichteinwirkung in Verbindung mit einer geeigneten Pflanzensorte. Dennoch sind Feldprozessionen auch bei uns noch nicht überholt. Ein Zusammenhang zwischen Ernährung und Gesundheit ist vielen Völkern unvorstellbar, denn Gesundheit wird als göttlich-seelisches Gut betrachtet. Ein Zusammenhang mit Nahrung muß dann, als zu primitiv materialistisch gedacht, abgelehnt werden.

Wertvorstellungen legen fest, was als gut, böse, als ehrbar oder unanständig, was als wünschenswert oder als abzulehnen gilt. Die eigenen Werte werden meist als selbstverständlich und allgemeinverbindlich empfunden und können nur schwer in Worte gefaßt werden. Die wichtigen Wertmuster werden dem Kind schon vor dem Spracherwerb über Verhaltensreaktionen vermittelt. Fremde Werte werden unbewußt als Bedrohung empfunden, erzeugen Angst und setzen Abwehrmechanismen in Gang.

Verfahrensregeln bestimmen in großer Zahl den Alltag, im Umgang mit Menschen gibt es Umgangs- und Anstandsregeln und vielfältige mehr oder weniger verbindliche Gepflogenheiten von der Konfliktaustragung bis hin zur Sozialordnung. Im Umgang mit Tieren und Lebewesen gibt es alle Spielarten von gottähnlicher Verehrung bis hin zur Tierquälerei; Pflanzen werden ganz unterschiedlich als belebte Materie oder als schöpferische Organismen gesehen und behandelt. Auch im Umgang mit Sachen gibt es die vielfältigsten Vorgehensweisen, von der Industrienorm bis zur Materialgerechtigkeit, von der technologischen Bearbeitung und Umwandlung bis zu Unterschutzstellung und Denkmalspflege.

Wer es selbst noch nicht erlebt hat, kann sich jetzt vielleicht auch vorstellen, daß der erste intensive Kontakt mit einer fremden Kultur eine außergewöhnliche psychische Belastung verursacht, die nicht umsonst gerne als **"Kulturschock"** bezeichnet wird.

Dieser Herausforderung begegnet schlecht, wer abwehrt und abwertet. Gegenseitiges Lernen wird dadurch verbaut. Überlegenheits- und Unterwerfungsansprüche sind typische Erscheinungen von **Ethnozentrismus**.

Einen Ausweg aus einer solchen Haltung findet nur, wer sich bewußt bemüht:

(1) die Werte des anderen ernst zu nehmen,
(2) sie aus dessen Situation zu verstehen,
(3) aktiv nach Übereinstimmungsbereichen und Anknüpfungspunkten zu suchen.

Bekehrungsversuche über solche vorhandenen - evtl. von selbst wachsenden - Übereinstimmungsbereiche hinaus **stehen im Widerspruch zu einer Beratungsbeziehung**. Sie schaffen unnötige Widerstände und wirken als Aggression.

11. KOMMUNIKATION

Beratung, aber auch Ausbildung und Information können stets nur über Kommunikation erfolgen. So sind z.B. Lernvorgänge, die Verbreitung von Neuerungen oder auch sozialer Wandel letztlich nicht ohne Rückgriff auf Kommunikationsvorgänge zu erklären.

Beginnend mit einem **Modell der direkten persönlichen Kommunikation** soll die Betrachtung **dann** auch **auf unpersönliche Kommunikationssituationen erweitert** werden, die durch den Einsatz technischer Hilfsmittel charakterisiert sind. Abschließend wird auf die Notwendigkeit des **Aufbaus von Kommunikationsnetzwerken** hingewiesen.

Ausgehend von dem einfachen Fall, daß sich zwei Menschen etwas zu sagen haben, vermittelt uns das ⟶ Schaubild 13 eine Vorstellung davon, wie kompliziert das eigentlich ist. Das Schema will aussagen, daß grundsätzlich **jede Nachricht vier Aspekte gleichzeitig** enthält, die vom Nachrichtengeber an den Nachrichtenempfänger übermittelt werden. Dabei variiert lediglich die Bedeutung und die inhaltliche Klarheit der einzelnen Aspekte im Gesamtzusammenhang der Nachricht von Fall zu Fall. Zuerst sollen diese vier Aspekte der Nachricht kurz erläutert werden:

(1) **Sachinhalt**

Daß eine Nachricht einen Sachinhalt übermitteln soll, erscheint selbstverständlich. Allerdings wird in mitteleuropäischen Leistungsgesell-

Schaubild 13:

MODELL FÜR DIE DIREKTE PERSÖNLICHE KOMMUNIKATION

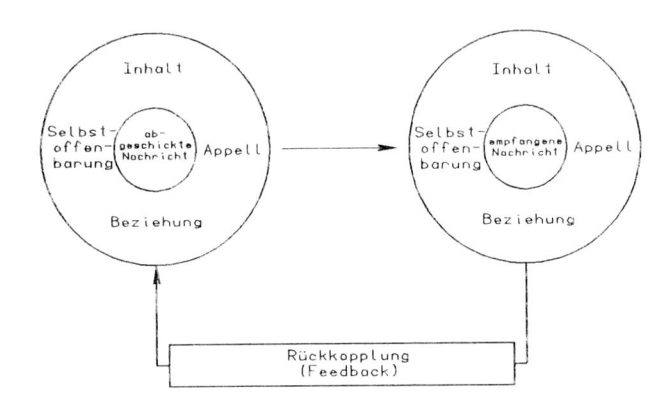

[Diagramm: Zwei Kreise mit den Aspekten "Inhalt", "Selbstoffenbarung", "Appell", "Beziehung"; im linken Kreis "abgeschickte Nachricht", im rechten Kreis "empfangene Nachricht"; Pfeil vom Sender zum Empfänger; Rückkopplung (Feedback) als Rückpfeil.]

schaften stillschweigend angenommen, daß dies die Hauptfunktion und auch die einzig legitime Funktion der Nachrichtenübermittlung darstellt. Daß diese Vorstellung der Realität nicht genügend gerecht wird, soll die Erläuterung der anderen drei Aspekte verdeutlichen.

(2) **Selbstoffenbarung**

In jeder Nachricht stecken nicht nur Informationen über die mitgeteilten Sachinhalte, sondern auch Informationen über die Person des Nachrichtengebers. In dem Begriff Selbstoffenbarung soll sowohl die beabsichtigte Selbstdarstellung als auch die unfreiwillige Selbstenthüllung der Nachrichten gebenden Person zusammengefaßt werden. Dieser Aspekt ist von ähnlicher psychologischer Brisanz wie der folgende.

(3) **Beziehung**

Die Nachricht enthält auch Informationen darüber, wie Sender und Empfänger zueinander stehen. Oft zeigt sich dies in der Art der Formulierung, im Tonfall oder in weiteren nicht-sprachlichen Begleitsignalen. Für diesen Aspekt der Nachricht hat der Empfänger ein besonders empfindliches Ohr. Hier fühlt er sich als Person geachtet, geschmeichelt oder gekränkt und mißhandelt. Kommunizieren heißt daher immer, zu dem Angesprochenen eine bestimmte Art von Beziehung ausdrücken.

(4) **Appell**

Schließlich wird das Wenigste nur einfach so gesagt, meistens sollen Nachrichten auch einen bestimmten Zweck erfüllen, auf den anderen Einfluß nehmen, ihn zu bestimmtem Handeln bewegen. Der Appell wirkt oft auf die Beziehung zurück, denn man kann ihn so senden, daß sich der Empfänger vollwertig oder aber herabsetzend behandelt fühlt.

Zwischenmenschliche Kommunikation ist also durch das Grundproblem der **Mehrdeutigkeit** und von daher auch der **Schwerdeutbarkeit** gekennzeichnet. Da zur Kommunikation mindestens zwei Personen notwendig sind, kommt diese Problematik auch zweimal innerhalb des Vorgangs zur Wirkung. Der Nachrichtengeber steht vor der schwierigen Aufgabe, seine Botschaft so zu formulieren und in Gestik, Mimik und Tonfall vorzubringen, daß sie vom Empfänger richtig, d.h., der Absicht des Senders entsprechend, verstanden wird. Der **Verschlüsselungsarbeit** des Nachrichtengebers steht die **Entschlüsselungsarbeit** des Nachrichtenempfängers gegenüber. Dabei muß der Empfänger versuchen, alle Bestandteile der Botschaft (Text, Tonfall, Gestik, Mimik), bezogen auf den Sachinhalt, die Selbstoffenbarung, die Beziehung und den Appell, verlustfrei wahrzunehmen und so zu deuten, wie es der Absicht des Senders vermutlich entspricht.

Da sich die Antwort des Angesprochenen normalerweise auf die zuvor gesendete Nachricht bezieht (solange man nicht aneinander vorbeiredet wie z.B. in → C 4) enthält diese Antwort auch Hinweise darauf, ob die zuvor gesendete Nachricht vermutlich richtig verstanden wurde. Diesen Anteil der Rückinformation nennt man **Rückkopplung** oder **"Feedback"**. Da Kommunikation mit allen bereits beschriebenen Tücken der menschlichen Wahrnehmung (→ Kap. III.5) voll belastet ist, kann man nur eindringlich empfehlen, von den Möglichkeiten der Rückkopplung intensiver und systematischer Gebrauch zu machen. Besonders nützlich sind dazu **Rückfragen** und **Rückvergewisserungen**. Rückfragen im Sinne von: "Wie meinst Du das; willst Du damit vielleicht sagen, daß ...; verstehe ich richtig, wenn ich ... usw." Diese Form der Rückfrage stellt zugleich schon eine Art von Rückvergewisserung dar. Andere Möglichkeiten der Rückvergewisserung bestehen in der teilweisen Wiederholung der empfangenen Aussage, so daß der Sender damit eine Rückkontrollmöglichkeit erhält, wie seine Botschaft aufgenommen wurde. Dadurch kann er für ihn feststellbare Mißverständnisse sofort zu korrigieren versuchen.

Leider ist die Viergleisigkeit der persönlichen Kommunikation bisher kaum bekannt, und somit werden systematische Lehren daraus in der Alltagskommunikation kaum gezogen. Gerade in den heiklen Situationen, wo es darauf ankommt, auf Anhieb richtig verstanden zu werden, müßte es sonst gebräuchlicher sein, alle vier Aspekte der Botschaft einzeln zu formulieren. Statt dessen ist es verbreitet und üblich, gerade die brisanten Aspekte von Selbstoffenbarung, Beziehung und Appell nur mit den Mitteln des nicht-sprachlichen Ausdrucks im Marschgepäck einer Sachinformation zu übergeben. Eine besonders folgenschwere Verkennung der Wichtigkeit "nicht-sachlicher Kommunikation" äußert sich in dem Standardappell an Diskussionsteilnehmer: "Bleiben Sie doch bitte sachlich!". Dahinter zeigt sich offensichtlich die unausgesprochene Vorstellung, daß nur Sachaussagen zur fruchtbaren Kommunikation beitragen können, solange es um sachliche Themen geht und daß die wiederkehrend beobachtbaren Störungen aus dem menschlichen Bereich von Selbstoffenbarung, Beziehung und Appell einfach dadurch aufgehoben werden können, daß man sie noch konsequenter aus dem Kommunikationsgeschehen auszuschließen versucht. Tatsächlich wirken diese jedoch weiter und ihre Anschläge aus dem Untergrund treffen nur umso empfindlicher.

Arbeiten wir mit Menschen aus anderen Kulturen zusammen, so müssen wir damit rechnen, daß die Kommunikation nicht nur mühsamer ist, sondern daß den Aspekten von Selbstoffenbarung und Appell, vor allem aber der Beziehungskommunikation gesteigerte Bedeutung zukommt.

Ein Trainingsziel auf dem Weg zur verbesserten persönlichen Kommunikation besteht im Erwerb metakommunikatorischer Fähigkeiten. Mit **Metakommunikation** wird das Gespräch über Kommunikation bezeichnet. Fragen, ob man richtig verstanden hat, oder Rückmeldungen, wie man sich durch den Gesprächspartner behandelt fühlt, würden z.B. darunterfallen. Dies erfordert eine geschulte und sensible Beobachtung des Kommunikationsvorgangs, um Störungen zu bemerken und die notwendigen Änderungen einzuleiten.

Konsequenzen, die sich aus dem theoretischen Modell für die **Verbesserung der persönlichen Kommunikation** ableiten lassen, sind:

- Bewußt eindeutige Botschaften (auf allen vier Aspekten) versenden;
- wahrnehmungsfähig (auf allen vier Aspekten) entschlüsseln;
- zur Aufklärung des Restfehlers, systematisch Rückkopplung einsetzen.

Tritt an die Stelle des direkten persönlichen Kontakts die **Vermittlung** der Kommunikationsinhalte **über technische Medien**, so liegt eine in wesentlichen Elementen veränderte Situation vor. Unmittelbare Rückkopplung und Fehlerkorrektur ist dann nicht mehr möglich.

Dafür **erhöht** sich jedoch die **Breitenwirkung,** die Möglichkeit, mit einer Aussage sehr viele Empfänger gleichzeitig zu erreichen; freilich werden auch **Fehler** unter jedem der vier Aspekte schwerer erkennbar und folgenreicher.

Ein umfassendes Kommunikationsmodell, das nun auch die Möglichkeit der technisch vermittelten Kommunikation einschließt, stellt → Schaubild 14 vor. Den Begriffen der **Massenkommunikation** folgend, wird der Nachrichtengeber jetzt **Kommunikator** und der Nachrichtenempfänger **Rezipient** genannt. In dem Maß, wie die Kommunikation wechselseitig erfolgen kann, sind beide Partner Kommunikator und Rezipient zugleich. Neben den Absichten des Kommunikators und den Erwartungen des Rezipienten wirken auf die Gestaltung der Aussage nun noch spezielle Zwänge des Mediums, das die Gestaltungsmöglichkeiten rein technisch begrenzt.

Schaubild 14:

EINFLUSSFAKTOREN IM KOMMUNIKATIONSPROZESS

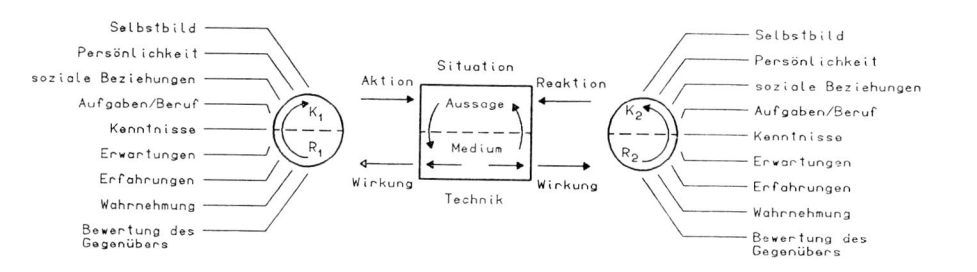

Selbstbild — Persönlichkeit — soziale Beziehungen — Aufgaben/Beruf — Kenntnisse — Erwartungen — Erfahrungen — Wahrnehmung — Bewertung des Gegenübers

K_1/R_1 — Aktion — Situation / Aussage / Medium / Technik — Reaktion — K_2/R_2 — Wirkung ← → Wirkung

Selbstbild — Persönlichkeit — soziale Beziehungen — Aufgaben/Beruf — Kenntnisse — Erwartungen — Erfahrungen — Wahrnehmung — Bewertung des Gegenübers

$K_1/R_1; K_2/R_2$: Kommunikator und Rezipient in einer Person

Auch zu einem persönlich nicht mehr anwesenden Kommunikator baut der Rezipient im Kommunikationsvorgang eine Beziehung auf, er macht sich ein Bild von ihm

(Image), bewertet die vermutlich hinter Medium und Aussage stehenden Personen und stuft danach auch die Aussagen ein (→ Beispiel Togo, Image des Beraters). Aussagen werden oftmals für wahr gehalten oder abgelehnt, weil die Kommunikatoren geschätzt oder verachtet werden. Meistens liegt die Glaubwürdigkeit eines Kommunikators nicht von vornherein fest, das Image seiner Organisation färbt nur bedingt ab, sondern es wird erst über den Kommunikationsvorgang endgültig festgelegt. Auch wenn die Beratungsorganisation ein allgemein schlechtes Image hat, so kann der einzelne Berater trotzdem gut bei seinen Partnern ankommen, wenn diese feststellen, daß er sich engagiert, kenntnisreich für ihre Sache einsetzt und tatsächlich um Hilfe bemüht ist.

Eine **gute Kommunikationsstrategie** ist dadurch gekennzeichnet, daß sie sich sowohl die Vorteile der persönlichen als auch der unpersönlichen, medienvermittelten Kommunikation zu Nutze macht. Dies kann durch den Aufbau, die Förderung und die **Nutzung von Kommunikationsnetzwerken** gelingen.

Unter einem Netzwerk kann man sich das Geflecht von Kommunikationskanälen vorstellen, welches gewährleistet, daß jedes Mitglied der Zielgruppe die zu verbreitende Nachricht mehrfach erfährt, und zwar sowohl aus verschiedenen persönlichen Kontakten als auch über technische Medien. Dies erfordert die Nutzung bestehender Kommunikationsbeziehungen, die Verbreitung der Nachricht durch **Multiplikatoren und Einflußpersonen** sowie ein der Nachricht entsprechendes und die **Zielgruppen erreichendes Angebot** medienvermittelter Kommunikation.

Jede Medieninformation sollte letztlich der Zielsetzung dienen, **Anstöße zum Gespräch** zu geben. Die Nachricht sollte etwas werden, worüber man spricht. Das sichert einerseits die Rückkopplung, es kann festgestellt werden, was erzählt wird, wie es bewertet und weitergegeben wird und andererseits beschleunigt es die Nachrichtenverbreitung. Charakteristisch bei der Netzwerkstrategie ist, daß im Kommunikationsvorgang zumeist neue Fragen, neue Probleme auftauchen. Das stimuliert die Rückfrage, die Rückvergewisserung. Wenn man die wichtigen Orte und Situationen der persönlichen Kommunikation kennt (Kaffeehaus im arabischen und türkischen Raum, der Schattenbaum in Afrika, Sammelmärkte in vielen Teilen Asiens usw.), dann muß man bei der Initiative zur Nachrichtenverbreitung sicherstellen, daß an solchen Plätzen Ansprechpartner verfügbar sind, von denen Nachfragende auch Antwort und zusätzliche Auskunft erhalten.

Einfache Nachrichtenverbreitung kann in der Regel jedoch **nur** die **Kenntnis** einer Neuerung bewirken, **keinesfalls** jedoch **schon** ihre **Übernahme und Verbreitung.** Hier müssen zusätzliche Maßnahmen im Bereich der Demonstration, praktischen Unterweisung und individuellen Beratung folgen, wenn das letzte Kommunikationsziel Verhaltensänderung und Übernahme der Neuerung heißt.

Anschaulich verweist die folgende Aussagenkette auf dieses Problem:

Gesagt	heißt noch nicht	gehört,
gehört	heißt noch nicht	verstanden,
verstanden	heißt noch nicht	einverstanden,
einverstanden	heißt noch nicht	angewandt,
angewandt	heißt noch nicht	beibehalten,
beibehalten	heißt noch nicht	zufriedengestellt.

Die Idee des kommunikativen Netzwerks in Zusammenhang mit Beratung versucht ⟶ Schaubild 15 zu veranschaulichen.

Eine solche systematisch gestaffelte und vernetzte Strategie könnte z.B. darin bestehen, im Landfunk generell auf eine Aktion aufmerksam zu machen, die Detailinformation in Gruppenberatung zu vermitteln, Ergebnisse aus einem Dorf über einen Informationsstand auf dem Wochenmarkt eines anderen Dorfs bekanntzugeben und Dorfbewohner dabei für Rückfragen anwesend zu haben. Um sicherzustellen, daß auch andere sachkundige Auskunftgeber und Einflußpersonen das Projekt stützen, berät man Händler, Genossenschaften, Firmen usw. gesondert und stattet sie mit Beratungshilfsmitteln (Texte, Bilder und Objekte) aus. Dagegen erweist sich die einseitige Konzentration auf nur einen Informationskanal oder nur ein Medium, wie beispielsweise auf Plakate, meistens als Fehlschlag. Daran allein entzündet sich kein Gespräch, es entsteht kein Multiplikationseffekt und es wird keine Rückinformation mobilisiert. Vielmehr sollte man wissen, wie die gruppenspezifischen Kommunikationsnetze aussehen, wo Frauen sich treffen, wo Männer zusammensitzen und wo man die Jugendlichen beieinander findet und sich solcher Gruppen und Treffen gezielt in der Beratungsarbeit bedienen.(⟶ Kap. V.5.2)

Ein gut durchdachtes, kommunikatives Vorgehen kann die oft beklagte geringe Beraterdichte teilweise ausgleichen, vorausgesetzt, man hat etwas zu sagen und

ist in der Lage, mehrseitig zu kommunizieren und die Rückmeldungen planmäßig auszuwerten und umzusetzen.

Schaubild 15:

NETZWERK VON KOMMUNIKATIONSPROZESSEN IM ZUSAMMEN-
HANG UND IM UMFELD VON BERATUNGSDIENSTEN

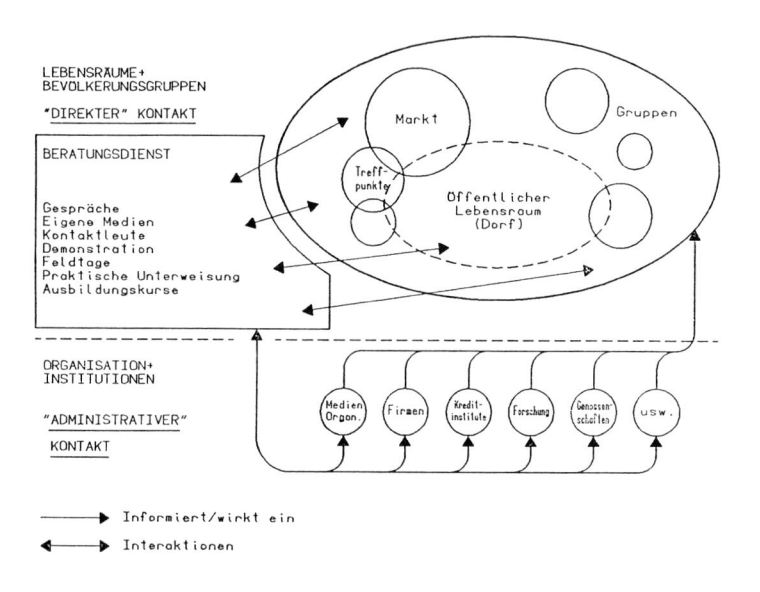

12. GESTALTUNG VON LERNVORGÄNGEN

Verhaltensänderung und Problemlösung setzt Lernvorgänge voraus, die nur sehr langsam und ineffektiv vorankämen, wollte jeder alles erst selbst ausprobieren und herausfinden. Von daher hat sich in allen Kulturen institutionalisiertes Lernen, die **systematische Weitergabe von Wissen und Erfahrung** entwickelt. Diese generelle Fähigkeit hat dem Menschen bisher das Überleben gesichert. Individuell gewährleistet sie die ständige Anpassung des Verhaltens im Spannungsfeld von Person und Umwelt, d.h., die Anpassung an Veränderungen der Umwelt oder an eine verändernde Persönlichkeitsstruktur.

Will man Lernprozesse gestalten und fördern, so ist das Lernergebnis wesentlich von der **Motivation und den Fähigkeiten der Lernenden** abhängig, denn ein Lernergebnis entsteht nur dort, wo diese sich aktiv beteiligen, sich auf den Lernvorgang tatsächlich einlassen.

Zur Strukturierung und Erleichterung von Lernprozessen gilt es also:

- **Geeignete Lernsituationen** zu schaffen, d.h., eine Beziehung zwischen den Lernenden und dem Inhalt über die Vermittlung durch die eigene Person und die Technik und Verfahren des Unterrichts herzustellen.

- Zu **motivieren** und das Interesse zu wecken bzw. zu erhalten. Dies setzt voraus, daß die Lernenden die Bedeutung der Information für ihre eigene Situation erkennen können, daß sie mit der Zielsetzung des Lernvorgangs einverstanden sind, daß der Lerninhalt einerseits ihre Neugier erweckt, andererseits sinnvoll zu ihren vorhandenen Erfahrungen und Denkkategorien zuordenbar wird.

- Die **Informationsabfolge** gezielt zu **steuern**, so daß sie sich am Problem orientiert, dabei jedoch strukturiert und portioniert ist, Erklärung mit Anschauung verbindet und passive Phasen des Zuhörens mit Aktivphasen der Eigenbetätigung wechseln läßt.

- Das Gelernte **praktisch üben** zu lassen und seine Übertragung auf neue Situationen zu schulen.

- Den **Lernerfolg** zu **kontrollieren** und den Lernenden erlebbar zu machen.

Die gleichen Prinzipien, die für die Gestaltung schriftlicher Texte gefunden wurden, lassen sich auf die Gestaltung von Lernvorgängen anwenden. Danach sollte sich ein **Lehrangebot** auszeichnen durch Gliederung und Ordnung, Einfachheit und Verständlichkeit, Kürze und Prägnanz sowie Anschaulichkeit und zusätzliche Stimulanz.

Gliederung und **Ordnung** bringt den Sachverhalt in eine logische, nachvollziehbare Folge, erleichtert es, Wesentliches von Unwesentlichem zu trennen und macht Zusammengehörendes als solches kenntlich. Ist man mit der Kultur der Lernenden nicht genügend vertraut, entstehen daraus vielfältige Mißverständnisse und Lernhemmnisse. So trägt z.B. Reis in Indonesien je nach dem Wuchsstadium jeweils verschiedene Namen. In Persien wird allgemein mit fünf Produktionsfaktoren gerechnet, nämlich mit Wasser, Zugkraft, Boden, menschlicher Arbeit und Kapital. Darauf muß man sich dann ebenso einstellen, wie beispielsweise auf die Bezeichnung des Düngers entsprechend der Anbauzeit, also Kopfdünger dann "Frühjahrsdünger" zu nennen.

Einfachheit und **Verständlichkeit** läßt sich einerseits durch Verkürzung auf das Wesentliche, andererseits durch Zerlegung komplizierter Sachverhalte in einzelne Elemente erreichen. Oft sind bildliche Darstellungen einfacher und verständlicher als lange Worterklärungen. Dabei muß jedoch die Entscheidung darüber, was anschaulich und verständlich ist, aus der Erfahrung mit den Lernenden gewonnen werden. Was dem Berater einfach erscheint, wie eine Tafelskizze oder eine Strichzeichnung, kann von Leuten, die mit einer solchen Art der Darstellung nicht vertraut sind, nicht entziffert werden. Die Verständlichkeit erhöht sich, wenn es gelingt, anschauliche und zutreffende Beispiele aus der Lebensumwelt und dem Gedankenzusammenhang der Lernenden zu verwenden.(→ C 3).

Kürze und **Prägnanz** erleichtern das Aufnehmen und Behalten, vor allem, wenn sie in Verbindung mit Gliederung und Ordnung auftreten. So kann man sich z.B. eine Gruppe von bis zu fünf, gelegentlich auch bis zu sieben sinnvollen und gegliederten Oberbegriffen noch gut einprägen. Sind diese Oberbegriffe als Ordnungskerne verankert, so können ihnen jeweils wiederum fünf bis sieben Elemente zugeordnet werden usw.. Prägnanz einer Aussage bedeutet, daß diese begrifflich zutreffend und gleichzeitig einprägsam ist. Kürze und Prägnanz ist keineswegs ein Widerspruch zu Ausführlichkeit und Wiederholung, zwei ebenso wichtigen Gestaltungsprinzipien für das Lernen. Den kurz und prägnant geschilderten Zusammenhängen lassen sich anschließend auch umfangreichere Einzelerläuterungen im Gedächtnis angliedern. Dabei schafft die kurze und prägnante Darstellung den zeitlichen Raum, im nächsten Schritt Einzelheiten ausführlicher zu erläutern, um dann am Ende der Lerneinheit den Sachverhalt wieder in ähnlicher Kürze und Prägnanz wie am Anfang zu wiederholen.

Anschaulichkeit und **zusätzliche Stimulanz** sind sozusagen das Salz in der Lernsuppe. Soll Lernen Spaß machen, so darf es nicht pausenlos nur anstrengen. Unterhaltende und auflockernde Elemente dienen einerseits der geistigen Erholung und wirken andererseits zusätzlich stimulierend auf die Motivation und das Lerninteresse. Gleiches gilt für die Möglichkeit, innerhalb des Lernvorganges selbst zu handeln und nicht nur passiv etwas entgegenzunehmen. Lieder, Spielszenen, Theaterausschnitte, praktische Demonstrationen und Übungseinheiten sind in der Regel stimulierende und aktivitätsfördernde Lernhilfen.

13. ORGANISATION UND FÜHRUNG

Beratung so, wie sie hier betrachtet wird, ist immer innerhalb eines Organisationszusammenhangs aktiv. Daher kann kein beruflich tätiger Berater Probleme des Organisierens und der Führung aus seinem Berufsalltag ausklammern.

Organisationen sind soziale Gebilde mit festangebbarem Mitgliederkreis, einer internen Rollenaufteilung und verfolgen das Ziel der Leistungsabgabe an die Umwelt. Zumindest der Absicht nach sind sie rational gestaltet.

Da die Mitglieder der Organisation jedoch dem Organisationsziel nur auf der Basis einer Vereinbarung (in der Regel eines Arbeitsvertrages) verpflichtet sind, muß man davon ausgehen, daß sie daneben weitere private Ziele der Lebensgestaltung gleichzeitig verfolgen. Insofern stellt die Arbeit im Dienste der Organisation in der Regel nur einen Kompromiß im Spannungsfeld zwischen Organisationsziel und Privatinteressen dar. Dies charakterisiert das **Dilemma jeder Organisation**, die Suche nach einer **Balance zwischen Leistung und Zufriedenheit**.

Eine Organisation erfüllt ihre Aufgaben, rein theoretisch gesehen, dann perfekt:

- Wenn die Ziele bekannt sind
- wenn die Ziel-Mittel-Beziehung, also die zweckmäßigsten Methoden zur Zielerreichung bekannt sind
- wenn die Methoden beherrscht werden und ausschließlich der Handhabe durch die Organisation unterliegen
- wenn sich die Organisationsmitglieder ausschließlich im Sinne der Ziel-Mittel-Beziehung verhalten und
- wenn keine Störungen aus dem Organisationsumfeld auftreten.

Gerade weil man kaum jemals davon ausgehen kann, daß alle diese Bedingungen in Organisationen erfüllt sind, wird Organisieren und Führen zur hochbezahlten Kunst.

Die prägnante Formulierung: "You can´t hire a hand", verweist darauf, daß man nur ganze Menschen einstellen kann, nicht nur einzelne Funktionen. Auch als Teil der Organisation bleiben Menschen gleichzeitig Mitglied anderer Gruppen, behalten eigene Zielsetzungen, Bedürfnisse und Vorstellungen von zweckmäßigem Handeln. Oft deckt sich die vorgegebene Arbeitssituation nicht mit den Bedürfnissen und Vorstellungen dessen, der die Arbeit ausführen soll. Daraus erwächst häufig Unzufriedenheit, die die Aufgabenerfüllung behindert.

Das Führungsproblem besteht demnach darin, die individuellen Bedürfnisse und Zielsetzungen von Organisationsmitgliedern mit den Zielen der Organisation so in Einklang zu bringen, daß durch Zusammenarbeit Organisationsziele erreicht werden. Betrachtet man die vorliegenden Lösungsversuche für das Organisationsdilemma, so zeigt sich, daß diese auf ganz verschiedenen Annahmen über das Verhalten von Menschen in Arbeitsaufgaben beruhen. **Das Menschenbild bestimmt den Führungsstil.**

Dies wurde durch die modellhafte Gegenüberstellung einer sogenannten "Theorie X" und "Theorie Y" bekannt.

"Theorie X" unterstellt, daß

- Arbeit an sich den meisten Menschen widerwärtig ist
- die meisten Menschen sich lieber lenken lassen, ungern Verantwortung übernehmen und wenig Ehrgeiz besitzen
- die meisten Menschen nur in geringem Maße dazu befähigt sind, Organisationsprobleme selbständig zu lösen
- Entlohnung das einzige Arbeitsmotiv ist
- die meisten Menschen eine strenge Überwachung und Zwang brauchen, damit Organisationsziele überhaupt erreicht werden können.

Daraus folgt, daß Effizienz in Organisationen hoch ist, wenn

- **Autorität einseitig gerichtet** von Vorgesetzten zu Untergebenen läuft
- die **Arbeitsüberwachung detailliert** und die **Kontrollspanne eng** ist
- der **Mensch als sozial-isoliertes Individuum** betrachtet wird und allenfalls seine physiologischen Eigenarten bei der Organisation der Arbeit berücksichtigt werden
- die **Arbeit routinemäßig** verrichtet werden kann.

"Theorie Y" unterstellt dagegen, daß

- **Arbeit** ebenso **natürlich** ist **wie** das **Spiel**, wenn die Bedingungen dafür günstig sind
- **Selbstkontrolle** oft unerläßliche Voraussetzung ist, um Ziele der Organistion zu erreichen
- Selbstkontrolle, die mit Organisationszielen in Einklang steht, von **Belohnungen** abhängt, die der **personalen, sozialen und** auch **wirtschaftlichen Bedürfnisbefriedigung** dienen
- viele Menschen die Fähigkeit besitzen, organisatorische **Probleme selbständig zu lösen**
- diese **schöpferischen Fähigkeiten** in Organisationen nur unreichend genutzt werden.

Daraus folgt, daß **Effizienz** in Organisationen **hoch** ist, **wenn**

- die **Autorität** aus formalen und informalen Quellen **fließt nach oben, nach unten und quer** durch die Organisation -
- die **Beaufsichtigung allgemein** gehalten und die **Kontrollspanne weit** ist
- sich das **Individuum als soziales, psychologisches und physiologisches Wesen** verhalten kann; d.h., wenn der arbeitende Mensch in seiner Ganzheit berücksichtigt wird
- die **Aufgabe bedeutungsvoll und abwechslungsreich** ist und in gewissem Umfang Geschicklichkeit und Urteilskraft verlangt.

Verkürzt kann man also sagen: **Theorie X ist "kontrollorientiert", Theorie Y ist "motivationsorientiert".**

Arbeitsabläufe und das Arbeitsklima lassen sich über die Gestaltung der Arbeitsbedingungen wesentlich beeinflussen. Führen in Organisationen bedeutet demnach vorrangig, Arbeitsbedingungen zu gestalten. Die wichtigsten organisatorischen Maßnahmen dazu beziehen sich auf **Verfahren der Zielsetzung, Planung, Entscheidung, Durchführung, Delegation von Aufgaben, Verantwortung und Kompetenz, der Kontrolle und der Kommunikation** sowie der **Motivation der Mitarbeiter.**

Wer mit oder in Organisationen der Entwicklungsländer arbeitet, hat sehr oft mit schwerfälligen und umständlichen Bürokratien zu kämpfen, die der Kolonialzeit entstammen und die ausgeprägt nach dem Modell "Theorie X" vorzugehen gewohnt sind. Wie man sich dann verhalten soll, dafür kann es kein Patentrezept geben, aber ein verbessertes Verständnis für das Verhalten der Partner und seine Ursachen erweist sich bestimmt auch in dieser Situation als nützlich.

Formale Organisationen, die nach Theorie X vorgehen, lösen bei Mitgliedern und Partnern aus "informellen" Milieus leicht eine Art von Kulturschock aus. Im Dorf wird eine Gemeinschaftsarbeit, z.B. die Getreideernte, nicht nur die Einbringung der Ernte zum einzigen Zweck haben. Vielmehr nutzen die Teilnehmer diesen Anlaß zu vielen weiteren Zwecken im Rahmen eines Festes: Die Altersgruppen und Geschlechter stellen sich in der Ausführung ihrer jeweils verschiedenen Aufgaben einander dar. Die Mitglieder wetteifern miteinander im Einsatz ihrer Fertigkeiten und Erfahrungen. Musik, Tanz, Scherzworte und Fröhlichkeit, gemeinsames Essen und Trinken heben die Arbeitsmühe über den Alltag hinaus.

Ein Landarbeiter, der im Dienste einer Organisation für eine Arbeitsgruppe "Getreideernte" eingeteilt wird, macht meist folgende Erfahrung: Die Aufseher sind nur an möglichst hoher Arbeitsleistung interessiert. Sie unterbinden Verhaltensweisen, die nicht im Einklang mit diesem Zweck stehen. Als einziger Ansporn zu hoher Arbeitsleistung gilt der individuelle, leistungsbezogene Geldlohn.

In diesem Handbuch wird durchgehend darauf hingewiesen, daß zur Förderung eigenständiger Entwicklung, die rücksichtslose Verwirklichung vorgefaßter Einzelziele nicht taugt. Demgegenüber entspricht **"Auslösen des Zusammenwirkens" mit vor Ort verfügbaren Energien und Ressourcen** dem Sinn von Beratung besser.

Dieses Zusammenwirken fordert gegenseitiges Lernen. Organisationen neigen dazu, jeweils an diese einzelnen Ziele gebundene Mittel bereitzustellen und diese Fachabteilungen und Leitungsstellen zuzuweisen.

Leute in informellen Mileus sind dagegen ständig gezwungen, eine Vielzahl dringender Ziele zugleich im Auge zu behalten und diese durch **Vielfachnutzung** ihrer begrenzten Mittel zu verfolgen.

Solches **Vielzweck-Denken und -Handeln** wird in Organisationen oft als Improvisation, Vetternwirtschaft oder Korruption getadelt und bekämpft. Gleichzeitig klagen die Vertreter von Organisationen auch meistens über den "Mangel an Personal und Mitteln", der sie an der Erfüllung ihrer Aufgaben hindere. Sie reduzieren ihre Mitarbeiter, je niedriger diese in der Hierarchie stehen, desto mehr auf die Ausführung nur einer Funktion und fördern selten "Urhebererlebnisse" und kreatives Ausnutzen unvorhergesehener günstiger Gelegenheiten. Kostenstellendenken, Mißtrauen und enge Kontrolle wirken dann leistungsmindernd.

Die Anwendung allgemeiner Vorstellungen und Prinzipien des Organisierens und Führens auf Probleme landwirtschaftlicher Beratung in Entwicklungsländern ist im ⟶ Kap. VIII. versucht. Auf Probleme des Führungsstils geht⟶ C 7 ein. Anregungen, wie **Mehrfachnutzungen** aussehen können, fanden Eingang in dieses Handbuch bei Fragen

- des Medieneinsatzes (⟶ Kap. V. 5.3, ⟶ F 12)
- des Umgangs mit Fahrzeugen und Dienstreisen (⟶ Kap. VII. 5.2, ⟶ E 19)
- des Einsatzes von Kurzzeitsachverständigen (⟶ Kap. VI. 1.1)
- zu Ausbildungsmaßnahmen (⟶ Kap. IX.).

14. DIE VERBREITUNG VON NEUERUNGEN

Im letzten Grundlagenkapitel steht der Anwendungsbezug ganz im Vordergrund. Ein zentrales praktisches Problem landwirtschaftlicher Beratungsarbeit, die Einführung und Verbreitung von Neuerungen soll daraufhin betrachtet werden, welche wiederkehrenden Ereignisse es dabei gibt, wie sie sich anhand der beschriebenen theoretischen Konzepte erklären lassen (⟶ Kap. III. 14.1 bis 14.5) und welche Schlüsse sich daraus für die Beratungsarbeit ergeben (⟶ Kap. III. 14.6).

Neuerungen, auch **Innovationen** genannt, so wie sie uns hier interessieren, können neue Produkte und Geräte, aber auch Verfahrensweisen oder Ideen sein. Von der Beratungsseite her interessieren uns dabei solche Neuerungen, die mit verbesserten Problemlösungen im Zusammenhang stehen. Eigentlich wäre der Begriff Änderungen genauer, jedoch ist er in diesem Bezug nicht üblich geworden. Deshalb sei gleich darauf hingewiesen, daß eine Neuerung keineswegs immer neu und schon gar nicht in jedem Fall besser zu sein braucht, als das derzeit Gültige und Praktizierte.

Wenn "biologische" oder "organische" Landbewirtschaftung heute plötzlich neue Aktualität gewinnt und für viele Bauern eine radikale Neuerung darstellt, so kann wohl niemand übersehen, daß sie in der mehr als 5000jährigen Landwirtschaftsgeschichte bis vor kurzem die einzige Bewirtschaftungsmöglichkeit war.

Auch sollte man nicht zu schnell geneigt sein, neu mit gut und alt mit schlecht gleichzusetzen. Wenn Beratung die Verbreitung von Neuerungen fördert, so muß man dies nicht mit blinder Fortschrittsgläubigkeit gleichsetzen. Neuerungen sind dabei nur zu verstehen als Änderungen gegenüber dem zuletzt vorhandenen, wobei diese Änderung im augenblicklichen Urteil von Betroffenen ganz subjektiv als die bessere Problemlösung erachtet wird.

Derjenige, der eine Änderung in einem Sozialsystem als erster praktiziert, ist damit der Neuerer oder wird auch **Innovator** genannt. Die Ausführung seines Entschlusses, die Summe seiner Verhaltensänderung in bezug auf die vorgenommene Änderung ist also die Übernahme der Neuerung, auch **Adoption** genannt. Und wenn dann weitere Mitglieder des Sozialsystems diese Neuerung ebenfalls adoptieren, so kommt ein Verbreitungsvorgang zustande, ein **Diffusionsprozeß**.

Die Erforschung von Diffusionsprozessen, auch **Adoptions- und Diffusionsforschung** genannt, begann Mitte der 20er Jahre dieses Jahrhunderts aus dem Bemühen des amerikanischen "Agricultural Extension Service", eine Rückmeldung über die Wirksamkeit seiner Beratungsarbeit zu gewinnen. Da die Hauptzielsetzung des Beratungsdienstes, die Vermittlung von Wissen, Einstellungen und Fähigkeiten zur Besserung der Lebenssituation, schwer nachprüfbar war, diente die Zahl der Landwirte, die entsprechend den Empfehlungen des Extension Service Neuerungen übernommen hatten, als praktikabler Indikator für den Erfolg der Beratungsarbeit.

Obwohl Innovation in allen Bereichen der Gesellschaft ein wichtiger Vorgang ist, sind seit damals die Agrarsoziologen, inzwischen gefolgt von den Geographen, noch immer führend in diesem Forschungsgebiet. Heute liegen Tausende von Untersuchungen weltweit vor, die das Problem mit unterschiedlichen Ansätzen bearbeiten und, wie kaum anders zu erwarten, auch zu teilweise sehr verschiedenen und widersprüchlichen Ergebnissen gelangen. Nach vielen Irrungen und Wirrungen scheint sich die **"situationsfunktionale Betrachtung"** in den letzten Jahren langsam zu verbreiten. Von dieser Sichtweise soll auch hier ausgegangen werden, weil sie sich nahtlos aus der konsequenten Anwendung der bisher schon beschriebenen Grundlagenkonzepte ergibt.

Was sind nun **wiederkehrend beobachtbare Erscheinungen**?

In den Fällen, in denen Neuerungen sich in einem Sozialsystem durchsetzen, gibt es einen **typischen Kurvenverlauf** der Diffusion. Anfangs ist die Übernahmerate niedrig, steigt danach allmählich an und sinkt gegen Ende wieder ab. Stellt man den Verlauf graphisch als Summenkurve dar (⟶ Schaubild 16), so ergibt sich meistens eine **S-Kurve**. Manchmal aber kann die Übernahme anfangs auch besonders zögernd beginnen und sich erst in der Endphase zunehmend beschleunigen, dann entsteht eine eher **J-förmige Kurve**.

Schaubild 16:

<u>ZWEI VERLAUFSFORMEN DER AUSBREITUNG VON NEUERUNGEN</u>

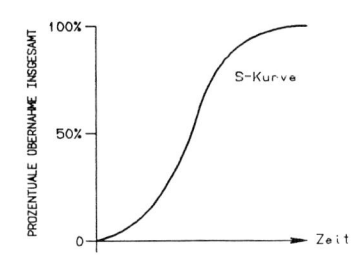

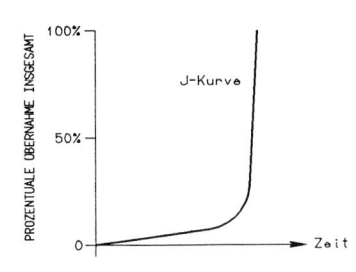

Betrachtet man die Übernahmeraten jedoch nicht summiert in Prozenten, sondern nach der absoluten Anzahl der je Zeiteinheit neu Übernehmenden, so ergibt sich meistens eine **glocken- oder wellenförmige Kurve**, ähnlich wie in⟶Schaubild 17.

Wiederkehrend beobachtbar ist außerdem, daß es der **Innovator** meistens besonders schwer hat. Zusätzlich zum Neuerungsrisiko **belastet** ihn die **Ablehnung im Sozialsystem**. Trotzdem kommt es danach zu einem **Umschwung der Meinungen**, und nach der zögernden Übernahme durch einige wenige frühe Übernehmer kommt die **Verbreitung** in Schwung und **läuft** dann ganz **von selbst durch das gesamte Sozialsystem**, ohne weitere Beratung und Förderung.

Aus diesen Beobachtungen ergibt sich die Einteilung des Ausbreitungsvorgangs in vier Phasen, entsprechend ⟶ Schaubild 17, die nun auch als Gliederung für die Erklärung der Ereignisse dient.

Schaubild 17:

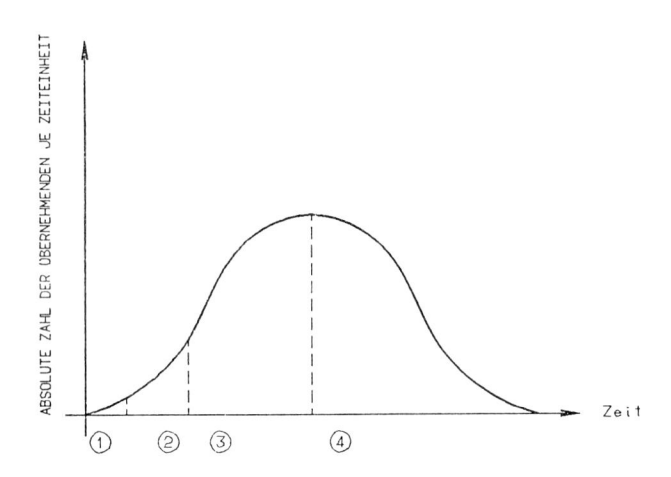

PHASEN IM DIFFUSIONSPROZESS

1 Der Innovator als Störenfried
2 Die kritische Phase ("Ende oder Wende")
3 Übergang in den sich selbst tragenden Prozess
4 Das Auslaufen der Welle

14.1 DER INNOVATOR ALS STÖRENFRIED

Die Verbreitung von Neuerungen erfolgt nicht als einfache Reaktion auf neue Informationen. Zuerst muß irgend jemand ein **Problem erleben**, für das er Lösungen sucht. Ergeben sich aus der Lösungssuche neue Handlungsalternativen, so steht der mögliche Innovator vor der Schwierigkeit, daß die Neuerung, die er als Lösung ins Auge faßt, lokal noch nicht erprobt ist. Die Schätzung des erforderlichen Aufwands ist noch unsicher. Ob und in welchem Ausmaß sich das erwünschte Ergebnis einstellen wird, ist noch nicht bekannt. Kurz gesagt, **der Innovator geht ein besonderes Risiko ein**, sowohl ökonomisch (außer Spesen nichts gewesen), als auch sozial (wer den Schaden hat, braucht für den Spott nicht zu sorgen). Meist gehen nur finanziell und sozial gut Situierte solche Risiken ein. Dabei stürzen sie sich nicht blind ins mögliche Verderben, sondern versuchen das Risiko so klein wie möglich zu halten, indem sie sich sehr sorgfältig um alle erreichbaren Informationen bemühen und sich über das vorsichtige und, wenn irgend möglich, schrittweise Ausprobieren der Neuerung weiteren Aufschluß und zusätzliche Sicherheit verschaffen. Daher haben die Innovatoren, verglichen mit allen späteren Übernehmenden meist die längste Erprobungsphase. Soweit die Nachbarn das Geschehen beobachten können, übernimmt der Innovator für sie die Funktion des lokalen Versuchsanstellers.

Das Tun des Innovators wirkt auf die anderen als **verunsichernde Information**, erzeugt psychische Spannung, für die ein Ventil gefunden werden muß. Unausgesprochen steckt in dem abweichenden Verhalten des Innovators der Vorwurf an die anderen, daß ihre Verfahrensweise altmodisch, rückständig und letztlich falsch ist. Sich nun ebenfalls kritisch mit der Neuerung auseinanderzusetzen, stellt einen viel mühsameren Weg des Spannungsabbaus dar, als die Sache vorläufig einfach von sich wegzuschieben, die Neuerung und den Neuerer abzulehnen.

Die Innovatoren erleben die **Ablehnung** durch die anderen oft recht deutlich. Aber ein Zurück gibt es jetzt nicht mehr. Aufgeben wäre genau die Blamage, die ihnen die anderen wünschen. Und ihrem Problem, das sie mit der Neuerung lösen wollen, wäre auch nicht gedient. So sucht der Innovator **überlokale Kontakte** oder verstärkt die schon vorhandenen zu Menschen, bei denen er einerseits **soziale Bestätigung** und andererseits auch **fachlichen Gedankenaustausch** in bezug auf die Neuerung findet. Im benachbarten Sozialsystem gibt es oft schon Innovatoren, die früher begonnen haben und über weiterreichende Erfahrungen mit der Neuerung verfügen.

14.2 DIE KRITISCHE PHASE

Nicht alle Nachbarn reagieren gleich stark ablehnend. Einige erleben sich oft **in einer vergleichbaren Situation** zum Innovator, sei es, daß sie mit einem ähnlichen Problem zu kämpfen haben oder daß sie sich sozial als ranggleich empfinden und somit den Anspruch haben, bei neuen Entwicklungen führend beteiligt zu sein.

Je ähnlicher sich einzelne dem Innovator fühlen, umso größer ist ihr **Interesse für das Verhalten des Innovators** und **den möglichen Erfolg** der Neuerungsmaßnahme. Zwar ergeben sich daraus nicht immer Kontakte zum Innovator, vielleicht will man sich eine solche Blöße nicht geben, aber es beginnt Beobachtung, Erkundigung auf dem Weg beiläufiger Gespräche oder auch eine **stärkere Informationssuche** außerhalb, bei anderen Landwirten oder bei der Beratung.

Erweist sich die Neuerung als tatsächlich erfolgreich und erfüllt die in sie gesetzte Erwartung beim Innovator, so reduziert sich dadurch das Mißerfolgsrisiko für die übrigen soweit, daß **einzelne** ebenfalls **mit dem Ausprobieren beginnen**. Sind dann mehrere frühe Übernehmer vorhanden, so erleichtert dies die Informationssuche für die restlichen Mitglieder im Sozialsystem. Mit einigen der frühen Übernehmer können sich dann andere eher vergleichen als mit dem Innovator. Es sind dann meist auch **Schlüsselpersonen** mit Einfluß auf kleinere oder größere Gruppen unter den frühen Übernehmern, nach denen "man" sich richtet.

Jetzt führt die Anfangslösung, den Innovator und die Neuerung abzulehnen, kaum noch zu einer ausreichenden Spannungsreduktion für die übrigen, denn nun ist die **Neuerung** unübersehbar **attraktiv** geworden und weit weniger als zuvor mit einem abschreckenden Risiko verbunden. So kann sich verbreitet Offenheit und Interesse für das Neue entwickeln.

Diese Phase wird deshalb als **kritische Phase** bezeichnet, weil sich hier letztlich entscheidet, ob eine Verbreitung zustande kommt oder ob sie schon im Ansatz stecken bleibt. Die wenigen Zahlenangaben zu dieser Problematik deuten darauf hin, daß sich der Diffusionsprozeß dann aus eigener Kraft fortsetzt und keine weitere Unterstützung durch Beratung oder Förderungsmaßnahmen mehr benötigt, wenn etwa 10 bis 20 % der potentiellen Übernehmer die Neuerung aufgegriffen haben.

14.3 DER ÜBERGANG ZUM SICH SELBST TRAGENDEN PROZESS

Während die erfolgreiche Übernahme bei den ersten Übernehmern die Attraktivität der Neuerung beweist und ihr Risiko reduziert, führt die Übernahme durch Einflußpersonen eine neue Dynamik in den Prozeß ein: Es wird erkennbar, **daß das Neue, das zukünftig Gültige sein wird**. Was beim Innovator noch als abweichendes Verhalten galt, wird jetzt als neue Form erlebt, auf die die Entwicklung zugeht. Dieser erkennbare Trend verstärkt die Tendenz, sich einer solchen Entwicklung anzuschließen. Der Diffusionsprozeß entwickelt die Kräfte zu seiner Fortsetzung jetzt aus sich selbst heraus, es folgt die Welle der Übernahmen. Die verhaltensauslösende Spannung besteht nun vorwiegend aus der Meidung negativer Kräfte, die sich dann ergeben würden, wenn man das nicht mitmacht, was jetzt anscheinend alle tun.

Damit ist jedoch die Gefahr verbunden, daß die Übernahme der Neuerung zunehmend weniger aus dem Einblick in die Voraussetzungen und Folgen erfolgt. Es wird nicht mehr ausreichend geprüft, ob die Neuerung auch für die spezielle Situation tatsächlich nützlich ist. Somit **wächst die Gefahr relativ falscher Übernahmen**. Daraus folgt oft eine weitergehende ökonomische Differenzierung; die ohnehin wirtschaftlich Schwachen werden zu Fehlinvestitionen verleitet und können daraufhin in der örtlichen Konkurrenz nicht mehr mithalten.

14.4 DAS AUSLAUFEN DER WELLE

Wenn die Neuerung nun allgemeingültige Norm ist, würde man den Kurvenverlauf eigentlich so erwarten, daß die Diffusion durchstartet und da ihr abruptes Ende findet, wo alle Mitglieder des Sozialsystems übernommen haben. Warum also schwächen sich die Übernahmeraten nach dem Erreichen eines Höhepunktes langsam und allmählich wieder ab?

Dies läßt sich nur aus der Annahme erklären, daß die Neuerung nicht für jeden gleichermaßen passend und vorteilhaft ist. So wie der Innovator zu Beginn die größte psychische Nähe zur Neuerung hatte und deshalb folgerichtig den Anfang der Übernahmen machte, so gibt es nun auch Personen, in deren Situation hemmende Kräfte weit stärker ausgeprägt sind als die treibenden. Man kann also annehmen, daß alle potentiellen Übernehmer, wenn man sie vor Beginn des Diffusionsprozesses nach ihrer psychologischen **Kräftekonstellation** in bezug auf die Entscheidung zur Neuerungsübernahme hin einreihen würde, in etwa eine **Normalverteilung** bilden, die in ihrer Form der Glockenkurve des Diffusionsprozesses entspricht.

Bis zum Gipfel der Diffusionskurve sind aus dem Diffusionsprozeß selbst jeweils noch neue treibende Kräfte hervorgegangen, die die Veränderung des Kräftegleichgewichts bei den nachfolgenden Übernehmenden bewirkt haben. Jetzt kommen aus dem Prozeß selbst keine weiteren treibenden Kräfte mehr hinzu. Also läßt sich das Auslaufen der Welle nur noch dadurch erklären, daß bei den Übernehmern hemmende Kräfte fortfallen, was sich aus der **zufälligen Veränderung ihrer Situation im Zeitverlauf** ergibt.

Dies kann man sich beispielsweise so vorstellen, daß das verfügbare Kapital für die Neuerungsübernahme bis zu einem gewissen Zeitpunkt endlich zusammengespart werden konnte oder daß der alte Kredit abgezahlt ist und nun ein neuer aufgenommen werden kann oder daß der Hofnachfolger jetzt den Betrieb übernimmt und damit die Entscheidungsfreiheit für die Übernahme erhält (vgl. das → Beispiel Brasilien).

14.5 DIE SITUATIONSFUNKTIONALE BETRACHTUNGSWEISE

Nach dieser exemplarischen verhaltenstheoretischen Erklärung nach dem **"situationsfunktionalen Ansatz"** muß darauf hingewiesen werden, daß dies lediglich als ein Beispiel möglicher Vorgänge gelten kann. Eigentlich ist der Vorgang, daß sich eine Neuerung tatsächlich im ganzen Sozialsystem verbreitet, nur ein Sonderfall. Vermutlich geschieht es häufiger, daß Neuerungen nur von einzelnen übernommen werden und keine weitere Verbreitung finden (wie auch im angeführten → Beispiel Sri Lanka). Oft **verbreitet sich** die **Neuerung nur in Teilen des Sozialsystems** oder auch bei verschiedenen Untergruppen in jeweils getrennten und unterschiedlich verlaufenden Diffusionsprozessen. Auch kann die **Diffusionskurve plötzlich** unvermittelt **abbrechen**, wenn z.B. ein vorher nicht bekannter Schädling massenhaft auftritt oder wenn ein deutlich verbessertes Verfahren erscheint, während sich das Vorherige noch nicht vollständig verbreitet hat usw..

Besondere Erschwernisse erfährt die Diffusion, wenn der Falsche damit anfängt (auch dies zeigt das → Sri Lanka-Beispiel) oder wenn die Neuerung gegen bestehende Normen verstößt.

Letztlich ist die Art und die Geschwindigkeit der Verbreitung von Neuerungen von einer Vielzahl zusammenwirkender Faktoren abhängig. Dazu gehören wiederkehrend Eigenschaften der Neuerung, Merkmale der Übernehmenden und ihrer Situation, die Art der wirksam werdenden Informationsquellen, die Struktur der Kommunikationsbeziehungen, der Verlauf vorausgehender Prozeßstadien und die sich daraus entwickelnden neuen Kräfte im psychischen Feld der potentiellen Übernehmer.

Trotz vieler Gemeinsamkeiten beim Verlauf von Ausbreitungsprozessen sollte man sich hüten, Erfahrungen aus dem einen oder anderen Fall schematisch auf künftige Beratungsvorhaben zu übertragen. Die Ausbreitung von Neuerungen hängt von situationsspezifischen Bedingungen ab. Ein und derselbe Faktor kann in verschiedenen Situationen ein gänzlich anderes Gewicht und möglicherweise auch eine unterschiedliche Wirkungsrichtung haben. Ein **Berater tut** daher **gut daran, die jeweilige Situation sorgfältig neu zu analysieren**, um herauszufinden, welche Faktoren Verhaltensänderungen der Zielgruppen bewirken können. Dies charakterisiert, was mit der Bezeichnung "situationsfunktionale Betrachtungsweise" gemeint ist.

Erinnern wir uns nochmals an die vier Praxisbeispiele, die den theoretischen Konzepten vorangestellt waren. Trotz günstiger Voraussetzungen für die Neuerungsverbreitung gerät diese ins Stocken, weil

- kein sozialer Kontakt zwischen Beratern und Zielgruppe bestand (→ Beispiel 1: Togo);
- der "falsche Innovator" begann (→ Beispiel 2: Sri Lanka);
- keine Unterstützung aus dem Sozialsystem gewährt wurde (→ Beispiel 3: Brasilien);
- gute Ergebnisse anfangs nicht sichtbar waren (→Beispiel 4: Iran).

Darin stecken schon unmittelbare Hinweise für beratungsmethodisches Vorgehen. Bevor diese aufgegriffen werden, sollen wiederkehrende Probleme, mit denen Förderungsbemühungen zu kämpfen haben sowie weitere wiederkehrend wichtige Eigenschaften von Neuerungen, die den Verlauf und die Geschwindigkeit der Neuerungsverbreitung beeinflussen können, angesprochen werden (→Übersichten 1 und 2).

Übersicht 1:

Wiederkehrende Probleme, die bei der Neuerungsausbreitung auftreten	
Kontakt	z.B. selektive Kommunikation, Ablehnung des Innovators
Beobachtbarkeit	z.B. mikrobieller Vorgänge, oder von Vorgängen in der Privatsphäre, aber auch Probleme aus der selektiven Wahrnehmung des Beobachters
Motivationsentsprechung	z.B. wenn die potentiellen Übernehmer in unterschiedlichen Situationen sind, verschiedene Bedürfnisse haben
Entsprechung im Denkstil	z.B konkret oder abstrakt
Einsichtsvermögen	z.B. beeinflußt durch Vorerfahrung oder persönliche Betroffenheit
Risikoerleben	z.B. abhängig von Rücklagen, Ausfallbürgschaften, Solidarität
Vergleichbarkeit	z.B. unterschiedlich erlebte Situation, Fähigkeiten, Möglichkeiten
Normenentsprechung	z.B. Rechtsvorschriften oder soziale Normen, wie Anstand, Sitte, Moral, Tabus
Unbeabsichtigte Wirkungen	z.B. unkritische oder fehlerhafte Übernahmen, Veränderungen im Sozialgefüge, Umweltschäden

Übersicht 2:

Wiederkehrend wichtige Eigenschaften von Neuerungen, die Verlauf und Geschwindigkeit der Diffusion beeinflussen können.	
Verstehbarkeit	z.B. der Begründung, des Wirkungszusammenhangs. Was und wieweit kann variiert werden, ohne den Erfolg zu gefährden?
Komplexität	z.B. Zahl der Teilschritte, Ausmaß der Veränderungen gegenüber dem Bekannten, Überschaubarkeit der Folgewirkungen
Teilbarkeit	Kann man klein ausprobieren, in kleinen Schritten ausdehnen, nur Teilschritte übernehmen?
Risiko	z.B. Ertragssicherheit, Kalkulierbarkeit des Aufwands, Mißerfolgskonsequenzen
Sichtbarkeit	z.B. von allen Teilschritten und allen Ergebnissen bei Kollegen, auf Musterbetrieben oder Demonstrationsflächen
Motivationsentsprechung	Hat der potentielle Übernehmer gleiche Motive wie der Innovator, treffen die objektiven Vorteile der Neuerung auf subjektive Bedürfnisse?
Normenentsprechung	Ist die Neuerungsübernahme vereinbar mit bestehenden Vorschriften, mit geltenden sozialen Normen?
Arbeitsaufwand	z.B physisch, Schwere der Arbeit oder fehlende Übung, oder auch psychisch, z.B. bei der Änderung fester Gewohnheiten
Kosten	z.B. direkte oder indirekte, kurz- oder längerfristige, mit den Problemen der Zumeßbarkeit oder den Ansprüchen an Liquidität
Ertrag	z.B. in Geldwerten oder in sonstigem Nutzen, mit dem Problem der Meßbarkeit
Erfolgssichtbarkeit	Wie und wann? Zeitspanne zwischen Aufwandsschritten und möglichen Erfolgserlebnissen?
Mißerfolgssichtbarkeit	Wie und wann? Ursachenzuschreibung?

14.6 SCHLUSSFOLGERUNGEN FÜR DIE METHODIK DER BERATUNG

Abschließend sollen als ein vorläufiges Fazit aus der Beschäftigung mit den Grundlagenkonzepten der Beratung und dem Anwendungsfeld Neuerungsverbreitung einige Schlußfolgerungen für das methodische Vorgehen der Beratung beschrieben werden.

Ein allgemeiner Grundsatz für jede beratende Tätigkeit ist demnach: **Vom Ratsuchenden her denken und den sozialen Zusammenhang berücksichtigen.**

Dazu gilt es, die hemmenden und treibenden Kräfte im Handlungsfeld der Ratsuchenden zu ermitteln, die spezielle Problemsicht aus der subjektiven Wahrnehmung des anderen und in seinen gedanklichen Zügen zu verstehen. Erst daraus läßt sich ableiten, welche Hilfestellungen, Argumente und Begründungen der Problemsituation des Partners gerecht werden. Weil Beratung jedoch nur ein Faktor im sozialen Geschehen ist, kommt der vermutlichen Reaktion und dem Einfluß der Kontaktpersonen und Bezugsgruppen des Ratsuchenden eine entscheidende Rolle für die Erreichbarkeit und Durchsetzung von Problemlösungen zu.

Gibt es Neuerungen, die für große Zielgruppen eine Verbesserung ihrer Situation bedeuten, so hat Beratung die Möglichkeit großer Breitenwirkung, wenn es ihr gelingt, **einen sich selbst tragenden Verbreitungsprozeß** der Neuerung in Gang zu setzen. Dazu sind Innovatoren zu gewinnen, denen einerseits die Problemlösung besonders hilft und die zur Durchführung der notwendigen Handlungsschritte auch in der Lage sind, die andererseits möglichst viele Ähnlichkeiten zu den übrigen Mitgliedern der Zielgruppe aufweisen. Sie müssen dann fachlich so unterstützt werden, daß sie zu vorzeigbar guten Ergebnissen mit der Neuerung gelangen. Stoßen die **Erstübernehmer** im Sozialsystem auf Ablehnung, müssen sie auch **sozial unterstützt** werden. Dazu sollte ihnen Beratung, z.B. zu Kontakten zu Innovatoren mit dem gleichen oder mit ähnlichen Problemen in der erreichbaren Umgebung verhelfen.

Gute Ergebnisse, die erreicht wurden, müssen den übrigen Mitgliedern des Sozialsystems wirksam **bekannt gemacht** werden. Eine übermäßige Hervorhebung der frühen Übernehmenden sollte dabei vermieden werden, weil dies ansonsten neue Abwehrreaktionen hervorrufen kann.

Kommt ein sich selbst tragender Ausbreitungsvorgang zustande, so erwächst daraus eine neue Aufgabe für die Beratung. Unüberlegte oder **falsche Übernahmen** sind zu **verhindern,** denn erfahrungsgemäß überprüfen die später Übernehmenden die Neuerung weniger sorgfältig. Wirksamer als der bloße Hinweis: Für Dich und Deine Situation paßt diese Neuerung nicht, ist das Aufzeigen anderer und besser angepaßter Lösungswege für die Betroffenen. Daher empfiehlt es sich, dieses Problem gleich von Anfang an mit zu bedenken, um dann rechtzeitig erprobte Alternativlösungen auch parat zu haben.

Die Förderung der Einführung von Neuerungen durch die Anwendung von Druck oder durch die Gewährung von Zuschüssen hat nur einen Sinn, wenn erreicht werden kann, daß die Zielgruppe nach der Übernahme den Wert der Neuerung erleben und erkennen kann, um sie um dieses Eigenwerts willen auch dann noch beizubehalten, wenn die Vergünstigung ausläuft oder der ausgeübte Druck wegfällt. Von daher ist es auch günstiger, statt direkter materieller Zuwendungen an die Innovatoren lediglich Ausfallbürgschaften als Risikoabsicherung zu verwenden.(→ D 5).

Da die Verbreitung von Neuerungen ein zentrales Anliegen landwirtschaftlicher Beratung ist, ziehen sich Hinweise dazu durch alle Kapitel dieses Handbuchs. Demonstrationsverfahren werden in → Kap. V. 2.2, und bei → C 5, → E 6, und → E 7 näher beschrieben. Prüflisten zur Neuerungsverbreitung finden sich unter → F 5 und → F 6.

IV. ERFAHRUNGEN MIT BERATUNGSVORHABEN

In diesem Kapitel werden positive und negative Erfahrungen zusammengestellt, die in verschiedenen Ländern mit Förderungsprogrammen unter Einschluß von landwirtschaftlicher Beratung gemacht wurden, die sich speziell an die kleinbäuerliche Bevölkerung richteten. Die aus der Literatur, aus Studien, Gutachten und Projektberichten verfügbaren Informationen reichen allerdings nicht aus, um die wichtigsten Beratungsvorhaben in ihrer Gesamtheit darstellen, analysieren und kritisch beurteilen zu können. Deshalb werden hier Beratungserfahrungen nur in bezug auf bestimmte Aspekte herausgegriffen und diskutiert, die für Beratungsarbeit im allgemeinen, unabhängig von der Situation, von Interesse und Bedeutung sind, wie z. B. ein Vergleich der Rollen der Beratung in verschiedenen Förderungsansätzen (→Kap. IV.1), die Situation der Zielgruppen (→Kap. IV.2) und der Berater (→Kap. IV.3). Aufgrund der Analyse der Erfahrungen wird am Ende eine Reihe von Faktoren herausgestellt, die für den Erfolg der Beratung ausschlaggebend sind (→Kap. IV.4).

1. ROLLE DER BERATUNG IN VERSCHIEDENEN FÖRDERUNGSANSÄTZEN

In der ersten Phase der internationalen Technischen Zusammenarbeit lag der Schwerpunkt auf der Förderung der Produktionstechnik in der Landwirtschaft. Dementsprechend war die Beratung, der im Förderungskonzept dieser Zeit nur eine marginale Bedeutung zugemessen wurde, vorwiegend produktionsorientiert, d.h., Produktionssteigerung wurde ihr als oberstes Ziel vorgegeben, wodurch ihre Funktion und ihre Arbeitsweise in starkem Maße geprägt wurden (→ Schaubild 1, Kap. II.1).

Die **Förderung der Produktionstechnik** bei einzelnen Anbaufrüchten (dieser Ansatz wird im Englischen "Single Crop Approach", "Commodity Approach" oder "Sectoral Programme" genannt) oder in der tierischen Produktion stellte einen weitreichenden Eingriff in die Landwirtschaft dar, sowohl innerhalb der Betriebe als auch regional und national. Im Vordergrund stand die Förderung der Markt- oder auch der Exportproduktion. Der Entwicklungsansatz basierte auf der Annahme, daß eine Produktionssteigerung die traditionelle Produktionsweise sprengen und starke Impulse für eine Modernisierung des landwirtschaftlichen Sektors geben würde. (→ A 1)

Nachdem die Welle der anfänglichen Erfolge, gestützt auf neu gezüchtete Hochleistungssorten bei Weizen, Reis und Mais und den Einsatz von Mineraldünger (bekannt als **"Green Revolution"**) abgeklungen war, stellte sich heraus, daß die Situation der Masse der landwirtschaftlichen Bevölkerung sich nicht gebessert, sondern in vielen Fällen noch verschlechtert hatte. Die Gründe dafür wurden bereits in Kap. I.1 genannt.

Die **Verbesserung der Betriebssysteme** über Beratung ist ein anderer Förderungsansatz, der z.B. in Projekten der GTZ in Malawi und Kenya praktiziert wurde. Landwirtschaftliche Entwicklung faßte man als eine Funktion verbesserter Produktionsverfahren und verbesserter Kombination von Produktionsfaktoren auf. Das notwendige Wissen und Können (Sammlung von Betriebsdaten, Erstellung von Betriebsplänen, Betreuung bei der Umstrukturierung usw.) wurde über den Beratungsdienst zur Verfügung gestellt. In der Hauptsache richteten sich diese Maßnahmen aber auf Großbetriebe, die ein größeres Potential aufzuweisen hatten als die Kleinbetriebe.

Ein anderer Ansatz war die **Förderung des gesamten sozio-ökonomischen Bereichs**. Da man erkannte, daß über eine Steigerung der landwirtschaftlichen Produktion allein die Gesamtheit der sozio-ökonomischen Prozesse nicht gesteuert werden konnte, wollte man durch breit angelegte, miteinander verzahnte, soziale, ökonomische, kulturelle und politische Aktivitäten erreichen, daß

- die gesamte Landbevölkerung den Entwicklungsgedanken aufgriff und
- sich ihrer Probleme, aber auch ihrer Handlungsalternativen bewußt wurde.

In dieses Förderungskonzept sind zum erstenmal - wenigstens ansatzweise - auch Frauen einbezogen worden. Sozio-ökonomische Förderungsvorhaben liefen unter der Bezeichnung "Community Development" (→ A 3) und "Animation Rurale" (→ A 4). Sie lieferten auch die Vorbilder für die "integrierten Programme" (Bündel von Förderungsmaßnahmen), für die "Integrated Regional Rural Projects" (geographischer Bezug, → A 8) und für "Integrated Rural Development" (Planungsansatz zur Bündelung von Aktivitäten).

Durch diese umfangreiche Aufgabenstellung waren die Beratungsdienste schlechthin überfordert. Erfolge konnten z.B. in Indien nur punktuell in der Anfangsphase erzielt werden; eine Breitenwirkung auf die Masse der Kleinbauern war nicht möglich gewesen.

Eine besonders straffe Organisation sowie ein produktionstechnischer Ansatz zur Erreichung schneller Erfolge und zur Gewinnung des Vertrauens der Zielgruppe auf den dann differenziertere Beratungsprogramme aufbauen sollen, kennzeichnet das **"Training and Visit System"** der Weltbank.(→ A 9,→ B 5).

Die Analyse der Erfahrungen mit landwirtschaftlichen Förderungsvorhaben in Entwicklungsländern zeigt, daß landwirtschaftliche Beratung nur selten als zentraler Hebel für Verhaltensänderungen angesehen wurde, sondern unter vielen Förderungsmaßnahmen meistens ziemlich am Ende der Prioritätenliste rangierte. Selten wurde bei der Planung und Durchführung von Projekten Rücksicht auf die besonderen Erfordernisse genommen, die sich aus partizipatorischen, problem- und zielgruppenorientierten Beratungsansätzen ergeben. Diese Kritik gilt gleichermaßen für die produktionstechnische, betriebswirtschaftliche und sozio-ökonomische Orientierung bei Förderungsvorhaben.

Die entwickelten Projektkonzeptionen wurden als "richtig" vorausgesetzt. Beratung sollte deren Verwirklichung dienen. Gelang dies nicht, so wurde die Beratung als ineffizient bezeichnet oder die Zielgruppe als neuerungsfeindlich hingestellt. Doch die eigentliche Ursache des Mißerfolgs sah man nicht: Daß Zielgruppen und Berater nicht an der Entwicklung der Förderungskonzeption beteiligt waren.

Die **Rolle der Beratung** ist es, **zwischen der Zielgruppe** mit ihren Problemen und Handlungsmöglichkeiten auf der einen **und** den Lösungswegen auf der anderen Seite, die von **den Förderungsinstitutionen** angeboten werden, **zu vermitteln**. Deshalb eignet sich die Beratung dazu, wichtige koordinierende Funktionen in Förderungsvorhaben zu übernehmen. Würde dies allgemein akzeptiert, so könnte die Beratung aus ihrem bisherigen Schattendasein heraustreten und über die Erfüllung ihrer eigentlichen Funktion auch ganz anders als bisher wirksam werden.

2. SITUATION DER ZIELGRUPPEN

Die Zielgruppen waren häufig zu Beginn eines Projekts nur vage definiert. In ihren Merkmalen, ihrer Zusammensetzung, Größenordnung, Untergliederung, ihren Produktionsmöglichkeiten und -barrieren konnten sie nicht genau beschrieben werden. Ihre eigenen Fähigkeiten, angepaßte Produktions- und Überlebensstrategien zu entwickeln, wurden von den Projektplanern nicht ins Kalkül gezogen. Lokale Versuchsanstellung und Anpassung von Maßnahmen an die Standortbedingungen erfolgte oft erst im Verlauf der Projektdurchführung. Solange das Projektmanagement und die Berater sich nicht intensiv mit der Lage der Zielgruppen beschäftigten und deren Kenntnisse und Fähigkeiten nicht zu würdigen wußten, liefen sie Gefahr, die Zielgruppen in ihrem Selbstwertgefühl zu verletzen und sie in eine Verweigerungshaltung zu treiben.

Viele der bisherigen Beratungsmaßnahmen haben nicht nur an der ökonomischen und sozialen Situation kleinbäuerlicher Wirtschaftsweise vorbeioperiert; sie haben auch die **Landfrauen** von Anfang an nicht als Teilgruppe in die landwirtschaftliche Beratung einbezogen. Frauen wurden von männlichen wie von weiblichen Beratern speziell in den Bereichen Familie, Haushalt, Hygiene, Ernährung und Kindererziehung angesprochen. Erst an wenigen Stellen wurde versucht, **Frauen** in ihrer Funktion **als Nahrungsmittelproduzenten anzusprechen**. In vielen Gesellschaften sind sie aktiv an Entscheidungsprozessen und an der Arbeit in den Bereichen Ackerbau, Viehhaltung und besonders auch der Vermarktung und des Kredits beteiligt.

Die Tatsache, daß in Beratungsprogrammen wiederkehrend **nur** bestimmte, bereits **privilegierte Personengruppen** angesprochen werden, schlug sich natürlich auch in der Einstellung der Kleinbauern gegenüber Beratern und Organisationen nieder. Beratung wurde nur selten als Dienstleistungseinrichtung für die Belange der Kleinbauern angesehen. Beratung hatte für diese keine Mittlerfunktion, sondern war die Umsetzung der Agrar- und Projektpolitik, erschien als ein Werkzeug der Oberen zur weiteren Förderung der Reichen und Mächtigen.

3. SITUATION DER BERATER

Die Berater hatten in den Programmen große Schwierigkeiten, ihrer Mittlerrolle nachzukommen. Zwischen den Anforderungen der Zielgruppen und denjenigen der Beratungsorganisation stehend, befanden sie sich ständig in einer Konfliktsituation. Da ihre **Funktionen nicht klar auf Beratung abgegrenzt** waren, fand man sie in vielen, z.T. widersprüchlichen Rollen:

- Den Berater als "Polizisten", der die Einhaltung gesetzlicher Ge- und Verbote in der Landwirtschaft überwacht;
- den Berater in der Rolle des Planungs- und Ordnungsbeamten und des Administrators, der amtliche Statistiken führt, Steuern eintreibt und staatliche Hoheitsaufgaben wahrnimmt (z.B. Zuteilung von Subventionen);
- den Berater in der Rolle des Warenverkäufers. Er soll dafür Sorge tragen, daß eine bestimmte Frucht sich entsprechend staatlichen Planzielen in den Betrieben durchsetzt, daß bestimmte Mengen an Saatgut, Dünger und Pflanzenschutzmitteln angewandt werden;
- den Berater in der Rolle des Betriebsplaners, der Landwirte und ihre Familien befähigen soll, die Produktionsfaktoren optimal einzusetzen;
- den Berater als Produktionsspezialisten. Er soll die Lücke schließen zwischen dem, was an Wissen und Forschungsergebnissen in bezug auf bestimmte Früchte vorhanden ist und dem, was auf den Feldern und in den Betrieben tatsächlich geschieht;
- den Berater in der Rolle des ländlichen Lehrers. In Ausbildungskursen an Schulen oder ländlichen Zentren soll er die Landwirte dazu erziehen, die Produktionsmittel richtig und zweckmäßig einzusetzen und Probleme zu bewältigen;
- den Berater in der Rolle des engagierten Sozialarbeiters. Er soll der ländlichen Bevölkerung Anstöße geben, auf breiter Basis die wirtschaftliche und soziale Lage des einzelnen und der Gemeinschaft zu verbessern;
- den Berater in der Rolle des visionären Entwicklungspolitikers. Er soll die auf nationaler Ebene gesetzten Ziele durch lokale Aktionen im Bewußtsein der ländlichen Bevölkerung verankern, so daß sich der einzelne mit den Zielen der Regierung identifiziert und entsprechend handelt.

Die meisten Berater konnten ihren Aufgaben nicht gerecht werden. Sie brachten nicht die nötigen Voraussetzungen mit (Aus- und Fortbildung), erhielten wenig fachliche und methodische Unterstützung seitens ihrer Organisation (Betreuung, Beratungshilfsmittel), waren wenig mobil (unzureichende Transportmöglichkeiten) und hatten eine geringe Arbeitsmotivation (primitive Lebensverhältnisse, geringe Entlohnung, wenig oder keine Aufstiegsmöglichkeiten, autoritäre Vorgesetzte usw.). Aufgrund ihres Selbstverständnisses sahen sie sich entweder als Funktionäre des staatlichen oder halbstaatlichen Apparates oder als Randpersonen im Sozialsystem, die keinen wirklichen Einfluß nehmen können, obgleich sie oftmals die Schwierigkeiten auf beiden Seiten genau wahrnehmen.

4. BEDINGUNGEN ERFOLGREICHER BERATUNG

Aus den bisherigen Beratungsverfahren sind für die Planung und Durchführung von Projekten einige Schlußfolgerungen zu ziehen, die als Voraussetzungen erfolgreicher Beratung gelten können:

- Die Beratung hat im gesamten Förderungskonzept eine fest eingeplante Mittlerrolle zu erfüllen;
- die Bedingungen für erfolgreiche Beratungsarbeit müssen bereits bei den ersten Studien (Gutachten, Situationsanalyse) gleichgewichtig neben anderen Fakten und Daten untersucht werden;
- Beratungsmöglichkeiten beeinflussen sowohl die Gesamtplanung als auch die Phasengliederung von Projekten;
- die Beteiligung der Zielgruppe muß bereits zu Beginn der Planung gesucht werden, um die Konsequenzen auf das Gesamtprojekt abschätzen zu können;
- Beratungsmaßnahmen und die Zusammenstellung von "Neuerungspaketen" müssen mit Forschung und lokalem Versuchswesen, Ausbildung, der Situation der Zielgruppen und mit der Produktionsmittelversorgung "synchronisiert" werden;
- bei der Personalauswahl für Beratungsvorhaben muß außer auf fachliche Qualifikation auch auf kommunikative Fähigkeiten Wert gelegt werden, die für die Ausübung der Mittlerrolle der Beratung wesentlich sind;
- Programme sollen nur soweit vorgeplant werden, wie die tatsächliche politische Unterstützung und die Bereitschaft der Zielgruppe zur Mitarbeit vorliegt bzw. zuverlässig abgeschätzt werden kann;
- die Auswertung der Projektarbeit (Analyse der Erfahrungen) darf sich nicht auf die Fortschreibung von Aktivitäten beschränken, sondern muß detailliert Auskunft über Vorgehensweisen und ihre Begründungen, Erfolge und Mißerfolge sowie Adoptionsraten und Veränderungen bei den Zielgruppen liefern;
- nicht-landwirtschaftliche Sektoren (Umfeld von Maßnahmen) müssen in das Förderungskonzept einbezogen werden; ihre Entwicklung hat für die Kleinbauern große Bedeutung.

In den folgenden Kapiteln wird erläutert, wie sich einige der aufgezählten Forderungen praktisch verwirklichen lassen.

V. VERFAHRENSWEISEN DER BERATUNG

Beratungsverfahren (hier gleichgesetzt mit **Beratungsmethoden**) sind Techniken der Kommunikation zwischen Beratern und Zielgruppen, die dazu dienen sollen, die Zielgruppen zur Lösung ihrer Probleme zu motivieren und zu befähigen. Je nach Art der Beratungsverfahren können die Kommunikationsbeziehungen mehr wechselseitigen Charakter haben (z.B. Gespräch, Gruppendiskussion) oder mehr durch Einseitigkeit geprägt sein (z.B. Information durch Broschüren).

Weil die Anwendung kommunikativer Techniken von der Zahl der anzusprechenden Personen, von den zu lösenden Beratungsaufgaben und vom Leistungsvermögen des Beratungsdienstes abhängt, müssen angepaßte Verfahren angewandt werden. Nach der Anzahl der anzusprechenden Personen können die Verfahren unterschieden werden in: **Einzelberatung** (→ Kap. V.1), **Gruppenberatung** (→ Kap. V.2) und **massenwirksame Beratungsverfahren** (→ Kap. V.3). Möglichkeiten der Beratung über ländliche Schulen, werden in → Kap. V.4, Fragen des Einsatzes von Beratungshilfsmitteln in → Kap. V.5, erörtert.

1. EINZELBERATUNG

Zur Förderung der Masse der Kleinbauern ist Einzelberatung allein wenig wirkungsvoll. Als intensivste Form der Kommunikation zwischen Bauern und Berater kommt ihr aber eine wichtige komplementäre Rolle bei Gruppen- und Massenverfahren zu:

(1) **Einzelberatung von Kontaktbauern und Funktionären von Zielgruppenorganisationen**
   - Vermittlung von schwierigen Fachinhalten;
   - Organisatorische Beratung zur Einrichtung und Führung von Gruppenorganisationen;
   - Vorbereitung von Sitzungen, Programmen, Aktionen;
   - Vermittlung aktueller Einzelinformationen;
   - Gemeinsame Erarbeitung von Problemlösungen.

(2) Einzelgespräche mit Mitgliedern der Zielgruppen

Der Berater kann fortlaufend Einzelgespräche mit Bauern führen, um:

- Informationen einzuholen, die er zur Überprüfung von Inhalten und Verfahren benötigt;
- die Reaktionen auf Förderungsangebote zu ermitteln;
- Bauern die Möglichkeit zu geben, über Fragen zu sprechen, die diese in Gegenwart von anderen nicht erörtern möchten;
- den Eindruck zu vermeiden, Berater würden sich nur mit Kontaktbauern und Funktionären unterhalten.

Das Beratungsgespräch

Es wird zwischen **formellen** und **informellen** Beratungsgesprächen unterschieden. Formelle Beratungsgespräche finden meist im Betrieb des Bauern oder im Büro des Beraters statt. Sie zielen darauf ab, konkrete Probleme zu bestimmen und Lösungswege zu erarbeiten. Im Gegensatz dazu stehen informelle Kontakte, die sich bei verschiedenen Anlässen ergeben können. Bei solchen Gelegenheiten ist es dem Berater oft leichter möglich, Schwierigkeiten der Zielgruppen und deren Wünsche zu erfahren und neue Kontakte zu knüpfen.

Ablauf und Funktion von Beratungsgesprächen sollten davon bestimmt sein, die bestehenden **Probleme und ihre Ursachen deutlich zu machen** und gemeinsam mögliche **Lösungen zu finden**.

Bei der Problemermittlung haben Bauern und Berater häufig ein unterschiedliches Problemverständnis. Ein Gespräch wird aber nur dann sinnvoll verlaufen, wenn eine gemeinsame Problemsicht erreicht wird. Dazu ist gegenseitige Wertschätzung, einfühlende Bereitschaft und Geduld der Gesprächspartner die Voraussetzung; ganz besonders dann, wenn der Beratene nur diffus empfundene Schwierigkeiten benennen kann. Der Berater darf sich dann nicht dazu hinreißen lassen, dem Gesprächspartner eine Lösung aufzudrängen, auch wenn er aufgrund seines Wissens und seiner Redegewandtheit dazu in der Lage wäre.

Eine **Einsicht in die Probleme** wird leichter erreicht werden, wenn die zu beratende Person auch wirklich **als Persönlichkeit geachtet** wird. Nicht selten erzeugen Voreingenommenheit, Imponiergehabe und moralisierendes Zurechtweisen des Beraters Abwehrhaltungen bei den Bauern, die eine unterstützende Beratungsarbeit nicht mehr zulassen. Zur Methodik der Gesprächsführung → E 5, → F 9 und → F 10.

1.1 EINZELBERATUNG IM FELD

Es hängt von den örtlichen Gegebenheiten, den Gewohnheiten, der Tages- und Jahreszeit sowie dem Beratungsinhalt ab, inwieweit die Gespräche auf den Feldern oder am Gehöft stattfinden. Eine **Besprechung im Betrieb** bietet gegenüber anderen Verfahren der Einzelberatung die folgenden **Vorteile**:

(1) Der Bauer/die Bäuerin fühlt sich in seiner/ihrer Umgebung sicher und ist deshalb eher bereit, offen zu diskutieren.

(2) Probleme können direkt geprüft werden, wenn es sich um Pflanzenkrankheiten, Bodenfruchtbarkeitsprobleme, Anbaumethoden, Tierhaltung oder Fragen der Betriebsorganisation handelt.

(3) Neuerungen sind in der gewohnten Umgebung rascher einsichtig zu machen.

(4) Der Berater erhält die Möglichkeit, Aussagen der Bauern auf ihre Stichhaltigkeit hin zu überprüfen; es fällt ihm leichter, auf der Basis seiner Beobachtungen und zusätzlicher Informationen gemeinsam mit den Betroffenen Lösungsvorschläge zu erarbeiten.

(5) Regelmäßige Betriebsbesuche ermöglichen den erforderlichen Erfahrungsaustausch, durch den Beratungsinhalte und Vorgehensweisen laufend aktualisiert werden können. Das ist eine Voraussetzung für die Schulung von Kontaktbauern und Funktionären im Zusammenhang mit Gruppenverfahren (→ Kap. V.2).

(6) Ist der Berater mit dem Betrieb bereits vertraut, kann die Dauer des Besuchs immer mehr auf das fachlich Notwendige reduziert werden.

1.2 EINZELBERATUNG IM BÜRO ODER HAUS DES FELDBERATERS

In Entwicklungsländern sind Besuche von Bauern im Büro oder Haus des Beraters seltener. Gründe hierfür sind oft erhebliche Entfernungen zum nächsten Berater, Transportschwierigkeiten und Fahrtkosten, etwaige schlechte Erfahrungen (lange Wartezeiten, Vertröstungen, Versprechungen) sowie persönliche Hemmungen der Bauern, ihre Probleme vorzutragen. Besser ausgebildete, finanziell gutgestellte, im Umgang mit Behörden erfahrene Bauern werden den Berater von sich aus eher aufsuchen können. Dieser Umstand begünstigt die selektive Beratung der besser gestellten Bauern und verringert die Chancen der ärmeren Zielgruppen.

Wenn Einzelberatung **im Beraterbüro oder -haus** abgewickelt wird, sind **folgende Regeln** zu beachten:

(1) Die Zielgruppen müssen über die **Sprechzeiten** des Beraters informiert werden. Sie sollten regelmäßig stattfinden.

(2) Probleme ergeben sich oft, wenn Bauern außerhalb der Sprechstunden das Beraterbüro aufsuchen. Besucher wegzuschicken oder sie stundenlang warten zu lassen, ist eine oft zu beobachtende, aber nicht akzeptable Vorgehensweise.

(3) Auch wenn das Büro nur bescheiden eingerichtet ist, sollten **Ordnung und Sauberkeit** selbstverständlich sein. Dem Ratsuchenden eine Erfrischung sowie eine Sitzgelegenheit anzubieten hilft, das Gesprächsklima von Anfang an freundlicher zu gestalten.

(4) Der Berater sollte sich bemühen, eine **gelöste Atmosphäre** zu schaffen. Er darf sich im Gespräch nicht nur auf das Dienstlich-Fachliche beschränken, sondern sollte zunächst entsprechend den traditionellen Gewohnheiten die Diskussion einleiten.

(5) **Störungen** von außen sollten vermieden werden. In größeren Büros ist dies mitunter schwierig. Telefonate und andere Besucher hindern Einzelgespräche ganz erheblich und irritieren den Gesprächspartner. Vermieden werden sollte auch die Anwesenheit untergeordneten Büropersonals während des Beratungsgesprächs, um eine vertrauliche Gesprächsatmosphäre zu gewährleisten.

(6) Um eine entsprechende Nacharbeit zu ermöglichen, sollten die **wesentlichen Punkte** wichtiger Beratungsgespräche **festgehalten** werden. Es empfiehlt sich, dabei Karteikarten zu benutzen.

2. GRUPPENBERATUNG

In der Gruppenberatung werden mehrere Personen der Zielgruppe gleichzeitig angesprochen, die durch formale oder informelle Regelungen miteinander verbunden sind. **Die Vorteilhaftigkeit** von Gruppenverfahren wird aus folgenden Überlegungen deutlich:

- Auch bei beschränkter materieller und personeller Ausstattung der Beratungsdienste kann eine große Zahl von Bauern erreicht werden.
- Zeitökonomische Vorteile sind gegenüber der Einzelberatung eindeutig gegeben.
- Die Beratungskosten pro Kopf der Zielbevölkerung werden gesenkt.

- Gruppenverfahren ermöglichen eine bessere Beteiligung der Zielgruppen.
- Beratung von Gruppen bedeutet vermehrte Kontrolle der Berater durch die Bauern, wodurch die Berater zu größeren Anstrengungen angespornt werden.
- Es können gruppendynamische Prozesse genutzt werden, die die Informationsweitergabe beschleunigen und die Entscheidungsbereitschaft der Bauern fördern. Eine unzureichende Ausdrucksweise des Beraters wird häufig von den Beteiligten "übersetzt". In der Diskussion werden Vor- und Nachteile deutlicher abgewogen, und die Gruppe insgesamt ist bereit, ein höheres Risiko auf sich zu nehmen, als es der einzelne tun würde (→Kap. III.8).

Gruppenberatung ist damit **das wichtigste Verfahren** für die Förderung und Beratung einer großen Anzahl von Kleinbauern. Sie wird umso eher zum Erfolg führen, je mehr sie durch Einzel- und Massenberatung ergänzt wird. Besonders schwierige und komplexe Beratungsinhalte können durch Gruppenberatung nur bedingt vermittelt werden.

Gruppenberatung stellt allerdings auch **erhöhte Anforderungen an das methodische und organisatorische Können** der Berater!

- Es ist schwierig, Kleinbauerngruppen - sofern sie nicht schon existieren - zu gründen und funktionsfähig zu erhalten. Teilnehmer und Zusammensetzung lassen sich nicht vom Berater "bestimmen". Die Aufgabe des Beraters besteht u.a. darin, durch fortlaufende Ausbildung und Beratung den Zusammenhalt und die Funktionsfähigkeit der Gruppen zu verbessern.
- Gruppenverfahren erfordern eine gute Planung bei der Auswahl und Einladung der Teilnehmer und der Festlegung der Programme.
- Der Einsatz von Hilfsmitteln macht Gruppenverfahren attraktiver und wirksamer, erfordert aber zusätzliche Vorbereitungen und Kenntnisse des Beraters im Umgang mit Medien.
- Die Anwesenheit von Spezialisten und Vertretern komplementärer Organisationen ist oft erforderlich und bedingt entsprechende Vorausplanung und Absprachen.
- Im Vergleich zur Einzelberatung steigt die Wahrscheinlichkeit von Konflikten zwischen Bauern und Beratern. Dies muß auch positiv gesehen werden: In der Gruppe können die Bauern ihre Interessen wirksamer zur Geltung bringen.

Gruppenbildung

Die Anforderungen an Gruppen im Rahmen von Beratungsarbeit werden in den→Kap. VIII.2.4 (Selbsthilfeorganisationen) und → II.2 und → II.3 (Beteiligung der Zielgruppen) beschrieben. **Traditionelle Gruppierungen** sind meistens darauf ausgerichtet, den Bestand der Gemeinschaft durch bestimmte Leistungen zu sichern. Zumeist handelt es sich dabei um Aufgaben, die die "Formierung" von Gruppen nur aus bestimmten Anlässen und innerhalb begrenzter Zeiträume erfordern. Es hat sich erfahrungsgemäß als sehr schwierig erwiesen, solche Gruppen in ihrer Zusammensetzung, Funktionsweise und Zielsetzung zu verändern. Vereinzelt mag die Möglichkeit bestehen, traditionelle kontinuierlich arbeitende Gruppen wie die "Fokonalas" in Madagaskar oder die "Esusu"-Gesellschaften in Westafrika neben ihrer Einbeziehung in Kreditsysteme auch bei Planung und Abwicklung von Beratungsprogrammen zu beteiligen. Informationen über solche Versuche liegen nur beschränkt vor.

Im Hinblick auf Beratung stellt sich deshalb die Frage, unter welchen Bedingungen die Bildung ansprechbarer Gruppen möglich ist und gefördert werden kann. Für eine Gruppenberatung sind Gruppen wünschenswert, die durch **ähnliche Interessenlagen** der Einzelpersonen die gegenseitige Kommunikation fördern. Als generelle Erfahrung hat sich gezeigt, daß die Stabilität und Funktionsfähigkeit von Gruppen umso besser sind, je eindeutiger die Mitglieder **Ziele und Arbeitsweise** der Gruppe **selbst bestimmen**. Keinesfalls darf die Funktionsfähigkeit der Gruppen davon abhängen, daß der Berater oder externe Institutionen tragende Rollen übernehmen.

Für Gruppenberatung reicht oft schon die Bildung **informeller Gruppen** aus. Ihr gemeinsames Interesse kann z.B. darin bestehen, sich einmal wöchentlich mit dem Berater an einem vereinbarten Tag zu einem Gruppengespräch oder einer Demonstration zu treffen. Solche Gruppierungen können sich dann **allmählich zu festeren Organisationsformen weiterentwickeln** und zusätzliche Aufgaben übernehmen. Zu denken wäre dabei an die Weiterleitung von Beraterinformationen, die selbständige Demonstration von Neuerungen oder die Beteiligung bei der Entscheidung über Beratungsprogramme. Beispiele für solche weiterentwickelten Gruppen sind die Dorfkomitees in Malawi, die Einrichtung von Dorfräten in Tansania und Dorfentwicklungsgenossenschaften in der Türkei.

2.1 GRUPPENGESPRÄCH

Von der Zielsetzung her ist das Gruppengespräch dem Einzelgespräch vergleichbar, durch die große Anzahl von Beteiligten steigt jedoch die Schwierigkeit der Aufgabe für den Berater.

Erfolg oder Mißerfolg von Gruppengesprächen hängen zu einem erheblichen Teil von einer entsprechenden Vorbereitung ab. Der Berater muß auf folgende Faktoren Einfluß nehmen:

(1) **Gruppengröße**

   Eine Zahl von 15 bis 21 Personen sollte nach Möglichkeit nicht überschritten werden. Größere Gruppen tendieren zu geringerem Zusammenhalt, geben dem einzelnen unzureichende Redemöglichkeit und führen leicht zu Dominanz von Personen mit höherem Status und größerer Aggressivität.

(2) **Ort**

   Gruppengespräche sollten an zentral gelegenen, ruhigen Orten und Plätzen durchgeführt werden. Bei länger dauernden Gesprächen sollten Sitz- und Schreibmöglichkeiten bestehen.

(3) **Teilnehmer**

   Die Gruppe sollte hinsichtlich ihrer Ressourcenausstattung, ihrer Nutzungsschranken und ihrer Interessen relativ gleichartig sein.

(4) **Information**

   Die Teilnehmer sollten rechtzeitig vor Beginn des Gespräches über die zu behandelnden Punkte informiert werden. Eine solche Vorinformation kann bei bestehenden Gruppen über Anschlagtafeln im Dorfzentrum oder über die gezielte Ansprache von Kontaktpersonen erfolgen.

(5) **Tagesordnung/Programm**

   Das Programm von Gruppengesprächen muß sehr sorgfältig vorbereitet werden, um die Teilnehmer nicht zu überfordern. Nach Möglichkeit sollten die Berater die zu behandelnden Punkte gemeinsam mit Gruppenvertretern erarbeiten und vorbesprechen. Dadurch erhält der Berater eine realistischere Vorstellung über die zu erwartenden Reaktionen der Gruppe. Berater und besonders "Experten" neigen dazu, das Aufnahmevermögen lokaler Zielgruppen zu überfordern.

(6) **Inhaltliche Vorbereitung**

   Auf die Wissensvermittlung muß sich der Berater sorgfältig vorbereiten. Können keine Handzettel vorbereitet werden, sollten zumindest eine Tafel zum Anschreiben oder andere Hilfsmittel verfügbar sein. Praktische Demonstrationen sollten bereits vorher eingeübt werden. Inhaltliche Detailfragen sind in vorbereitenden Beraterbesprechungen oder über Spezialisten zu klären. Wenn erforderlich und möglich, sollten diese bei den Gesprächen hinzugezogen werden.

Ablauf der Gruppengespräche

Das Gespräch sollte möglichst **pünktlich beginnen**. Verspätet erscheinende Berater brüskieren die Teilnehmer, die oft mühselige Anmarschwege hinter sich haben oder dringende Feldarbeiten erledigen müssen.

Die **Leitung des Gesprächs** wird normalerweise beim Berater liegen. Haben Gruppen einen schon ausreichenden Organisations- und Selbstverwaltungsgrad erreicht, kann die Gesprächsleitung an Funktionäre der Zielgruppen übergehen. Der Berater schränkt seine Beiträge auf ein Mindestmaß ein.

Zu Beginn des Gesprächs sollte die **Tagesordnung** nochmals kurz vorgestellt und eventuell ergänzt werden.

Wenn der Berater um fachliche Erklärungen gebeten wird, sollte er dabei so vorgehen, daß ihm alle Teilnehmer folgen können und die **Teilnehmer** dazu **motiviert** werden, kritisch zu diskutieren, ihre **eigenen Erfahrungen einzubringen** und **neue Lösungen zu erarbeiten**.

Einwände sollten sachlich behandelt werden. Zu hitzigen Diskussionen kommt es häufig bei Schwierigkeiten in laufenden Programmen. In solchen Situationen kann es wichtig sein, die Diskussion zunächst laufen zu lassen, um den emotionalen Druck abzuschwächen. Der Vorsitzende sollte versuchen, ein Zwischenresümee zu ziehen, Personen direkt anzusprechen, von denen er einen sachlich wichtigen Beitrag erwartet, das Gespräch humorvoll aufzulockern und nötigenfalls eine kurze Pause einzulegen oder einen weniger strittigen Punkt der Tagesordnung vorzuziehen.

Je freier sich die Gruppenmitglieder beim Sprechen fühlen, desto begründeter werden schließlich Entscheidungen getroffen. Aufgabe des Gesprächsleiters ist es, scheue und schwerfällige Personen **zur Beteiligung** am Gespräch zu **ermuntern**. Ebenso wird er Wichtigtuer und **Dauerredner** durch **Beschränken** der Redezeit und Einhaltung einer Reihenfolge daran hindern, eine Besprechung zu dominieren. Dies ist besonders wichtig, wenn Politiker oder lokale Einflußpersonen Beratungsbesprechungen in politische Versammlungen umfunktionieren oder für persönliche Interessen mißbrauchen wollen.

Der Gesprächsleiter muß vermeiden, unter Ausnutzung seiner formalen Autorität, Entscheidungen durchzusetzen. Er muß zwar sein Wissen einbringen, die **Entscheidungen** aber die **Gruppe selbst treffen lassen**.

Eine wichtige Aufgabe des Gesprächsleiters ist es auch, Diskussionen über Probleme, die nicht im Entscheidungsbereich der Gesprächsrunde liegen, zu beschränken; er wird Unzufriedenheit, Wünsche und Vorschläge kommentiert an die dafür zuständige Stelle weiterleiten.

Weitere Hinweise zu methodischen Aspekten der Gruppenberatung finden sich bei →D 7, →E 12, und →E 17.

2.2 DEMONSTRATION

Eine Demonstration ist die **anschauliche** und **praktische** Darstellung von Produktionsverfahren in der Landwirtschaft. Man unterscheidet üblicherweise zwischen **Ergebnis- und Methodendemonstrationen**. Bei ersterer werden Ergebnisse verschiedener Techniken miteinander verglichen; bei der Methodendemonstration wird eine neue Technik vorgestellt. Außerdem unterscheidet man kurzfristige und langfristige Demonstrationen: Kurzfristige sind jederzeit durchführbar, langfristige erstrecken sich über eine oder mehrere Anbauperioden.

In der unmittelbar **vergleichenden Demonstration** wird augenfällig der Unterschied zwischen verschiedenen Verfahrensweisen gezeigt. Direkt nebeneinander z.B. legt man gedüngte und ungedüngte Flächen an, Flächen mit lokalem und verbessertem Saatgut sowie früher und später Bodenbearbeitung. Nicht in allen Fällen ist ein solcher direkter Vergleich möglich. Die Einführung einer neuen Frucht, das sorgfältige Anpflanzen von Bäumen und Sträuchern, verbessertes Weidemanagement müssen über **nicht-vergleichende** Demonstrationen eingeführt werden. Hier können Modelle helfen, die Anschaulichkeit zu erhöhen (→ Kap. V.5.1.6).

Ergebnisdemonstrationen, wie Düngewirkungen, Sortenvergleiche, Effekte von Mischkulturen und Fruchtfolgen, bedürfen einer Demonstrationsfläche bzw. eines Demonstrationsbetriebes. Diese können entweder speziell für die Durchführung von Demonstrationen durch den Beratungsdienst angelegt werden oder es werden Bauernfelder für die Demonstrationen herangezogen.

Letzteren ist grundsätzlich der Vorzug zu geben, weil diese von den Bauern als "realistischer" und "plausibler" wahrgenommen werden. Auch entfällt der für den Berater beträchtliche Zeitaufwand bei der Einrichtung und Betreuung von Demonstrationsflächen.

Die Demonstrationsflächen sollten möglichst vermessen werden, so daß sie für Erhebungen genutzt werden können. Dazu gehört auch eine deutlich sichtbare Markierung der Grenzen.

Trennung von Versuch und Demonstration

Grundsätzlich können Demonstrationen nur auf der Basis abgesicherter Versuche erfolgen. Ist man sich der Wirkungen nicht sicher, so sind weitere Versuchsanstellungen erforderlich. Mehr als bisher sollten Neuerungen nicht nur auf Forschungsstationen, sondern auch unter normalen Betriebsbedingungen geprüft werden (Im "On-farm-test" → A 10 und → B 5). Zumeist wird man auch eine **Risikoteilung** und eventuelle **Entschädigung** vereinbaren.

Beraterschulung

Werden Verfahrensweisen zur allgemeinen Empfehlung freigegeben, so müssen zunächst die Berater intensiv in ihrer Anwendung geschult werden. Der Feldberater muß die Vorgehensweise theoretisch und praktisch beherrschen; er muß aber auch von ihrer Brauchbarkeit und Angemessenheit überzeugt sein.

Vorbereitung von Demonstrationen

In der Planung müssen **Demonstrationsziele, -inhalte** und alle notwendigen Hilfsmittel definiert werden. Wie Erfahrungen in Projekten und internationalen Programmen zeigen, blieben viele bürokratisch "von oben" organisierte Demonstrationen auf Dorfebene wirkungslos, weil man dem Inhalt, z.B. der technischen Anlage von Parzellen oder der Messung der Ernteergebnisse (Statistik!) höhere Priorität gab als der Form und der Methodik, d.h., der Umsetzung der Ergebnisse bei der Zielgruppe (z.B. durch Bekanntmachen der Demonstrationsfelder, Beschilderung, Organisation von Besichtigungen, Ingangsetzen von Diskussionen usw.).

In bezug auf die zu erreichende Zielgruppe müssen **Standorte** festgelegt und Bauern/Bäuerinnen ausgewählt werden, auf deren Flächen der Beratungsdienst arbeiten darf.

Häufigkeit und Dichte der Demonstrationen hängen ab vom Inhalt der Demonstration (Neuheitsgrad, Komplexität), dem Wissensstand und der Aufgeschlossenheit der Zielgruppe, von der Siedlungsdichte und -form und von der Kapazität des Beratungsdienstes.

Der für Demonstrationen erforderliche **Zeitaufwand** wird zumeist unterschätzt. Für jede Demonstration sollte daher eine detaillierte Zeit- und Ablaufsplanung erstellt werden; sie muß unbedingt mit den Feldberatern und den Zielgruppen abgesprochen sein.

Als **Beispiel** sei hier die Demonstration der Vereinzelung von Baumwollpflanzen angeführt. Dieser Arbeitsgang kann nur über etwa vier Wochen demonstriert werden. Bei einem Zeitaufwand von zwei Stunden pro Demonstration (einschließlich der Vorbereitungs- und Wegezeiten) und einer Teilnehmerzahl von je 20 Personen könnten bei drei Demonstrationen täglich in vier Wochen unter Einsetzung der gesamten Beratungszeit 400 Personen erreicht werden. Bei einer Beraterdichte von 1 : 500 und zusätzlichen Beratungsaufgaben ist es deshalb dem Berater nicht möglich, über Demonstrationen die gesamte Zielgruppe direkt zu erreichen. Lösungen könnten darin bestehen, Demonstrationen auch von Kontaktbauern abwickeln zu lassen oder Demonstrationen zum Teil durch massenwirksamere Verfahren wie Dorfversammlungen zu ersetzen und die Zahl der anzusprechenden Bauern entsprechend der Beratungskapazität zu begrenzen.

Bei der **Auswahl von Demonstrationsflächen** ist besonders die Wahl eines geeigneten Standortes entscheidend für den Erfolg. Er muß vor allem leicht erreichbar sein. Ideal wäre, wenn er an einer vielbesuchten Stelle läge. Oft aber finden sich entlang von Straßen die Felder der wohlhabenderen Familien, die nicht mehr den kleinbäuerlichen Verhältnissen entsprechen.

Liegen die Flächen innerhalb der dörflichen Felder auf durchschnittlichen Böden, so ist das in den Augen der Bauern meist realistischer, als wenn man sie auslagern würde - etwa auf Beratungsstationen. Dort sollten nur solche Demonstrationen angelegt werden, die laufend überwacht werden müssen; eigentlich aber muß die Betreuung der Demonstrationsfläche beim jeweiligen Landwirt oder

der Landwirtin selbst liegen. Der Berater achtet nur darauf, daß die notwendigen Pflegemaßnahmen auch wirklich durchgeführt werden.

Die **Geräte und** anderen **Produktionsmittel** sollten **identisch** oder zumindest sehr ähnlich denjenigen sein, die später allgemein eingesetzt werden sollen.

Auswahl von Bauern für die Durchführung von Demonstrationen

Im Rahmen der herkömmlichen Beratungskonzepte wurden Demonstrationen meist bei den fortschrittlichsten Bauern abgehalten. Nachteilig wirkt sich aus, daß die Faktorausstattung solcher Betriebe oft beträchtlich von der Mehrheit abweicht. Nicht immer haben solche Betriebe Interesse, vertraute Neuerungen ständig zu demonstrieren.

Untersuchungen in Kenia haben nachgewiesen, daß der **Demonstrationseffekt bei "durchschnittlichen" Bauern besonders hoch** war. Viele Erfahrungen sprechen dafür, daß Beratungsinhalte sich am wirkungsvollsten bei solchen Bauern demonstrieren lassen, mit denen sich andere identifizieren können. Diese Identifikation ist in bereits bestehenden Gruppen am ehesten zu erreichen.

Durchführung von Demonstrationsveranstaltungen

Der bereits bei den Gruppengesprächen vorgestellte Ablauf ist weitgehend auch auf das Vorhaben während einer Demonstration zu übertragen (→ Kap. V. 2.1).

Bei der Vorführung von Techniken im Rahmen von Demonstrationen ist besonders auf das Wahrnehmungsvermögen der Teilnehmer zu achten. Wichtig ist es, die Bauern die vorgestellte Technik oder ein neues Gerät selbst handhaben zu lassen und, wenn nötig, zu korrigieren.

Im Hinblick auf die erforderliche Nacharbeit, aber auch für eine Bewertung des Demonstrationserfolges, ist es zweckmäßig, Namen und Wohnorte der Teilnehmer festzuhalten. Anhand der während der Demonstration beobachteten Reaktionen ist es dem Berater auch möglich, Hinweise für Art und Intensität zusätzlicher Beratungsmaßnahmen zu erhalten; etwa die Wiederholung von Demonstrationen, die Herstellung von Plakaten und Broschüren sowie die **Ergänzung durch gezielte Einzelberatung.**

Erfolgsbeurteilung

Die Beurteilung des Erfolges einer Demonstration ist erforderlich, um möglichst rasch zu ermitteln, ob:

- die Durchführung der Demonstration **methodisch korrekt** erfolgte (Beurteilung der Beraterleistung)
- die Information zur gewünschten Verhaltensänderung bei den Zielgruppen führte (Beurteilung der **Auswirkungen** bei den Zielgruppen).

Die direkteste Methode der Überprüfung ist die Beobachtung durch vorgesetzte Feldberater sowie durch den Berater selbst, wenn Demonstrationen durch Kontaktbauern erfolgen. Dabei kann der Beobachter unmittelbare Hilfestellung beim Ablauf von Demonstrationen geben und Hinweise erhalten, wie weit die aufgetretenen Schwierigkeiten im Rahmen von Managementbesprechungen oder in Fortbildungsseminaren beseitigt werden können.

Die exakte Ermittlung der Auswirkungen der Demonstration bei der Zielgruppe ist schwierig angesichts der Zuordnungsproblematik (→ Kap. X.1). Ein pragmatisches Vorgehen könnte beispielsweise darin bestehen, anhand der Teilnehmerlisten stichprobenartig durch Beobachtung und Befragung zu ermitteln, ob Demonstrationsinhalte übernommen wurden und sich positiv für den Betrieb oder Haushalt ausgewirkt haben. Ansonsten haben die Feldberater im Rahmen ihrer laufenden Arbeit oft guten Einblick in den Stand der Neuerungsübernahmen, ohne dafür gesonderte Erhebungen anstellen zu müssen.

Weitere Hinweise lasen sich aus → Kap. III.14 ableiten und aus den Arbeitsunterlagen → C 5, → C 6, → E 6, → E 7, und → G 6 entnehmen.

2.3 FELDTAG

Ein Feldtag ist eine Veranstaltung für eine Gruppe von Bauern und Bäuerinnen, wobei auf einem oder mehreren Betrieben, auf Demonstrationsflächen oder auf Versuchsstationen gezeigt wird, welche verbesserten Produktionsverfahren dort angewandt werden. Es handelt sich um ein Verfahren der Gruppenberatung, in dem Gruppengespräche, Ergebnis- und Methodendemonstrationen und Medien **kombiniert** eingesetzt werden.

Feldtage können bereits zu Beginn eines Beratungsvorhabens abgehalten werden, sobald durch eine Situationsanalyse beispielhafte Betriebe ermittelt werden. Meistens werden sie gegen **Ende der Vegetationsperiode** durchgeführt, um möglichst viele Produktionsergebnisse vorzeigen zu können. Sie zielen darauf ab, die Bauern für die Übernahme von Neuerungen zu interessieren und ihnen die Möglichkeit zu geben, sich von der Zweckmäßigkeit und Machbarkeit der vorgestellten Lösungen zu überzeugen. Für die endgültige Übernahme müssen die Feldtage durch gezielte Demonstrationen der Einzeltechniken und Informationskampagnen ergänzt werden.

Trotz der vorzüglichen Eignung von Feldtagen werden sie nur selten angewandt. Die **Schwierigkeiten** liegen in folgenden Bereichen:

- Umfangreiche organisatorische Vorbereitungen
- Transportprobleme
- Überforderung der mangelhaft ausgebildeten Feldberater
- zeitaufwendige Information und Motivierung der Zielgruppen zur Teilnahme
- Beratungswirkungen werden erst mittel- und langfristig erkennbar.

Auswahl der Teilnehmer

Es erweist sich meist als sinnvoll, **Bauern in ähnlicher Lage** für die Teilnahme auszuwählen. Die Teilnehmer können - anders als bei Demonstrationen - auch verschiedenen Zielgruppen angehören. Entsprechend vielfältig muß die Auswahl von Betrieben sein, um das Programm für alle Teilnehmer gleichermaßen aktuell zu gestalten. Zusätzlich wird auch der Erfahrungsaustausch unter den Teilnehmern gefördert.

Lokale **Einflußpersonen** müssen zur Teilnahme an Feldtagen gezielt aufgefordert werden, um sie von der Zweckmäßigkeit der vorgestellten Programme zu überzeugen. Bei größerer sozialer Distanz ist die Abhaltung von speziellen Feldtagen zunächst für Einflußpersonen zu erwägen.

Grundsätzlich sollten auch **Frauen und Jugendliche** an Feldtagen teilnehmen. In manchen Gesellschaften nehmen Frauen gemeinsam mit den Männern an Feldtagen teil, in anderen ist es besser, für die Frauen gesonderte Feldtage zu veranstalten.

Da die Demonstrationen und das Erproben neuer Techniken bei Feldtagen nicht so stark im Mittelpunkt stehen, kann die Zahl der Teilnehmer bis zu 50 Personen betragen. Im "rollierenden System" mit z.B. 6 Gruppen die an 6 "Stationen" entlang geführt werden, alle beginnen gleichzeitig an je einer Station und wandern im gleichen Takt zur nächsthöheren Nummer, können sogar über 100 Personen je Führung gut bedient werden. Im Bo-Pujehun RDP in Sierra Leone werden bei den regelmäßigen Feldtagen so über 300 Besucher je Feldtag in praktische Demonstrationen mit Gruppendiskussion einbezogen.

Auswahl von Betrieben

Ein Feldtag sollte möglichst **nicht im unmittelbaren Wohngebiet** der Teilnehmer stattfinden, um mögliche Konflikte, verursacht durch Neid, Konkurrenz, etc. zu vermeiden. Mitunter verhindern aber Transportprobleme oder große Entfernungen die Durchführung "externer" Feldtage. In einem solchen Fall sollte der Berater nur solche Betriebe berücksichtigen, die den Betriebssystemen der Teilnehmer entsprechen. Dies wird durch die Beteiligung von Gruppenvertretern bei der Planung erleichtert.

Nur solche Betriebe sollten berücksichtigt werden, die das Beratungsziel deutlich erreicht haben. Ein überdurchschnittliches Betriebsergebnis, das mit Techniken erzielt wurde, die für die Mehrzahl der Bauern unerreichbar sind, wird unglaubwürdiger erscheinen als eine geringere, aber **dem Bauern nachvollziehbar erscheinende Verbesserung**. Bei der Auswahl der Betriebe sollte auf die Persönlichkeit des Betriebsleiters geachtet werden. Ideal sind Personen, die nicht nur als Landwirte bei der Bevölkerung als beispielhaft, sondern auch als einflußreich und beliebt gelten.

Neben landwirtschaftlichen Betrieben sollten aber auch Modellbetriebe von Versuchsstationen, Schulgärten und Demonstrationsflächen in Feldtagsprogramme eingebaut werden. Um die Betriebe durch häufige Feldtage nicht zu sehr zu belasten, sollte man versuchen, mehrere Betriebe auszuwählen, die alternierend besucht werden.

Organisatorische Anforderungen

Die Durchführung von Feldtagen erfordert eine Reihe logistischer Vorkehrungen: Z.B. betriebsbereite Autobusse oder Lastwagen, festgelegte Fahrrouten und - wenn möglich - Ersatzfahrzeuge.

Steigende Transportkosten machen eine Kostenbeteiligung der Teilnehmer wünschenswert. Dabei besteht freilich die Gefahr, ärmere Bauern von Feldtagen auszuschließen. Manchmal können Transporte über Dorfkomitees oder Genossenschaften finanziert werden.

Existiert eine **lokale Rundfunkstation** und besitzt die Zielgruppe Empfangsgeräte, sollten Zeit, Ort und Sammelpunkt der Feldtage angekündigt werden. Entsprechende Hinweise werden auch an Anschlagtafeln angebracht. Wichtigste Informationsquelle bleibt zumeist die **mündliche Verständigung** durch Berater über Kontaktbauern, Dorfvorsteher, Parteifunktionäre etc..

Wenn möglich, sollten **Erfrischungen** angeboten werden, wobei man sich an den ortsüblichen Gewohnheiten orientiert. Wird z.B. an einem besuchten Betrieb Tee gereicht, sollten die Kosten nach Möglichkeit von der Beratungsorganisation übernommen werden.

Teilnehmer dürfen nicht durch ein zu umfangreiches Programm ermüdet werden. Das Programm sollte deshalb drei bis vier Stunden nicht überschreiten und möglichst nicht in die heiße Tageszeit fallen (⟶ Übersicht 3). Die für Demonstrationen und Gruppengespräche gemachten Hinweise zu Vorbereitung, Durchführung und Bewertung sind sinngemäß auf Feldtage zu übertragen. Weitere Information bietet ⟶ E 8.

2.4 BERATUNG IN AUSBILDUNGSZENTREN

In den meisten Entwicklungsländern werden in ländlichen Ausbildungszentren Kurse für Bauern abgehalten. Inhaltlich befassen sich solche Kurse mit der **Vermittlung von Grundlagenwissen,** vor allem aber mit aktuellen Problemen der Bauern. Sie enthalten deshalb häufig eine starke Beratungskomponente.

Allerdings wäre eine sehr **große Dichte von Ausbildungszentren** erforderlich, um die große Masse der Bauern zu erreichen. Im Falle eines landwirtschaftlichen

Übersicht 3:

Ein Beispiel für den den möglichen Ablauf eines Feldtags	
Aktion	Uhrzeit
Abholen der versammelten Teilnehmer vom Dorfplatz mit dem LKW;	7.00
Besichtigung einer Demonstrationsfläche für verbesserte Weideflächen, Erläuterung durch Mitarbeiter der Station, Diskussion;	7.30
Betriebsbesichtigung Nr. 1:	8.00
- kurze Vorstellung der Betriebsgeschichte durch Betriebsleiter oder Berater;	
- Betriebsrundgang unter Führung des Betriebsleiters, Berater kommentiert bei Bedarf;	
- Demonstration der Herstellung von Kompost;	
- Abschlußdiskussion;	
Weiterfahrt, bei km 4 kurzer Halt zur Besichtigung eines stark erodierten Feldes	9.00
Besichtigung des Betriebes Nr. 2	9.30
Heimfahrt	11.30

Regionalvorhabens mit 50.000 Männern und Frauen, einem Ausbildungszentrum mit einer Kapazität von 50 Personen und einer durchschnittlichen Kursdauer von fünf Tagen könnten bei 150 möglichen Schulungstagen etwa 1.000 Personen im Jahr erreicht werden, das sind knapp 2 % aller Bauern. Um 50 % der Bauern jährlich eine Woche stationär zu schulen, wären demnach 25 Schulungszentren erforderlich. Eine solche Dichte aber wäre **aus Kosten- und Personalgesichtspunkten kaum realisierbar.** Auch könnte eine einwöchige Schulung die Feldberatung nicht ersetzen.

Ein weiteres Problem stellt die **Transportfrage** dar. In der Praxis führt das häufige Ausfallen von Transportfahrzeugen zu unterbesetzten Kursen, zur Verärgerung der Teilnehmer und zur Bevorzugung der Bauern aus der Umgebung von Zentren.

Schwierig ist es oft auch, **genügend Kursteilnehmer** zu rekrutieren. Die Gründe hierfür können in der mangelnden Attraktivität der Kurse, der Kursdauer, der Unabkömmlichkeit von Bauern während der Vegetationsperiode und den fehlenden Unterbringungsmöglichkeiten für Frauen und Kleinkinder liegen. Dies führt dazu, daß Berater bevorzugt die leichter erreichbaren, fortschrittlichen Bauern zu den Kursen einladen und damit an den eigentlichen Zielgruppen vorbeiarbeiten.

Nachteilig wirkt sich oft auch die unzulängliche **Abstimmung der Inhalte zwischen Ausbildungszentren und Feldberatung** aus. Angesichts hoher Analphabetenraten stellt die Schulung in Zentren besonders hohe Ansprüche an die didaktische Gestaltung. Dem Personal von Ausbildungszentren fehlen hierzu häufig die pädagogischen Voraussetzungen. Mehr dazu nennt → A 6.

Selektive Beratung und Ausbildung

Angesichts der Schwierigkeiten, über Ausbildungszentren die große Masse der Kleinbauern zu erreichen, ist eine selektive Nutzung der Zentren erforderlich. Es wird deshalb vorgeschlagen, die Ausbildung und Beratung auf Personengruppen zu beschränken, die das Gelingen von Beratungsprogrammen direkt oder indirekt beeinflussen:

(1) Kontaktbauern und -bäuerinnen sowie Funktionäre von Zielgruppenorganisationen, die in die Beratungsarbeit direkt eingeschaltet sind und sowohl von den Beratungsinhalten als auch vom Methodisch-Organisatorischen her laufend fortgebildet und beraten werden müssen.

(2) Traditionelle und politische Entscheidungsträger, die aufgrund ihrer Machtstellung den Ablauf von Beratungsprozessen positiv oder negativ beeinflussen können.

(3) Personengruppen außerhalb des landwirtschaftlichen Bereichs wie z.B. Kaufleute, Handwerker, Lehrer, religiöse Führer, Mitarbeiter von Behörden usw. müssen entsprechend ihrer Rolle im Rahmen ländlicher Förderungsprogramme informiert werden.

(4) Landwirtschaftliche Berater und das Personal komplementärer Maßnahmenbereiche sollten die Zentren vor allem zur Aus- und Fortbildung regelmäßig nutzen (→ Kap. VIII.4).

(5) In Ländern, die einen höheren Entwicklungsstand erreicht haben oder in denen Spezialkulturen eine über Beratung hinausgehende gezielte Ausbildung erfordern, können für die betroffenen Bauern Spezialkurse angeboten werden.

Verlagerung der Schulung ins Dorf

Als Alternative zu einem materiell, finanziell und personell kaum zu rechtfertigenden Ausbau ländlicher Schulungszentren wird die Verlagerung der Schulung auf die Dorfebene empfohlen.

Die Bedeutung der **Gruppenberatung** mit ihren zentralen Verfahren der Demonstration und des Gruppengesprächs **wird** dabei **durch** eine **Ausbildungskomponente ergänzt**. Unter Ausbildung wird hier die Vermittlung grundlegender Wissensinhalte verstanden, die für das Verständnis und die Ausführung landwirtschaftlicher Verbesserungen hilfreich sind. Wegen der begrenzten Verfügbarkeit von Zeit und Personal sollte eine solche Ausbildung immer auf die jeweiligen Beratungsinhalte bezogen werden. Ein Beispiel dafür gibt → D 7.

Gegenüber Ausbildungszentren ist für die dörfliche Ausbildung nur ein geringer materieller Aufwand nötig, den die Zielgruppen mittragen können. Räumlichkeiten wie Schulen oder traditionelle Versammlungsräume können mitbenutzt oder mittels Selbsthilfe überdachte Versammlungsplätze eingerichtet werden.

Die Dauer solcher Ausbildungs-/Beratungsveranstaltungen sollte einen halben Tag normalerweise nicht übersteigen. Da die Teilnehmer aus dem gleichen Dorf kommen und ähnliche Probleme haben, wird eine sehr **situationsspezifische Schulung** ermöglicht. Zudem muß sich nicht erst ein Lehrer über die Ausgangssituation der Teilnehmer informieren, sondern der Berater als Verantwortlicher für die Schulung kennt die Ausgangslage und Probleme der anwesenden Bauern schon vorher. So arbeitet z.B. das CFSME-Beratungssystem, → A 8, mit dem am Ort verfügbaren Personal.

3. MASSENWIRKSAME BERATUNG

Massenwirksame Beratung versucht - im Gegensatz zur Einzel- und Gruppenberatung - eine Vielzahl von Personen gleichzeitig anzusprechen. Diese Personen stehen untereinander nicht in engem Kontakt. Massenverfahren sind durch **einseitigen Kommunikationsfluß** und den betonten **Einsatz von Medien** gekennzeichnet.

Die immer wieder vertretene Vorstellung, man könne durch den Einsatz von Massenverfahren auf Einzel- und Gruppenverfahren weitgehend verzichten, stößt bei der praktischen Umsetzung auf eine Reihe von **Hindernissen**:

- Eine "mechanische" Beratung, die sich darauf beschränkt, Beratungsinhalte über Kassetten, Funk und Filme an die Zielgruppen zu übermitteln, erfordert ein äußerst leistungsfähiges Kontroll- und Steuerungssystem, um fortlaufende Korrekturen rasch durchführen zu können.

- In den meisten Entwicklungsländern ist der Einsatz von Medien durch fehlende Elektrizität, schlechte Ersatzteilversorgung, oft unpassierbare Straßen, Transport- und Reparaturanfälligkeit empfindlicher Geräte, hohe technische Anforderungen an Berater und Außenabhängigkeit infolge importierter Ausstattung eingeschränkt.(→ F 12).

- Verfahren mit Medieneinsatz allein entsprechen nicht den gewohnten kommunikativen Beziehungen, Fähigkeiten und Wünschen der Zielgruppen. Wenig formal vorgebildete Zielgruppen haben beträchtliche Schwierigkeiten, visuell dargestellte Beratungsinhalte richtig wahrzunehmen.(→ C 1,→ C 3).

- Bei einem einseitigen Einsatz von Massenmedien besteht die große Gefahr, daß die Zielgruppen nicht oder nur unzureichend bei Problemlösung und Ableitung von Beratungsinhalten beteiligt werden.

Massenverfahren allein können deshalb in der Beratung kaum sinnvoll eingesetzt werden. **Im Verbund mit Einzel- und Gruppenverfahren** haben sie aber **wichtige Aufgaben** zu erfüllen, und zwar:

- positive Beeinflussung des Beratungsklimas
- Bestätigung der vom Berater schon erläuterten Inhalte
- kurzfristige Übermittlung aktueller Informationen (Wetter, Schädlinge, Marktberichte, Termine, etc.)
- Vermittlung von Hintergrundinformationen aus komplementären Maßnahmenbereichen wie Bildungswesen, Gesundheit und Infrastruktur.

3.1 KAMPAGNE

In der Kampagne konzentriert sich die Beratung auf **eine zentrale Aussage**. Ihr Ziel ist es, diese Aussage auf dem Weg über große Versammlungen und den Einsatz aller verfügbaren Medien möglichst schnell populär zu machen. Es wird dabei ein Standardtyp einer Veranstaltung entworfen, der in allen Dörfern oder lokalen Zentren wiederholt wird. Kampagnen werden manchmal landesweit, manchmal auch nur regional begrenzt durchgeführt. In der Kampagne wird die Unterstützung aller Einrichtungen und Personen gesucht, die bereits im ländlichen Raum arbeiten, etwa Genossenschaften, Vermarktungseinrichtungen und politische Parteien.

Kampagnen sind durch den Einsatz unterschiedlicher Kommunikationsverfahren gekennzeichnet.

Typische Beispiele für große Kampagnen sind das Reisanbauprogramm "MASAGANA 99" auf den Philippinen, das "BIMAS" Programm in Indonesien und der "Plan PUEBLA" zum Maisanbau in Mexiko.

Hinsichtlich ihres **Stellenwertes im Beratungsprozeß** kommt den Kampagnen eine zweifache Bedeutung zu:

(1) Kampagnen zielen darauf ab, bei den Zielgruppen Interesse für bestimmte Verbesserungen, wie z.B. den Anbau von Früchten oder die Gründung von Selbsthilfegruppen zu wecken. Oft tragen Kampagnen deutlich politische Aspekte. Die Bauern werden im Hinblick auf Probleme sensibilisiert, mögliche Lösungswege werden aufgezeigt. Notwendige Konsequenz solcher Kampagnen wäre der Beginn von Beratungsgesprächen.

(2) Werden von Zielgruppen und Beratungsorganisationen sinnvolle Lösungen erarbeitet, können Kampagnen eine zweite Funktion übernehmen, nämlich das "Einpauken" von Einzelschritten, wie z.B. das Einhalten von Saatterminen. Soweit es sich inhaltlich um neue und schwierige Techniken handelt, müssen die Kampagnen durch die Einzelberatung von Kontaktbauern und Gruppendemonstrationen ergänzt werden.

Aufgrund des einseitigen Kommunikationsflusses ist die Gefahr einer dirigistischen Vorgehensweise bei Kampagnen besonders groß. Es ist deshalb schwierig, die Inhalte von Kampagnen mit den Zielgruppen gemeinsam zu erarbeiten und abzustimmen.

Vorbereitung einer Kampagne

Entscheidend für den Erfolg ist es, die Zielgruppen nicht nur über die Kampagne zu informieren, sondern sie zu motivieren, daran aktiv teilzunehmen.

Die größere Komplexität von Kampagnen und der Umfang der während einer Versammlung anzusprechenden Personen (oft hunderte bis tausende) erfordert im Vergleich zu Feldtagen umfangreichere Vorbereitungen.

Vorab sollte die Unterstützung und möglichst die Teilnahme aller im landwirtschaftlichen Förderungsbereich tätigen Personen und Institutionen gesucht werden. Als erster Schritt sollte eine Besprechung aller Beteiligten durchgeführt werden, bei der Ziele, Inhalte, Aufgaben sowie die Örtlichkeiten und Zeitpunkte diskutiert und festgelegt werden.

Bei den Vertretern lokaler Institutionen ist es im Rahmen von vorbereitenden Besprechungen noch relativ einfach, eine inhaltliche und didaktische Abstimmung der Beiträge zu erzielen. Bei externen und rangmäßig hohen Gastrednern fällt diese Abstimmung schon wesentlich schwerer. Es sollten daher zumindest Manuskripte als Orientierungshilfen oder auch Redeentwürfe bereitgestellt werden. Durch die Gespräche unmittelbar vor Beginn der Veranstaltung können noch zusätzliche lokalspezifische Detailinformationen vermittelt werden. Um Kampagnen für die ländliche Bevölkerung **attraktiv** zu gestalten, wird empfohlen:

- beliebte Politiker als Redner einzuladen
- das Programm durch populäre Sänger, Theater- oder Tanzgruppen aufzulockern
- eine Lotterie zu veranstalten
- sportliche Veranstaltungen ins Rahmenprogramm zu nehmen.

Da Kampagnen generell auf Veränderungen ausgerichtet sind, die die gesamte Familie bzw. den Gesamtbetrieb betreffen, müssen auch die Frauen und Jugendlichen gezielt zur Teilnahme aufgefordert werden.

Die Information über die Kampagne kann auf verschiedenen Ebenen und durch unterschiedliche Institutionen und Medien erfolgen. So können Beratungsorganisationen, öffentliche Verwaltung, lokale Selbsthilfeorganisationen und Parteien jeweils ihre eigenen Kommunikationskanäle und Medien einsetzen. **Mehrfachinformationen** erhöhen die Wahrscheinlichkeit der Teilnahme. Mündliche Informationen sollten durch Radioansagen, Plakate und ggf. auch durch Zeitungsmitteilungen ergänzt werden. Die Mitteilungen sollten nicht im letzten Moment erfolgen.

Bestehen auf dörflicher Ebene bereits funktionierende Zielgruppenorganisationen, so können diese eine Reihe von Aufgaben bei der Durchführung von Massenversammlungen übernehmen. Zu denken wäre beispielsweise an die Information der Zielgruppen, die Vorbereitung des Versammlungsplatzes, die Einladung lokaler Tanzgruppen, die Einrichtung eines Ordnerdienstes und die Betreuung der externen Redner.

Durchführung einer Kampagne

Der mögliche Ablauf einer Kampagnenveranstaltung könnte beinhalten:

- Anmarsch der Teilnehmer/Verteilung von Programmen
- Lokale Tänze, Musik, Gebete
- Eröffnung der Kampagne durch den Chef der lokalen Verwaltung
- Rede des Ehrengastes (Politiker, Minister, etc.)
- Rede des Bauernvertreters
- Rede und ggf. Demonstration des Beratungsdienstes
- Lotterie mit Preisverteilung
- Filmvorführungen, Tänze, Musik.

Im Mittelpunkt von Kampagnen stehen die Reden der beteiligten Vertreter der Institutionen.

Bei der **Gestaltung der Reden** sollte der Redner:

(1) sich gut auf die Zielgruppe einstellen und dabei
- in einer allen verständlichen Sprache sprechen
- komplizierte technische Ausdrücke vermeiden
- sich auf einen Gegenstand konzentrieren
- Wesentliches mehrfach wiederholen
- Beispiele aus der lokalen Praxis bringen
- seine Rede durch humorvolle Anekdoten, Gleichnisse und Anspielungen auflockern.

(2) Glaubwürdigkeit anstreben, durch:
- Aufrichtigkeit und Offenheit
- fachliche Kompetenz
- Ausstrahlung von Zuversicht
- Beachtung lokaler Höflichkeitsregeln.

Zielen die Reden der externen Politiker und Beamten darauf ab, das allgemeine Vertrauensverhältnis zu den Förderungsinstitutionen zu stärken, so muß der Vertreter des Beratungsdienstes versuchen, die Förderungsmöglichkeiten kurz, prägnant und verständlich darzustellen. Dabei können Demonstrationen und Schautafeln unterstützend eingesetzt werden.

Eine entscheidende Rolle kommt dem Vertreter der Zielgruppen zu, der in seiner Rede die Vorteilhaftigkeit der vorgestellten Empfehlungen unterstreichen sollte. Von der **Glaubwürdigkeit des Zielgruppenvertreters**, von seiner Unabhängigkeit und Integrität kann die Reaktion der Zielgruppen ganz wesentlich abhängen.

Schwierig ist es, die Zielbevölkerung zur Teilnahme an zentralen Kampagnenveranstaltungen zu bewegen, wenn die Siedlungen weit auseinanderliegen und keine Transporthilfe geleistet werden kann. Eine mögliche Lösung besteht darin, **mobile Kampagnenteams** zusammenzustellen, die unter Verwendung von Demonstrationsmaterial und Medien in einem Beratungsgebiet Kampagneveranstaltungen auf Dorfebene durchführen.

Begleitende und nachfolgende Maßnahmen

Rundfunk und Presse sollten regelmäßig über Inhalt und Verlauf von Kampagneveranstaltungen berichten. Dies kann die Einstellung der Zielgruppen positiv beeinflussen, informiert aber gleichzeitig auch die politischen Entscheidungszentren.

In der nachfolgenden Beratungsarbeit muß versucht werden, über Verfahren wie Demonstrationen, Feldtage und Gruppengespräche die Informationen aus der Kampagne detaillierter zu erläutern und Hindernisse für die Übernahme zu beseitigen.

Ein Beispiel für eine regionale Beratungskampagne mit Ausstellung gibt → D 9. Weitere Hinweise für die Gestaltung von Reden finden sich bei → E 15.

3.2 LANDWIRTSCHAFTSSCHAU

Eine Landwirtschaftsschau ist eine zentrale, höchstens einmal jährlich statt findende Veranstaltung, bei der:

- besonders gute landwirtschaftliche Produkte der Zielgruppen ausgestellt und prämiiert werden;
- landwirtschaftliche Geräte und Betriebsmittel vorgeführt werden;
- die Förderinstitutionen des ländlichen Bereiches (Beratungsdienst, Genossenschaften, Kreditbanken, Vermarktungseinrichtungen usw.) Informationsstände einrichten.

Sie ist grundsätzlich der Gesamtheit der Landbevölkerung zugänglich und dient dazu, die Ergebnisse laufender Programme bekanntzumachen, Wettbewerbsgeist unter der Bevölkerung zu wecken, das Interesse für Entwicklungsmöglichkeiten zu aktivieren und ein Forum für Erfahrungsaustausch zu schaffen.

Landwirtschaftliche Ausstellungen umfassen auf lokaler Ebene Elemente der Einzel-, Gruppen- und Massenberatung bei gleichzeitigem Einsatz einer Vielzahl von Beratungshilfsmitteln. Landwirtschaftsschauen erfordern umfangreiche Vorbereitungen und die Zusammenarbeit verschiedener Institutionen und Personen.

Vorbereitung einer Landwirtschaftsschau

Alle im Gebiet vertretenen Förderinstitutionen einschließlich des Beratungsdienstes sowie die Vertreter der Zielgruppenorganisation sollten bei den vorbereitenden Arbeiten und bei der Durchführung beteiligt werden.

Aus den Vertretern aller Institutionen sollte dann ein **Organisationskomitee** gewählt werden, das für die Planung und Abwicklung verantwortlich ist. Von seiner Arbeit sollte die Bereitstellung von finanziellen Zuschüssen, Material und Transport abhängig gemacht werden.

Der Ort der Schau sollte so gewählt werden, daß möglichst viele Personen an der Ausstellung teilnehmen können. Gesichtspunkte wie zentrale Lage und Transportsituation müssen deshalb beachtet werden.

Das Gelände für die Schau sollte trocken und eben sein. Schattenspendende Bäume, eine Wasserstelle und Zufahrtsmöglichkeiten sollten vorhanden sein.

Zeitlich sollte die Landwirtschaftsschau so gelegt werden, daß sie nach der Ernte stattfindet, um ausreichend Feldprodukte ausstellen zu können.

Landwirtschaftsschauen dauern meist nicht länger als einen Tag, da längere Veranstaltungen aufwendigere Vorbereitungen für Unterkunft, Verpflegung und sanitäre Maßnahmen erfordern.

Mit der Durchführung einer Schau sind finanzielle Aufwendungen verbunden, auch wenn wesentliche Arbeiten, wie die Herstellung von Umzäunungen und Ausstellungsständen, durch Eigenleistungen erbracht werden. Mittel sind erforderlich für den Ankauf von Preisen sowie für die Bereitstellung von Fahrzeugen, Plakatwänden und Lautsprechern. Gelegentlich stiften Handelsfirmen Preise. Manchmal werden Transportmittel und Medien von Behörden, Genossenschaften oder Parteien gestellt.

Inhaltliche Gestaltung und Organisation

Eine landwirtschaftliche Schau kann die folgenden Programmkomponenten beinhalten:
- Begrüßung und Ansprachen durch Ehrengäste und leitende Funktionäre
- Eröffnung und Rundgang der Ehrengäste unter Führung des Vorsitzenden des Organisationskomitees
- Ausstellung von land- und hauswirtschaftlichen Produkte sowie handwerklichen Erzeugnissen
- Selbstdarstellung und Vorführungen der vertretenden Förderinstitutionen und Firmen
- Wettbewerbe wie Pflügen, Ochsenkarrenrennen, Dreschen
- Prämiierung der ausgestellten Objekte.

Das Programm des landwirtschaftlichen Beratungsdienstes kann die folgenden Maßnahmen enthalten:
- Einrichtung eines Schaustandes mit Bildtafeln, Plakaten, Photos, Modellen, Geräten, etc.; Erläuterung der ausgestellten Objekte durch Berater
- Vorführung von Tonbildschauen und Filmen
- Musik- und Theaterdarbietungen mit lehrreichen Inhalten
- Demonstration verbesserter Geräte oder neuer Methoden, wobei die Landbevölkerung Gelegenheit erhalten soll, diese selbst auszuprobieren
- für spezielle Zielgruppen (wie Frauen, Jugendliche, Schüler, Handwerker) sind Sonderprogramme zu planen

- Bei der Ausstellung von Agrarerzeugnissen sollten auch Preise vergeben werden. Dabei ist es wichtig, jedem Bauern die Teilnahme zu ermöglichen und eine unparteiische Jury für die Beurteilung einzusetzen.

Dem lokalen Organisationskomitee sollte ein Maximum an Handlungsfreiheit eingeräumt werden. Lokale Mitarbeiter kennen die überlieferten Regeln bei der Gestaltung traditioneller Feste meist sehr genau und übertragen diese geschickt auch auf "moderne" Veranstaltungen. Sie vermögen auch recht realistisch einzuschätzen, was bei der Bevölkerung gut ankommen könnte. Lokale Beteiligungsbereitschaft und Fähigkeiten könnten gelähmt werden, würden "Experten" versuchen, nur ihre eigenen Vorstellungen durchzusetzen.

Bei der Durchführung ist zu beachten:

- Zu Beginn der Schau sollte das Tagesprogramm über Plakate, Handzettel und Lautsprecher bekanntgegeben werden.
- Verzögerungen durch verspätet ankommende Ehrengäste können dadurch umgangen werden, daß die Schau zunächst inoffiziell eröffnet wird.
- Ein Ordnerdienst, bestehend aus Beratern, Lehrern, Polizei oder Jugendgruppen, sollte eingesetzt werden, um zu informieren, den Zugang zu regeln, Erste Hilfe bei Unfällen zu veranlassen und bei Wettkämpfen zu assistieren.
- In Zusammenarbeit mit dem nächsten Hospital oder einer Krankenstation sollte eine Sanitätsstation eingerichtet werden. Ebenso sollten sanitäre Anlagen vorbereitet werden.
- Hauswirtschaftliche Berater könnten beispielhaftes, preiswertes Essen abgeben.
- Ein abruptes Ende der Schau sollte vermieden werden. Es entspricht häufig den lokalen Gewohnheiten, eine offizielle Veranstaltung allmählich in ein traditionelles fröhliches Fest mit Musik, Tanz und Gesang ausklingen zu lassen.

Die folgenden Punkte zeigen Bereiche auf, in denen es erfahrungsgemäß zu Problemen kommen kann:

- Schauen, die ohne aktive Beteiligung der Zielgruppe geplant und durchgeführt werden, laufen Gefahr, inhaltlich falsche Schwerpunkte zu setzen. Die Beteiligung der Zielgruppen ist auch erforderlich, um die Agrarverwaltung bei den Vorbereitungen zu entlasten.
- Einladungen zum Besuch bzw. zur Teilnahme an der Schau müssen rechtzeitig erfolgen.

- Die Ausstellungsbedingungen für Produkte müssen klargestellt werden.

- Unregelmäßigkeiten bei der Prämiierung können das Vertrauensverhältnis zwischen Bauern und Beratern beeinträchtigen. Eine vorherige Schulung der Jury ist zu empfehlen.

- Landwirtschaftliche Projekte tendieren dazu, ihre Ausstellungsstände besonders aufwendig zu gestalten. Oft sind diese mit ihrer Fülle von Statistiken, Photos und Objekten für die Mehrzahl der Besucher aber unverständlich.

Weitere Anregungen und Hinweise finden sich in → D 9 und → E 10.

4. BERATUNG IN LÄNDLICHEN SCHULEN

Das nachfolgende Kapitel befaßt sich mit den Möglichkeiten, Primarschulen als Förderinstitutionen im Rahmen ländlicher Entwicklungsvorhaben in die Beratungsarbeit zu integrieren. Abgesehen von einigen wenigen Ansätzen ist der Versuch von ländlichen Schulen, im landwirtschaftlichen Bereich Wissen zu vermitteln, bisher recht erfolglos geblieben.

Als Ursache dafür wird angesehen, daß als Folge kolonialer Traditionen lediglich die formelle Erziehung betont wird, die darauf abzielt, besser bezahlte Beschäftigungen im nicht-landwirtschaftlichen Bereich zu ermöglichen. Das Schulwissen hat für die Landwirtschaft meist geringe praktische Bedeutung, weil die Lehrinhalte nicht den örtlichen Situationen entsprechen und das vorhandene lokale Wissen wenig oder überhaupt nicht berücksichtigen.

Die **Notwendigkeit** einer **stärkeren Ausrichtung** des Unterrichts in Primarschulen **auf** den ländlichen und **landwirtschaftlichen Bereich** ist zweifach begründet:

Zum einen kann davon ausgegangen werden, daß die große Mehrheit der Schüler aus dem ländlichen Raum keine Beschäftigung im sekundären und tertiären Wirtschaftssektor finden wird. Sie muß deshalb vom landwirtschaftlichen Sektor absorbiert werden.

Zum anderen kann die Schule die Verbreitung von Neuerungen und Informationen auf dem Lande beschleunigen. Sie wird beratungsunterstützend wirksam, wenn die Schüler die erhaltenen Informationen selbst nutzen können und weitergeben und wenn sie befähigt werden, Informationen des Beratungsdienstes besser aufzunehmen.

Zwar wird vermehrt Landwirtschaft als Unterrichtsfach in die Primarschulen aufgenommen, doch zeigen sich dabei eine Vielzahl von **Mängeln**:

(1) **Unzulängliche Lehrpläne**

Vielfach werden die Unterrichtsinhalte zentral in den Unterrichtsministerien erstellt, ohne auf lokale Gegebenheiten oder regionale Unterschiede einzugehen. Die Lehrinhalte orientieren sich nicht an den traditionellen Methoden und den Möglichkeiten der Bevölkerung, sondern an Konzepten intensiver, oft stark mechanisierter, "moderner" Landbewirtschaftung. Lokale Institutionen und Zielgruppen werden an der Abfassung von Lehrplänen nicht oder nur ungenügend beteiligt.

(2) **Unzureichende Qualifikation und Motivation der Lehrer**

Neben der meist ungenügenden fachlichen und pädagogischen Vorbereitung ist das Interesse der Lehrer am Landwirtschaftsunterricht zumeist gering. Verachtung für den ländlich-traditionellen Bereich ist bei Dorflehrern nicht selten.

(3) **Schulgärten, Lehr- und Betriebsmittel**

Die Einrichtung von Schulgärten ist in vielen Entwicklungsländern heute zwar fester Bestandteil der Primarschulerziehung, erfüllt aber kaum die gestellten Anforderungen. Auch die Lehr-, Demonstrations- und Betriebsmittel sind oft ungenügend.

(4) **Beteiligung landwirtschaftlicher Berater und anderer Institutionen bei der Unterrichtsgestaltung**

Die Beteiligung landwirtschaftlicher Berater und Funktionäre bei Unterrichtsplanung und -gestaltung wird vielfach behindert durch bürokratisch-administratives Denken. Kommt eine Zusammenarbeit doch zustande, zeigen sich eine Reihe typischer Schwierigkeiten:

- Lehrer versuchen, dem Berater die gesamte Durchführung des landwirtschaftlichen Unterrichts zu übertragen. Dies führt zu einer nicht vertretbaren zeitlichen Belastung des Beraters.
- Berater haben oft keine klare Vorstellung über Bedeutung und Möglichkeiten der Beratung in Schulen.
- Statusdenken kann die Zusammenarbeit zwischen Beratern und Lehrern erheblich erschweren. Häufig nimmt der Lehrer Anleitungen und Hinweise der Feldberater nur widerstrebend entgegen.

Anpassung von Lehr- und Lerninhalten

Soll der Unterricht an Primarschulen die Schüler besser auf ihr zukünftiges Leben im ländlichen Raum vorbereiten und sollen die Schulen in die Lage versetzt werden, Entwicklungsmaßnahmen im landwirtschaftlichen Bereich auch kurzfristig wirksam zu unterstützen, so müssen zunächst die **Lehrpläne der Primarschulen** entsprechend verändert werden.

Dies bedeutet, daß die administrativen Voraussetzungen zur Abstimmung der Lehrpläne mit den lokalen Gegebenheiten und landwirtschaftlichen Förderungsprogrammen geschaffen werden. Danach beginnt die besonders wichtige Aufgabe, Lehrer mit meist niedrigem Ausbildungsniveau zu befähigen, auf der Basis neuer Lehrpläne den Unterricht zu gestalten. Diese Umsetzung ist deshalb besonders schwierig, weil sie von den Lehrern zusätzliche Leistungen und Anpassungen verlangt.

Für die Durchführung eines situationsangepaßten Unterrichts und die Befähigung der Lehrkräfte, beratungsunterstützend zu arbeiten, werden eine Reihe von Maßnahmen vorgeschlagen:

(1) Lehrer sollten regelmäßig fortgebildet werden. Dabei wäre an ein- bis zweiwöchige Schulungskurse zu denken, die vom Beratungsdienst und der Schulbehörde gemeinsam vorbereitet und geleitet werden und deshalb Gruppenarbeit und praktische Übungen in den Vordergrund stellen. Als Referenten müßten erfahrene Berater und Landwirtschaftslehrer eingesetzt werden. Die jährliche Teilnahme an solchen Kursen sollte für Primarschullehrer verpflichtend sein.

(2) Bei der Erstellung von Beratungsprogrammen sollten Beamte der Schulbehörde und Lehrer auf regionaler und lokaler Ebene beteiligt werden, um sich zu informieren, aber auch, damit sie Vorschläge einbringen können.

(3) Wünschenswert wäre die Erstellung regionalspezifischer Handbücher für Lehrer, in denen Unterrichtshinweise, Kenndaten und Informationen aus dem landwirtschaftlichen Bereich enthalten sind.

(4) Als Zwischenschritt und Ergänzung zu einem Handbuch wären Rundbriefe zu betrachten, die vom Beratungsdienst speziell für die Lehrer erarbeitet werden. Darin werden dem Lehrer neben fachlichen Basisinformationen aktuelle Hinweise, wie die Ankündigung von Saatterminen, Marktzeiten, Preisen usw. vermittelt.(→ E 14,→ G 5)

(5) Entscheidend ist der kontinuierliche, persönliche Kontakt zwischen Berater und Lehrer.

(6) Große Sorgfalt ist bei der Differenzierung der Lehrinhalte für männliche und weibliche Schüler erforderlich. Dies erscheint wichtig unter dem Gesichtspunkt einer wachsenden Doppelbelastung der Frau mit Hausarbeit, Kinderbetreuung und Nahrungsmittelproduktion als Konsequenz einer Ausdehnung des Anbaus von Verkaufsfrüchten und der zunehmenden Notwendigkeit für die Männer, einem Nebenerwerb nachzugehen oder für längere Zeit als Wanderarbeiter zu arbeiten. Solange die Nahrungsmittelproduktion eine zentrale Aufgabe der Frau ist, sollte die Schule sie darauf vorbereiten.

Umsetzungsmöglichkeiten

Für den landwirtschaftsbezogenen Unterricht empfiehlt sich eine **Kombination von Klassenunterricht und Übungen im Schulgarten**, wobei das Schwergewicht im praktischen Bereich liegen muß.

Der Klassenunterricht soll auf das Erarbeiten von Lösungen zu bedeutsamen Problemen ausgerichtet sein. **Spielerische Möglichkeiten** zur Unterrichtsgestaltung ergeben sich durch landwirtschaftliche Lieder, durch Tanzen, Theaterspielen, Malen und Zeichnen. Als Stimulanz für aktive Mitarbeit der Schüler haben sich Aufsatz und Malwettbewerb bewährt. Plakatwettbewerbe können dazu genutzt werden, geeignete Ideen und Darstellungsformen für Kampagnen zu ermitteln.

Von der Vermittlung landwirtschaftlichen Wissens und aktueller Informationen an Schüler wird erwartet, daß diese an die Erwachsenen wenigstens zum Teil weitergegeben werden und daß Kinder das Wissen selbst anwenden, sobald sie eigenständig zu wirtschaften beginnen.

Das Ziel, die Eltern auf Neuerungen und laufende Programme im landwirtschaftlichen Bereich aufmerksam zu machen, kann dadurch gefördert werden, daß:

- über die Kinder Handzettel, Plakate, etc. verteilt werden

- die Kinder aufgefordert werden, den Eltern über die erhaltenen landwirtschaftlichen Informationen zu berichten
- die Eltern regelmäßig zu Schulfeldtagen eingeladen werden
- die Eltern angehalten werden, älteren Schulkindern kleinere Flächen zur selbständigen Bewirtschaftung zu überlassen.

5. EINSATZ VON BERATUNGSHILFSMITTELN

Der Einsatz von Medien in der landwirtschaftlichen Beratung kann den persönlichen Kontakt zwischen Beratern und den Zielgruppen nicht ersetzen; aber die Arbeit kann erleichtert und der **Kreis der Angesprochenen erweitert** werden.

Medien haben in der Beratung eine klare Hilfsfunktion: Sie sind Mittel zu größerer Wirksamkeit der Arbeit der einzelnen Berater.

Sie sind aber auch Mittel, um den Mitgliedern der Zielgruppe die Aufnahme der Beratungsinhalte zu erleichtern. Sie müssen motivieren und sachlich anschaulich informieren können. Darüber hinaus sollen sie öffentlich wirksam und attraktiv sein, so daß die Aussage nicht nur von einzelnen aufgenommen, sondern auch in der Zielgruppe weiter verbreitet wird (→ Kap. III.11).

Welches Mittel ist dazu am besten geeignet? Diese Frage wird auf jedem Seminar gestellt, von den Beratern in den Projekten und von den entsendenden Organisationen. Eine Antwort darauf gibt es nicht, denn die Frage ist falsch gestellt. Kein einzelnes Hilfsmittel kann alle notwendigen Lern- und Lehrfunktionen erfüllen. Jedes hat seine besonderen Vorzüge, aber auch Begrenzungen. Deswegen ist oft eine Kombination von Hilfsmitteln der empfehlenswerte Weg. Dazu gehört die Beachtung folgender Gesichtspunkte:

(1) Kenntnis der möglichen Beratungshilfsmittel,

(2) Zusammenarbeit von landwirtschaftlicher Beratung (Inhalte) und Medienfachleuten (Gestaltung),

(3) Analyse der didaktisch-methodischen Eignung von Medien für bestimmte Inhalte und Ziele,

(4) Bestimmung der Zielsetzungen des Medieneinsatzes,

(5) Überprüfung der Aufnahme bei den Zielgruppen,

(6) Schulung der Berater im Gebrauch und in der Herstellung von Hilfsmitteln.

In den folgenden drei Kapiteln werden diese Grundgedanken für die Durchführung der landwirtschaftlichen Beratung konkretisiert. Zunächst werden die verschiedenen Beratungshilfsmittel vorgestellt, dann werden Wirkungsmöglichkeiten und Einsatzbedingungen diskutiert.

5.1 ARTEN VON BERATUNGSHILFSMITTELN

Es gibt viele Versuche, Medien einzuteilen: Nach ihrer Eignung zu motivieren, den Lernprozeß effektiver zu gestalten, nach ihren technischen Bedingungen usw.. Keine dieser Einteilungen erfaßt die Medien vollständig, weil die Konzentration auf nur einen Aspekt die Nebenwirkungen ausklammert. Es ist hinlänglich bekannt, daß in ländlichen Gebieten ein Film große Zuschauermengen anziehen kann; der tatsächliche Lerneffekt ist jedoch oftmals gering. Auf der anderen Seite kann eine gute Dia-Serie mit lebendiger Erklärung durch die Berater ebenso viele Menschen anziehen, wenn ihr Einsatz etwa durch lokale Gruppen mit Folklore, ein Puppenspiel oder einen Tanz vorangekündigt und eingeleitet wird. Der Lerneffekt der stehenden Bilder kann durchaus größer sein, weil der Berater die Vorführgeschwindigkeit den Reaktionen der Zuschauer anpassen und auf akute Probleme direkt eingehen kann.

Da die **Medien** hier **als Beratungshilfsmittel** besprochen werden sollen, werden vier ganz praxisbezogene Gesichtspunkte ihrer Benutzung für eine Einteilung herangezogen:

(1) Anwesenheit des Beraters beim Medieneinsatz
(2) Besondere Anforderungen an Räumlichkeiten
(3) Möglichkeit des Eingehens auf die Zielgruppen
(4) Gemeinschaftliche Aufnahme der Aussagen.

Die Hilfsmittel selbst werden **nach** ihrer **Anschaulichkeit geordnet**: Vom nur gesprochenen oder geschriebenen Wort, über bildliche Darstellungen, audio-visuelle Materialien und plastische Objekte bis hin zu lebendigen Darstellungen und Methoden.

Übersicht zu Beratungshilfsmitteln

In → Übersicht 4 ist bei den jeweiligen Medien mit einem "x" vermerkt, welche **Verwendungssituation** in der Regel vorliegt. Besonderheiten und Abweichungen werden in einer Randspalte bzw. in Anmerkungen hinzugefügt.

Diese Übersicht gibt erste Hinweise auf die **Auswahl der Medien**. Sind nur wenige Berater vorhanden, so kann es zweckmäßig sein, solche Medien in die Wahl zu ziehen, die weitgehend ohne Berater eingesetzt werden können. Bei allen geschriebenen Hilfsmitteln sind dabei keine Vorzüge an Anschaulichkeit, Lebendigkeit und Einbeziehung der angesprochenen Zielgruppen zu verzeichnen. Ebenso fehlt die stimulierende Gruppensituation. Lebendige Gruppensituationen ohne Berater finden sich prägnant bei den traditionellen Medien (Lieder, Spiele usw.). Hier kann - auch im Sinne der Lernerleichterung und der Lernmotivation - ein höherer Wirkungsgrad erreicht werden als in der isolierten Situation des Lesens oder Zuhörens.

Weitere Vor- und Nachteile der möglichen Beratungshilfsmittel werden in den folgenden Abschnitten stichwortartig besprochen. Es soll durchsichtig werden, wie man die verschiedenen Hilfsmittel einsetzt, welche Vorbildung und Vorbereitung dazugehört und wo sich die unterstützende Mitarbeit von Fachleuten empfiehlt.

5.1.1 GESPROCHENES UND GESCHRIEBENES WORT

Radiosendungen gehören in vielen Ländern zum selbstverständlichen Bestandteil der landwirtschaftlichen Beratung. Zumeist ist der Kontakt zwischen Beratung und Landfunk jedoch relativ locker, und die Landfunkjournalisten arbeiten nach ihren eigenen Berufsregeln. Sie versuchen, interessante Programme zu machen und neue Informationen zu recherchieren, verstehen sich aber nur selten in einer Mittler - und Dienstleistungsrolle. Häufig steht nur ein zentraler Sender zur Verfügung, der für das ganze Land ausstrahlt. Lokal und regional bezogene Informationen finden oft schwer Berücksichtigung.

Die Zusammenarbeit mit Radiodiensten wird daher vielfach noch darauf beschränkt bleiben müssen, sich in gemeinsamer Absprache ein- bis zweimal jährlich auf allgemeine Programmelemente zu einigen. Das können regelmäßige Marktinformationen sein, feste "Rubriken" im Landfunk, bei denen die Arbeit von Beratungs-

Übersicht 4:

Benutzungssituationen von Beratungshilfsmitteln						
MEDIEN/METHODEN	Anwesenheit von Beratern	Besondere Vorbereitungen	Einbeziehung der Zielgruppen	Gruppensituation	Besonderheiten und Einsatzmöglichkeiten	
(1) Gesprochenes und geschriebenes Wort						
Radiosendungen					Möglich: Hörergruppen und Berater	
Vorträge, Reden	x			x	→ E 12	
Geschichtenerzähler				x	in Zusammenarbeit mit Beratern	
Schallplattenaufnahmen	x	x		x	in der Beraterschulung	
Tonbandaufzeichnungen	x	x		x	für Radiosendungen	
Folklore, Lieder				x	allgemeine Motivation	
Lautsprecher(wagen)					Ankündigungen, Versammlungen	
Broschüren					in erster Linie für Berater	
Handzettel, Flugblatt					für Gruppenarbeit und Schule	
Plakate					im Rahmen von Kampagnen	
Zeitungen, Zeitschriften					für Berater und Komplementäreinrichtungen	
Rundbriefe					für Berater und Komplementäreinrichtungen	
Wandzeitungen		x			hier kann es zu kleinen Gruppensituationen kommen, wenn Personen zusammenstehen	
Anschlagtafeln		x				
(2) Bildliche Darstellungen						
Wandtafeln	x		x	x	Schulung, Feldtage, Kampagnen	
Flanelltafeln	x		x	x	Schulung, Gruppenberatung, Feldtage	
Magnettafeln	x		x	x	Schulung, Gruppenberatung, Feldtage	
Plakate, Poster, Siebdruck					im Rahmen von Kampagnen	
Comics					im Rahmen von Kampagnen	
Fotos	x		x	x	Schulung, Gruppenarbeit	
Dias	x	x	x	x	Schulung, Gruppenarbeit, Dorfversamml.	
Filmstreifen	x	x	x	x	Schulung, Gruppenarbeit, Dorfversamml.	
Zeichnungen, Graphik				x	gut gemacht oft verständlicher als Fotos	
Tageslichtprojektion	x	x	x	x	Schulung	
Demonstrationsblock ("flipbook")	x		x	x	Gruppenarbeit, Demonstration, Feldtag	
"Kartenspiel"			x	x	Gruppenarbeit, Dorfversammlung	
(3) Audio-visuelle Präsentation						
Vertonte Dia-Serie	x		x	x	Beraterausbildung, Gruppenarbeit	
Vertonte Filmstreifen	x		x	x	Beraterausbildung, Gruppenarbeit	
Tonfilme	x			x	Vor allem zur Motivation	
Video-Aufzeichnungen	x	x	x	x	Beraterschulung und Aufbau von Gruppen	
Fernsehen					Möglich: Gemeinschaftsempfang	
(4) Dreidimensionale Darstellungen						
Modelle	x		x	x	Gruppenarbeit, Ausbildung	
Musterstücke, Geräte	x		x	x	Gruppenarbeit, Ausbildung	
Gießharzobjekte	x		x	x	Gruppenarbeit, Ausbildung	
Simulationsspiele			x	x	manchmal auch ohne Berater möglich	
(5) Lebendige Darstellungen u. Methoden						
Volkstanz, Lieder				x	Unterstützung durch Berater (Inhalte)	
Theater-, Puppenspiele				x	Unterstützung durch Berater (Inhalte)	
Schattenspiel				x	Unterstützung durch Berater (Inhalte)	
Geschichtenerzähler	x	x		x	Unterstützung durch Berater (Inhalte)	
Austellungen	x	x		x	große Anziehungskraft	
Demonstrationen	x	x	x	x	Verbindung von Anschauung und Praxis,	
Versammlungen	x	x	x	x	leicht auch politisch wirksam	

gruppen geschildert wird, zentrale Hinweise auf Aussaat- und Spritztermine, Berichte über neue Sorten, kleine Radioreportagen, in denen die Feldarbeit, die Dorfprobleme und die Schwierigkeiten mit neuen Verfahren lebendig geschildert werden können.

Die **Funktion** solcher Sendungen liegt **primär** darin, einen allgemeinen, **positiven Hintergrund** zu schaffen. Es muß dabei deutlich werden, daß man wirklich aus der kleinbäuerlichen Bevölkerung berichtet.

Eine notwendige Ergänzung stellen dörfliche **Hörergruppen** dar, die bei abendlichen Sendungen mit dem Berater zusammensitzen (eventuell Tonbandmitschnitt der Sendung) und von den allgemeinen Anregungen her ihre eigene Situation entwickeln. Auf jeden Fall sollte jeder Beratungsdienst nach diesen Kontakten suchen, den Landfunk mit Broschüren, Flugblättern und zumindest der Monatsplanung versorgen und die Journalisten immer wieder zur Gruppenberatung auf dem Land einladen.

Für alle Formen der Gruppen- und Massenberatung ist es stimulierend, wenn die sachliche Informationsatmosphäre durch lebendige Elemente **aufgelockert** wird. In jeder Gesellschaft gibt es traditionelle **Folklore** und **Lieder**, die sich auf das ländliche Milieu beziehen. Eine kleine **Spielszene** oder ein **Geschichtenerzähler** führen besser in das Thema einer Versammlung ein als ein doch "künstlich" wirkender Vortrag. Gerade in der Gruppenberatung kommt es darauf an, die Teilnehmer zu aktiven Zuhörern zu machen, die sich nicht fremd fühlen und ihre Vorstellungen und Schwierigkeiten frei äußern können.

Diese aktive Beteiligung der Zielgruppen ist bei allen Formen gedruckten Materials in der kleinbäuerlichen Bevölkerung praktisch nicht gegeben. **Broschüren, Handzettel/Flugblätter und Rundbriefe** sind dagegen **gute Medien, um die Berater und die komplementären Einrichtungen zu informieren.** Sie kommen aber bei einer zumeist nicht lesekundigen kleinbäuerlichen Bevölkerung schwer an. Man hat daher immer wieder den Ausweg über **Plakate, Wandzeitungen und Anschlagtafeln** gesucht. Aber auch diese Vermittlungsformen haben **mehr Begrenzungen als Vorteile**. Die textliche Information geht nahezu vollständig verloren, und die Hoffnung, der lesekundige Sohn oder die Tochter würden das Geschriebene vorlesen, ist in den meisten Gesellschaften unrealistisch. Diese Medien verlieren darüber hinaus sehr schnell ihre Anziehungskraft. Ein Plakat kann noch Aufmerksamkeit erregen am Tag, an dem es aufgehängt wird. Bald darauf wird es jedoch zum selbstverständlichen Bestandteil der Umgebung und wird eins mit dem Hintergrund, auf dem es angeheftet ist. Die verstaubten Anschlagtafeln in den Dörfern sind ebenfalls ein Indiz dafür, daß hier eine Anstrengung unternommen wurde, die bald wieder versandete.

Ein Beratungsdienst muß sich sehr sorgfältig überlegen, welche Hilfsmittel er wirklich effektiv und daneben auch abwechslungsreich einsetzen kann. Wenn man gut funktionierende Gruppen in der Bevölkerung hat, können Handzettel durchaus hilfreich sein. Steht das generelle Programm für die Gruppen fest, so können die einzelnen Themen auf Handzetteln noch einmal erläutert und bebildert werden; in einer Gruppe ist es dann sehr wohl möglich, daß solche Informationen vorgelesen werden (in diesem Fall auch von Kindern oder Jugendlichen). Indirekt haben Handzettel, Broschüren und gut bebilderte Zeitungen/Zeitschriften durchaus auch einen Effekt auf den Abbau von Analphabetentum. In der Regel bildet sich gerade auf dem Land die erlernte Lesefähigkeit wieder zurück, wenn entsprechendes Material fehlt. Hier kann der Beratungsdienst mit anderen Institutionen zusammenarbeiten und eventuell seine nicht ausgelastete Druckkapazität zur Verfügung stellen. (→ B 6). Ist das Gebiet sehr weiträumig und sind die Beratungsinhalte unterschiedlich, so kann man auch versuchen, einen mobilen Druckwagen einzusetzen, der einige Tage in den Dörfern und bei den lokalen Gruppen bleibt, um mit den Beratern zusammen Handzettel und Plakate herzustellen. Die aktuelle Information über zeitpunktbezogene Aktivitäten (jetzt aussäen, jetzt spritzen usw.) läßt sich am eindeutigsten noch immer über Lautsprecherwagen auf Märkten und mit Durchsagen an anderen allgemeinen Treffpunkten vermitteln. Ist man sicher, daß die Zielgruppen regelmäßig bestimmte Stellen aufsuchen, so kann es auch genügen, Informationen dort an einem Anschlagbrett anzubringen, sei es, daß man die Mitteilungsblätter an den "Schattenbaum" nagelt, am Eingang des Kaffeehauses in einen Kasten hängt oder bei den örtlichen Händlern und Genossenschaften als deutliche Beratungsempfehlung kennzeichnet und auslegt. Es ist allerdings unerläßlich, zeitpunktbezogene Informationen nach entsprechender Frist wieder zu entfernen!

5.1.2 BILDLICHE DARSTELLUNGEN

"Ein Bild sagt mehr als tausend Worte": Das ist Chance und Problem zugleich. Ein Bild gibt viel mehr Anlaß zum Mißverständnis als ein Gespräch. Und selbst gut geschulte Berater und Experten rätseln oftmals, welche Aussage in einer Grafik oder einem Foto verborgen ist. (→ C 1, → C 3, → E 13).

Während Angehörige einer "Bildlesekultur" der industrialisierten Länder eine gewisse Sicherheit im Entziffern von Bildern entwickelt haben, treten in anderen Kulturen Schwierigkeiten auf. Es gibt **"visuelles Analphabetentum"**. Bilder zu entziffern und zu "lesen", das muß man ebenso lernen, wie das Lesen gedruckter oder geschriebener Sprache.

Wie beim gesprochenen und geschriebenen Wort muß man daher bildliche Darstellungen der Aufnahmefähigkeit der Zielgruppen anpassen. Gerade wenn man in der Beratungsarbeit Zusammenhänge verdeutlichen will, kann man auf die visuelle Veranschaulichung nicht verzichten.

Für die Beraterausbildung wie für die Arbeit mit den Zielgruppen gilt gleichermaßen, daß Wand-, Flanell- und Magnettafeln mit zu den Standards gehören. Am leichtesten herzustellen sind die Wandtafeln: Tafelfarbe kann auf fast jeden Untergrund aufgebracht werden. Auf **Wandtafeln** wie auch auf großen Bögen von Packpapier o.ä. - zusammengeheftet oder geleimt zu einem Block (flip chart) und auf einem Dreibein aufgestellt - können Stichworte festgehalten und einfache Zeichnungen angefertigt werden.

Mit etwas mehr Vorbereitungszeit verbunden, aber dann zeitsparend, ist der Einsatz von Flanell- und Magnettafeln, Demonstrationsblocks (flip books) und Tageslichtfolien für den Overhead-Projektor.

Flanell- und Magnettafeln haben den Vorteil, daß man Elemente ordnen kann und dabei sehr beweglich ist. Man kann Buchstaben, Zahlen, Figuren, Symbole für Früchte, Ertrag usw. aus Pappe und Papier ausschneiden, ihre Rückseite mit Flanelltuch, Klettenband (günstiger bei Wind), oder Sandpapier bzw. Sägespänen bekleben, so daß sie auf der flanell- oder filzbespannten Tafel haften. Bei Magnettafeln nimmt man entsprechend Magnetband, das in Rollen erhältlich ist, aus den Dichtgummis alter Kühlschrank-Türen entnommen werden kann, oder man kauft runde Büro-Magnete.

Filz und Flanell gibt es meist in allen Farben, Karton ebenfalls; so kann dieses relativ einfache Hilfsmittel schon allein durch die Farbgebung anziehend wirken. Die **Beweglichkeit** der Hafteelemente **entspricht** nicht nur tatsächlichen **Abläufen;** es ist auch ein "spielerisches" Element, das von den Gruppen selbst genutzt werden kann. Unter der Überschrift, "Welche Früchte baue ich an?", können Gruppen ihr Anbauprogramm selbst zusammenstellen, Anteile kennzeichnen, Erträge ausweisen.

Zusammenhänge können **schrittweise** und **mit** einem hohen Maß an **Gruppenbeteiligung erarbeitet** werden. Mit nur wenigen vorgefertigten Teilen kann man z.B. "Rohertrag" und "Aufwand" eines Betriebes darstellen: Farbig unterschiedlich fertigt man sich Kärtchen für "Bodenerzeugnisse", "Viehproduktion", "Eigenbedarf" an, beschreibt den "Aufwand" durch die monetären und nicht-monetären Betriebsausgaben, Lohnansprüche innerhalb und außerhalb der Familie in Arbeitsstunden usw.. (Beispiele finden sich in →D 6,→ G 9,→ G 10,→ G 11).

Ebenso flexibel kann man mit **großen "Karten"** arbeiten: Man nimmt Karton (etwa 30 x 45 cm), beschriftet und bemalt ihn mit den notwendigen Informationen. Wird das gut durchgeplant, so hat man die Möglichkeit, die Karten wie einen Fächer auszubreiten und Karte für Karte zu erläutern. Mit einfachen Zeichnungen und wenigen Buchstaben läßt sich damit eine Einführung in ein Thema wirksam unterstützen - insbesondere auch dadurch, daß man die Karten an die Teilnehmer gibt und sie diese selbst ordnen und besprechen läßt.

Da nicht alle Berater gute Zeichner sein können, ist oftmals auch ein **Demonstrationsblock (flip book)** hilfreich. Die ganze Abfolge von Themen und Schritten einer Versammlung wird deutlich und groß auf Packpapier oder weiße Plakatblöcke aufgezeichnet und auf einem Dreibein an einer Platte festgeklemmt. Blatt für Blatt kann man jetzt hochblättern; die Aufmerksamkeit ist jeweils auf die eine sichtbare Aussage konzentriert: Man kann aber auch zurückblättern, Wichtiges unterstreichen oder mit farbigen Filzstiften umrahmen.

Kartenspiele schließlich lassen sich ebenfalls gut als Hilfsmittel verwenden. Man kann z.B. die hohen Kartenwerte durch Neuerungsobjekte symbolisieren (neue Gemüse, Geräte usw.), die niedrigen Werte durch weniger Empfehlenswertes. In Ägypten benutzt man in einer Familienplanungskampagne mit Frauen traditionelle Spiele und setzt als "Joker" das Symbol für Empfängnisverhütung ein.

Die bisher besprochenen Materialien sind relativ leicht zu handhaben. Vor allem sind sie unabhängig von kompliziertem technischem Gerät. Nach dem **Test,** der für alle Bildmaterialien **obligatorisch** ist, können sie auch leicht wieder korrigiert werden. (→ E 13).

Etwas mehr Aufwand erfordert der Einsatz von **Zeichnungen, Fotos, Dias, Filmstreifen und Tageslichtfolien**. Die Herstellung von Zeichnungen, Dias, Fotos und Filmstreifen macht im Grundsatz keine Schwierigkeiten. Oft ist jedoch bei eigenen Herstellungsversuchen die wesentliche Aussage gar nicht zu erkennen. Wenn man eine von einem Virus befallene Kultur zeigen will, so sagt ein Überblicksfoto fast gar nichts aus. Dazu gehört schon eine sorgfältig geplante Serie von Aufnahmen, die schrittweise die Identifikation der Kultur, des Befalls usw. ermöglicht. In der Regel sollte man daher von seiten der Beratung genau festlegen, was man vermitteln will, die Umsetzung dann mit einem Fachmann durchsprechen und, wenn möglich, auch von ihm ausführen lassen. Vielfach ist es wirksamer, gute Zeichnungen an die Stelle von Fotos zu setzen. Eine Federzeichnung etwa kann wesentliche Aussagen herausheben und den Hintergrund zurücktreten lassen. Nach vorliegenden Erfahrungen ist sie auch schneller zu erkennen als ein Foto. (⟶ C 3).

Die **Vorführnachteile** von Dias, Filmstreifen und Tageslichtprojektion sind offensichtlich: Man benötigt Stromanschlüsse, Projektionswände, teilweise Verdunkelung; die Geräte selbst müssen gewartet werden, Projektionslampen brennen bei Spannungsschwankungen durch usw.. Das ideale Gerät ist jedenfalls noch nicht konstruiert, auch wenn es inzwischen technisch gute Möglichkeiten gibt, die Anzahl von Störungen gering zu halten.

Die Herstellung von **Tageslichtfolien** hat den Vorteil, daß auch ungeübte Zeichner Vorlagen übertragen bzw. aus Zeitschriften und Broschüren gute Schaubilder usw. einfach auf der Folie nachziehen können. Auch Auflistungen, Statistiken usw. lassen sich mit Permanent-Stiften (nicht wasserlöslich) auf Folien übertragen; damit sind sie über lange Zeit verfügbar und können mit anderen Hilfsmitteln kombiniert werden.

Die Verwendung von **Plakaten** - hergestellt mit einfachen Siebdruckanlagen - und **Comics** erfordert eine genaue Abstimmung auf die "Lesefähigkeit" der Zielgruppen. Da es sich um Medien handelt, die nicht direkt mit dem erklärenden Wort des Beraters verbunden sind, sollten sie ohne zusätzliche Erläuterung verständlich sein. Dies ist eine eindeutige Barriere in solchen Kulturen, die wenig Erfahrung im Umgang mit Bildmaterial haben. Wegen der notwendigen Vereinfachung (Reduktion) der Aussagen auf wenige Bestandteile ist genau zu überprüfen, ob die Herstellung dieser Hilfsmittel lohnt. Ein Plakat, auf dem lediglich eine diffuse Aussage steht ("Mehr Ertrag, mehr Bargeld", "Stoppt die Buschbrände",

"Setzt Mineraldünger ein", "Hausgärten verbessern die Ernährung" usw.) und das an irgendeiner Stelle vergilbt, lohnt den Aufwand nicht. Wirksam können Plakate nur dann sein, wenn sie so gestaltet und plaziert sind, daß die zentrale Aussage tatsächlich ins Auge springt, attraktiv genug ist und die Vorübergehenden sie auch zur Kenntnis nehmen. Doch das ist schwierig, denn man "studiert" Plakate nicht. Man sieht sie genauso flüchtig an wie andere Gegenstände der Umgebung. Kann man sich auf eine zentrale Aussage konzentrieren, dann sind gut gestaltete Plakate hilfreich, eine Idee im Bewußtsein der Angesprochenen zu verankern.

Im Zuge einer Rattenbekämpfungskampagne kann man sich über Plakate z.B. auf zwei Aussagen beschränken: Darstellung von Ratten und Darstellung von Schadbildern. Überall angebrachte Plakate können das Problem der Ratten überhaupt erst ins Bewußtsein heben. Ungeeignet sind Plakate dagegen, wenn sie vereinzelt irgendwo hängen. **Als Aufforderung zu einer unmittelbaren Handlung werden Plakate nur selten wirksam.**

Comics haben in vielen Ländern bereits eine Tradition; hier kann man unter Verwendung bekannter Figuren durchaus bestimmte Zusammenhänge deutlich machen. Die erzählte und bebilderte Geschichte trifft dann sehr viel eher die Lese- und Denkgewohnheiten der Zielgruppen als die typisch verkürzte Darstellung von Plakaten. Geschichten und Erzählungen nehmen in traditionellen Gesellschaften mehr Raum ein, als dies heute in unserer Kultur der Fall ist. Man hat dort mehr Interesse an einem längeren Gespräch, man setzt sich zusammen und hört auch zu. Insofern knüpfen Comics mit ihrem einfachen Erzählstil an lebendige Darstellungsformen an. Dies gilt insbesondere für viele Teile Lateinamerikas sowie für Südostasien, wo Bildgeschichten relativ weitverbreitet sind.

Führt man Comics neu ein, so stößt man auf ähnliche Verständnisschwierigkeiten wie beim Film, da auch im Comic oft Bildschnitt und Szenenwechsel bei gleichzeitigem Wechsel des Betrachterstandpunkts oder Zoom, Wechsel zwischen Weitwinkel und Teleaufnahme, als Stilmittel eingesetzt werden. Auch der durch Bildschnitt vermittelte Zeitsprung wird vom ungeübten Betrachter nicht gleich verstanden. (→ B 6, → C 3).

5.1.3 DIAS UND FILME

Gerade die Fähigkeit, **bewegte Bilder zu verstehen, muß man erst lernen**. Wenn Filme und Fernsehprogramme überall auf der Welt mit Faszination betrachtet werden, so heißt das noch lange nicht, daß alle Zuschauer die Handlung so verstehen, wie sie der Regisseur darstellen will.

Experimente haben sehr drastisch gezeigt, daß in vielen Kulturen Dias und Filme gar nicht so verstanden werden, wie man es beabsichtigt hatte. Dennoch gehören audio-visuelle Medien vielfach zum "Standard" in der Beratungsarbeit, nicht immer aufgrund einer sorgfältigen Analyse der didaktisch-methodischen Zusammenhänge, sondern vielmehr deswegen, weil sie den Lerngewohnheiten der Experten und der gut ausgebildeten Berater am meisten entgegenkommen (⟶ Kap. V.5.2).

Vertonte Dia-Serien und **vertonte Filmstreifen** sind relativ aufwendig in ihrer Herstellung. Ohne ein "Drehbuch" und die Aussprache mit einem Fachmann können sie nur in wenigen Fällen hergestellt werden. Sie sind gutes Anschauungsmaterial, in ihrem Einsatz oftmals jedoch nicht flexibel genug. Läßt man einmal die geräte-technischen Schwierigkeiten außer acht, so **bringen** sie **kaum einen Vorteil** gegenüber normalen Dia-Serien und Filmstreifen. Im Gegensatz zu den unvertonten Bildern liegt hier die Abfolge fest; Anhalten und Diskussion über bestimmte Punkte sowie "Zurückfahren" sind praktisch nicht möglich.

Als Vorteil wird es in manchen Situationen gelten können, daß die Erklärung der Bilder immer dieselbe ist. Man kann sehr leicht zu einer Serie mehrere Tonkassetten mit lokaler Sprache oder verschiedenen Dialekten herstellen. Die Erklärung hängt also nicht so sehr von der Person des Beraters ab, sondern ist immer einigermaßen "richtig". Bei vertonten Dia-Serien sollte man den geschlossenen Kassetten den Vorzug geben, aus denen die Dias nicht herausfallen können. Der Vorteil der vertonten Serien wird leicht wieder aufgehoben, wenn der Berater die Darstellung nicht wirklich im Detail versteht. Dann nämlich wird er bei dem nachfolgenden Gespräch mehr Verwirrung als Klarheit erzeugen.

Tonfilme - ob Super-8 oder 16 mm-Filme - sind nicht prinzipiell aussagekräftiger als andere Medien. Die Darstellung weniger Grundgedanken erfordert einen relativ hohen Produktions- und Projektionsaufwand. Dort, wo Filme eine Attraktion darstellen, können sie sehr stimulierend wirken. Allerdings sollte genau geprüft werden, ob diese Attraktion mit einem eigens hergestellten Beratungsfilm erreicht werden muß. Vielfach wird auch ein verfügbarer Kurzfilm zu Beginn oder zum Abschluß einer Veranstaltung als allgemeine Attraktion gelten können.

Generell wird man ausgesprochene **Lehrfilme** für Beraterausbildung und Schulungskurse **von Motivationsfilmen unterscheiden** müssen.

Der **Motivationsfilm** soll die Aufmerksamkeit auf eine bestimmte Neuerung lenken. Er kann eine Zuschauerschaft "gefangennehmen", Erfahrungen von außen an sie herantragen und ihr Interesse auf bestimmte Sachverhalte lenken. Gerade dann, wenn die Beratung sich sicher ist, eine bestimmte Praxis allgemein empfehlen zu können, kann sich die Herstellung eines solchen Films lohnen. Der Motivationsfilm muß versuchen, diese eine Idee aus dem Lebens- und Arbeitszusammenhang der Zielgruppe zu entwickeln und in lebendiger Form als Lösungsansatz darzustellen. Reale Schwierigkeiten und Konflikte sollten dabei nicht ausgespart werden; sie können im Gegenteil als dramaturgische Mittel eingesetzt werden, um die Spannung zu erhalten.

In jedem Fall erfordert auch der Film ein durchgearbeitetes Drehbuch und den sorgfältigen Vortest. Gerade Abläufe, die den europäischen Augen gut vertraut sind, müssen auf ihre Verständlichkeit überprüft werden. Geht man mit der Kamera hinter einem Streichpflug her, so scheinen die Schollen sich rasend schnell umzulegen. Wer immer mit der Hacke oder dem Hakenpflug gearbeitet hat, kann diese Bildfolge gar nicht aufnehmen. Hier wird man gerade für ungeübte Zuschauer nicht die "Echtheit" wählen müssen, sondern die für europäische Sehgewohnheiten "künstliche" Zeitlupendarstellung. Es gibt viele solcher versteckten Schwierigkeiten, die aus den unterschiedlichen Wahrnehmungsgewohnheiten (→Kap. III.5) resultieren. Selbst der Einsatz eines Fachmannes kann das nicht aufheben, denn auch er hat professionelle Sehgewohnheiten, die der fremden Kultur nicht entsprechen. Deswegen wird die Zusammenarbeit mit lokalen Künstlern, Volksspielgruppen usw. ebenso unverzichtbar sein wie das Vortesten. (→ E 13). Filmproduktionen sollten ohne solche Vorbedingungen nicht begonnen oder genehmigt werden (→ Kap. V.5.2).

5.1.4 VIDEO-AUFZEICHNUNGEN

Filmproduktionen stehen erst nach längerer Vorplanung und relativ langer Gesamtproduktionszeit für ein Projekt zur Verfügung. Selbst unter günstigen Bedingungen wird man sechs bis acht Monate warten müssen, bis der geschnittene Film aus der Kopieranstalt kommt und ins Projekt geliefert werden kann. Über halbprofessionelle, tragbare Video-Geräte kann man jedoch - ähnlich wie mit einem Tonbandgerät - sofort aufzeichnen und unmittelbar auch wieder abspielen. Mit dieser Technik steht ein **äußerst anpassungsfähiges Medium** und eine anpassungsfähige Methode zur Verfügung. Mehr als andere Medien ist Video dazu geeignet, in zwei Richtungen zu wirken: Man kann es ausgezeichnet zur **Beraterschulung** einsetzen, gleichzeitig aber auch als ein wirksames Kommunikationsmittel für die **Gruppenberatung** und die Maßnahmenableitung der Beratung nutzen. Erprobt sind folgende Einsatzmöglichkeiten in der Beraterschulung: Berater "simulieren" in der Aus- und Fortbildung, wie sie eine Gruppenversammlung durchführen und sind beim anschließenden Anschauen der Video-Aufzeichnungen in der Lage, ihr eigenes Verhalten selbst zu beurteilen.

In der **Feldarbeit** ist die Video-Aufzeichnung ebenfalls geeignetes Schulungsmaterial. Demonstrationen, Gruppenberatungen, Diskussionen können festgehalten werden. In gemeinsamen Besprechungen der Berater werden sie ausgewertet. Dies fördert nicht nur den Austausch über Probleme, es macht auch gute Beispiele sichtbar.

In der Arbeit mit den Zielgruppen hat sich Video-Aufzeichnung erst teilweise bewährt; sie kann Wandlungsprozesse auslösen, da eine direkte Beteiligung der Zielgruppen möglich ist. Es muß nicht mehr unbedingt für sie produziert werden. Sie selbst sind die Akteure. Beispiele von Gruppenberatung, erfolgreiche Demonstrationen usw. können sehr schnell - im Prinzip noch am gleichen Tag - in einem anderen Dorf gezeigt werden. Dadurch wird gerade in der kleinbäuerlichen Bevölkerung der bedeutsame kommunikative Austausch angeregt. Die Isolation der dörflichen Produktionsweise wird aufgehoben, indem man zeigen kann, welche Erfahrungen an anderer Stelle vorliegen. Damit ist Video übrigens auch ein ausgezeichnetes Verfahren, um "Filme" vortesten zu können.

Insgesamt gesehen, scheint die Zeit jedoch für einen breiten Einsatz dieser **hochkomplizierten und störanfälligen Technik** in der Feldberatung noch nicht gekommen zu sein.

5.1.5 FERNSEHEN

Im ländlichen Raum ist in vielen Ländern noch nicht mit diesem Medium zu rechnen. Gegenwärtig ist auch nicht erkennbar, ob sich hier wesentliche Einsatzmöglichkeiten abzeichnen werden. Sowohl von der Produktionsseite als auch von der Benutzerseite her ist es ein kostenaufwendiges Verfahren, das kleinräumigen Projektbedingungen nicht angepaßt werden kann. Die Programmstrukturen der meisten Länder öffnen dieses Medium der ländlichen Bevölkerung und ihren Problemen kaum. Es wird von einer städtischen Elite und von deren Konsum- und Unterhaltungsinteressen dominiert. **Als aktives Kommunikationsmedium für kleinbäuerliche Belange hat es wenig Bedeutung.**

5.1.6 DREIDIMENSIONALE DARSTELLUNGEN

Plastische Modelle oder Musterstücke können angefaßt werden, man kann sie von allen Seiten betrachten, man kann sie bewegen und in Betrieb setzen. Damit kommen sie der Wirklichkeit am nächsten. Menschen erfassen die Umwelt nämlich nicht, indem sie diese an sich vorüberziehen lassen, sondern indem sie aktiv von ihr Besitz ergreifen. Man begutachtet Dinge von allen Seiten, befühlt und prüft sie.

Wo immer es vom Beratungsinhalt her sinnvoll ist, sollte man versuchen, transportable Modelle für die Gruppenberatung anzufertigen.

Aus ganz einfachen Materialien lassen sich **Modelle** der Anlage von Fischteichen, Wildbachverbauungen, Terrassenanlagen als Erosionsschutz, Weideführung, Anbaupläne von Betrieben oder Anlagen von Kleindämmen usw. herstellen: Papiermaché, etwas Holz, Farbe, Leim, Lehm und Gras reichen oftmals aus. Solche Modelle sind nicht nur sehr attraktiv, sie sind auch anschaulich für die Zielgruppen, die mit abstrakten Erklärungen wenig anfangen können. Vor allem dann nicht, wenn sie das, worüber gesprochen wird, aus eigener Anschauung nicht kennen, es sich also auch nicht vorstellen können.

Um dem alten Problem zu entgehen, daß bei großformatigen Darstellungen kleiner Dinge (z.B. Tsetsefliege, Stengelbohrer usw.) die Zuschauer sagen, "sehr schön, aber so groß sind die Tiere bei uns nicht", kann man diese Objekte in **Gießharz** einbetten. Damit sind sie für jeden von allen Seiten betrachtbar und zugleich dauerhaft geschützt.

Einen Übergang zu den lebendigen Darstellungen stellen **Spiele** dar. Dies können selbst-konstruierte Brettspiele sein, die etwa das Thema "Markt", "Farm" und "Genossenschaft" beinhalten. Mit ihnen kann eine komplexe soziale Realität spielerisch umgesetzt werden. Einige dieser Spiele werden in Ecuador z.B. nach dem Muster von "Monopoly" konstruiert; andere beruhen auf traditionellen Brettspielen, in denen man die Symbole ausgetauscht hat.

Ebenfalls zu den spielerischen Aktivitäten gehört die Herstellung von **"Zeichen-" oder "Photobüchern"**, in denen alltägliche Situationen aus der Feld- und Dorfarbeit dargestellt sind. Sie werden auf Gruppenbesprechungen und Versammlungen gemeinsam durchgeblättert und von den Anwesenden kommentiert. Besonders geeignet sind sie als Verfahren der fortlaufenden Situationsanalyse, weil die Bemerkungen und Interpretationen dem Berater helfen, die Anschauungen und Vorstellungen der Zielgruppe zu erschließen.

5.1.7 LEBENDIGE DARSTELLUNGEN UND METHODEN

Wo traditionelle Medien noch lebendig sind, können sie als direkte Hilfe für die Beratungsarbeit eingesetzt werden. Was im Zusammenhang mit dem Motivationsfilm diskutiert wurde, läßt sich häufig mindestens ebenso wirksam mit traditionellen Gruppen erreichen.

Lieder, Tänze und Geschichten haben schon in vielen Ländern dazu beigetragen, eine Sache populär zu machen. Wenn Beratung mit entsprechenden Personen und Gruppen zusammenarbeitet, dann braucht sie lediglich die inhaltliche Aussage für die Gruppen zu formulieren. Die gestalterische Umsetzung und die Wahl der Kommunikationsform kann den Ausführenden überlassen bleiben.

Gerade **Theater- und Puppenspiele** sowie **Schattenspiele** bieten eine Möglichkeit, zu hören, welche Probleme in den Dörfern vorhanden sind. Vielfach werden dabei "stereotype" Formulierungen gebraucht, immer wieder dieselben schwierigen Situationen benannt. Das spiegelt zum Teil die tatsächlich wenig veränderte Situation der kleinbäuerlichen Bevölkerung wider. Wenn aber erkennbar wird, daß neuere Entwicklungen wie Landflucht, Arbeitslosigkeit und Ernährungsschwierigkeiten kaum berührt werden, so kann die Beratung versuchen, solche Problemkreise in den Themenbestand traditioneller Gruppen einfließen zu lassen.

Wenn Beratung mit ihnen zusammenarbeiten kann, dann sind z.B. herumziehende **Volksspielgruppen** ideale Mittler, um eine Neuerung zu verbreiten.

5.2 WIRKUNGSMÖGLICHKEITEN VON MEDIEN

Man kann die **unterstützende Wirkung von Medien** sehr leicht an sich selbst beobachten. Von den vielen Anstößen und Aufforderungen aus den Medien nimmt man nur einen Teil auf, den man dann im persönlichen Gespräch mit Kollegen vertieft und eventuell in der praktischen Arbeit erprobt. Ist man jedoch in einer schwierigen Arbeitssituation, so sucht man aktiv nach Ideen und Anregungen. Dabei können Medienaussagen sehr hilfreich sein, weil sie neue Möglichkeiten aufzeigen und anschaulich präsentieren. Was zunächst nur eine verschwommene Vorstellung war, wird konkret und vertieft sich.

Der Wirkungsbereich des Medieneinsatzes liegt generell in **drei Funktionen**: der Erweiterung des Informationsaustauschs, der Unterstützung von Informationssuchern und der Stützung neuen Verhaltens.

(1) **Erweiterung des Informationsaustauschs: Kontaktphase**

Durch Medienaussagen werden neue Vorstellungen und praktische Möglichkeiten ins Gespräch gebracht; sie werden durch die eigene Situation gefiltert, d.h. auf ihre Bedeutsamkeit für den eigenen Bereich geprüft. Weniger bedeutsame Informationen geraten schnell wieder in Vergessenheit. Wichtige Informationen können für lange Zeit den Inhalt von Gesprächen bestimmen. Wo immer sich Leute treffen, sprechen sie über dieses eine Thema. Konkret: "Da gibt es jetzt Gruppen, die ein neues Anbausystem erproben."

(2) **Unterstützung von Informationssuchern: Dialogphase**

Daraus ergibt sich der zweite Wirkungsbereich von Medien: Sie können für diejenigen, die aktiv nach Informationen suchen, die sich für eine bestimmte Vorgehensweise interessieren, Material bereitstellen, um den Entscheidungsprozeß zu beeinflussen und zu erleichtern. Die Phase des Suchens und Ausprobierens neuer Ideen ist immer auch eine Phase der Unsicherheit (Risikosituation). Zum Abbau dieser Unsicherheit wird immer wieder das persönliche Gespräch gesucht. Konkret: "Wie können wir auch eine Gruppe aufbauen, wie könnte unser Anbauplan aussehen?"

(3) **Stützung des neuen Verhaltens: Stabilisierung**

Neue Ideen und Verhaltensweisen müssen stabilisiert werden. Es muß u.a. auch vom Beratungsdienst deutlich gemacht werden, daß das Vorgehen Unterstützung findet, auch an anderen Stellen gut läuft, eventuell auch politisch unterstützt wird. Konkret: "Was sagen andere zu unserer Vorgehensweise, werden wir bestätigt, kommt wirklich auch in der nächsten Saison die gleiche Unterstützung usw.?"

Aufgrund dieser Überlegungen können die **Konsequenzen** für eine beratungsunterstützende Medienarbeit formuliert werden. Wichtigster Gesichtspunkt für die Planung des Medieneinsatzes ist die **Aufbereitung und Strukturierung der Inhalte von den Interessen und der Aufnahmekapazität der Empfänger her**. Zwar weiß man aus Industrieländern, daß ein massiver Medieneinsatz Aufmerksamkeitsschwellen auch solcher Personen überwinden kann, die kaum ein Interesse an der Medienaussage hatten. Ein solcher Medieneinsatz ist aber in Entwicklungsländern kaum zu finanzieren oder aufgrund fehlender Infrastruktur unmöglich.

Eine wirksame Kommunikationsstrategie für die Beratung muß daher die Aufmerksamkeitsschwelle überwinden, indem sie **problemorientiert Informationen** des Beratungsdienstes aufbereitet und in einer Art **Dialogverfahren** an die Zielgruppen heranträgt.

Dies ist praktisch **nur über dezentral operierende Mediendienste möglich** (→ Kap. V.5.3), die sich mit der Beratung abstimmen können und bei den Aussagen nicht den "gemeinsamen Nenner" finden müssen wie in einem nationalen Mediendienst.

Eine dezentrale Einheit kann die Erfahrung nutzen, daß die gleichzeitige Benutzung mehrerer Kommunikationskanäle und die Berücksichtigung der Reaktionen von Empfängern die Kommunikationswirkung wesentlich verstärken.

Kommunikation im Dialog

Die Planung einer Beratungsstrategie setzt mit Abschluß der ersten Situationsanalyse und Maßnahmenableitung ein. Dies ist unabhängig davon, ob ein Beratungsprojekt über eine eigene Medieneinheit verfügt oder die Dienstleistungen anderer Medieneinrichtungen in Anspruch nimmt. Anhand eines **Beispiels** soll eine solche "Kommunikation über Medien" erläutert werden.

Die Beratungsprogrammierung für die erste Projektphase geht von folgenden Zielsetzungen und Maßnahmen aus:

- In der Zielbevölkerung sollen Gruppen gebildet werden, die den Produktionsprozeß in ihren Anbausystemen verbessern wollen.
- Als Maßnahmen sind vorgesehen: Unter Verwendung niedriger Düngemitteldosierung soll verbessertes lokales Saatgut eingesetzt werden. Das Projekt übernimmt in der ersten Phase das Reinigen und Beizen des Saatgutes. Mit Hilfe eines Pflanzstocks soll eine optimale Pflanzdichte erreicht werden, um auch Pflegemaßnahmen zu erleichtern.
- Zum Schutz gegen Bodenerosion und -degradierung sollen Grasstreifen, Dämme und Ableitungskanäle für hohe Niederschlagsmengen angelegt werden.

Kontaktphase 1

Die Kommunikationsstrategie beginnt mit der Arbeit der Berater. Sie führen Versammlungen auf den Dörfern durch und erläutern anhand von **Schautafeln und Großfotos** die vorgesehenen Projektfortschritte.

Dabei machen sie deutlich, daß das Projekt nur bis zu einem gewissen Grad helfen kann. Unterbleibt die gemeinsame Aktion der Gruppen in der Anlage der Grasstreifen, Schutzdämme und Ableitungskanäle, ist die Anstrengung der einzelnen vergeblich. Bei den Versammlungen protokollieren Berater oder Medienspezialisten die unterstützenden und abwehrenden Argumente und beobachten, wie die Zielgruppen auf die visuellen Darstellungen reagieren.

Zeigen sich auf den ersten Versammlungen Schwierigkeiten, die Aussagen auf den Schautafeln zu verstehen, so kann man versuchen, **Modelle** herzustellen, auf denen die neuen Flächenbegrenzungen und Ableitungskanäle gut sichtbar sind.

Die ersten zwei oder drei Gruppen, die sich zu den Maßnahmen entschließen, werden nicht nur intensiv unterstützt, sondern auch bei ihrem Zusammenschluß genau beobachtet. Ist eine Einigung erzielt, so wird ein **"Entwicklungsplan" der Gruppe** formuliert. Dieser Entwicklungsplan enthält die notwendigen Schritte für die kommende Anbauperiode. Er wird zusammen mit lokalen Künstlern auf einer Schautafel dargestellt und als "Identifikationspunkt" am zukünftigen Treffpunkt der Gruppe aufgehängt.

Die Beratung beginnt nun mit der inhaltlichen Arbeit.

Kontaktphase 2

Berater und Medienfachleute werten die erste Phase aus und erstellen zwei Medienpakete.

Medienpaket 1 enthält die revidierte Darstellung des Beratungsprogramms. Geht man von einem Feldberaternetz mit Feldbüros aus, so erhält jedes Feldbüro etwa folgende Hilfsmittel: Plastische Modelle, Schautafeln, Großfotos, Demonstrationsblocks (flipbooks) und eine Beraterbroschüre, in der das gesamte Programm erläutert ist. Dazu gehört auch eine Anleitung, wie man die Entwicklungspläne der Gruppen graphisch darstellt.

Medienpaket 2 bezieht sich auf die Arbeit mit Gruppen. Bei weiträumiger Ausdehnung des Programms kann man einen kurzen Film herstellen, der den Prozeß der Gruppenbildung und die Formulierung von Entwicklungsplänen zeigt. Zur Auflockerung und zur gleichzeitigen Ausrichtung der Aufmerksamkeit wird ein Lied komponiert oder ein kurzes Tanz- bzw. Schauspiel in den Film eingearbeitet.

Die **Berater werden** in der Benutzung beider Medienpakete **geschult** und beginnen mit der Ausweitung des Programms. Weitere **Versammlungen** werden **systematisch beobachtet,** um Aufschlüsse über die Reaktion der Zielgruppen zu erhalten und Hinweise für die Beraterschulung zu gewinnen.

Dialogphase 1

Im Verlauf der Arbeit tauchen Schwierigkeiten auf - sowohl auf Seiten der Berater als auch auf Seiten der Zielgruppen. Beide haben Verständnisfragen, technische Probleme in der Umsetzung und grundsätzliche Zweifel, ob sich der zusätzliche Arbeitsaufwand auch wirklich lohnt.

Diese **Rückmeldungen aus der Feldarbeit werden gesammelt** und in einem Treffen der Feldberater und einiger Gruppenvertreter gemeinsam mit Spezialisten ausgewertet.

Es werden daraufhin spezialisierte **Beratungssteckbriefe** entworfen, in denen einzelne Vorgehensweisen noch einmal genauer erklärt werden. Solche Beratungssteckbriefe werden für den Berater zweispaltig aufgebaut (verkürztes Beispiel):

Beratungsthema/-problem	Schwierigkeiten in der Umsetzung
Warum werden bei verbessertem Saatgut nicht mehrere Körner in ein Pflanzloch geworfen? ↓ Formulierung der Argumentation ↓ Nahrungskonkurrenz der Pflanzen, zusätzliche Arbeit beim Vereinzeln, Kostenfaktoren usw.	Bei den Zielgruppen liegt die Erfahrung vor, daß etwa die Hälfte des Saatgutes nicht aufgeht. Sie fürchten das Risiko. ↓ Abbau der Umsetzungsschwierigkeiten ↓ Herstellung kleiner Holzrahmen mit Unterteilung für Keimungsdemonstrationen. ↓ Jede Gruppe erhält einen solchen Rahmen und setzt verbessertes und nicht verbessertes Saatgut ein. ↓ Eventuell auch Garantieübernahmen durch das Projekt, die nur wirksam werden, wenn die Gruppen die komplementären Maßnahmen durchführen. Dazu auch Anlage von vergleichenden Demonstrationen (→ Kap. V.2.2).

Dialogphase 2

Auf der Grundlage der spezialisierten Beratungssteckbriefe werden **Handzettel** hergestellt, die systematisch verteilt werden: An alle arbeitenden Gruppen, an alle Komplementäreinrichtungen, zu denen die Gruppenmitglieder Kontakt haben (Genossenschaften, Händler, Vermarktungseinrichtungen usw.). An den üblichen Treffpunkten der Gruppenmitglieder und an Treffpunkten im Dorf (Parteibüros, Dorfkomitees, Schulen usw.) werden **Plakate** aufgehängt, die jeweils nur ein Thema veranschaulichen (z.B. ein Pflanzloch, ein Saatkorn).

Die ermittelten Probleme und Schwierigkeiten werden dann, wenn sie über Erfolg oder Mißerfolg des Programms entscheiden, in das Programm einer **Kampagne** eingebaut. (→ Kap. V.3.1).

Bei dieser Kampagne werden vor allem solche Berater eingesetzt, die sich in der Gruppenarbeit ausgezeichnet haben. Sie werden zu einem Team zusammengefaßt, das die folgende Anbausaison vorbereitet. Die Kampagne hat nicht allein das Ziel, das Beratungsprogramm auszuweiten. Sie soll auch den weiteren **Informationsbedarf der Zielgruppen** überprüfen und die **Nachfrage sich formierender Gruppen** nach Beratungsunterstützung festhalten.

Stabilisierungsphase

Sie läuft weitgehend parallel zu den Dialogphasen ab. Aufgrund ihrer besonderen Funktion ist sie darauf ausgerichtet, die Erfolge, aber auch die Schwierigkeiten des Programms in allgemeiner Form zu zeigen. Die Aussagen werden auf die Darstellung des Übernahmeprozesses konzentriert. Sind ausreichend Radiogeräte bei den Zielgruppen vorhanden, so können Sendungen ausgestrahlt werden, in denen Gruppen ihr Vorgehen erklären. Feldtage, Informationsveranstaltungen auf Märkten und Schulung von Landwirten und Landfrauen in Dorfzentren ergänzen den Medieneinsatz.

Die Berater haben in dieser Phase die Aufgabe, zu überprüfen, welche **Gründe** bei denjenigen vorliegen, die **nicht** am Programm **teilnehmen**, obwohl sie als geeignete Ziel- bzw. Teilgruppe identifiziert waren. Die Bestandsaufnahme dieser Gründe führt dann entweder zu einer Abänderung des Programms oder einer anderen Kombination von Beratungsverfahren und modifizierten Medienpaketen.

Beurteilung des Medieneinsatzes

Die Arbeit mit Gruppen in der Beratung ist ohne Medienunterstützung sehr erschwert. Fünf Gründe sind dafür maßgebend:

(1) Arbeiten die Berater ohne Medienunterstützung, so müssen sie mehr Zeit aufwenden, um Gruppen zu bilden.

(2) Der Bekanntheitsgrad der Programmaussagen ist ohne kombinierten Medieneinsatz geringer. Die Berater können viel weniger auf Vorwissen bei den Zielgruppen zurückgreifen.

(3) Durch eine begleitende Herstellung von Medien wird die Programmaussage stärker strukturiert und standardisiert. Berater lernen ihr Aufgabengebiet besser kennen. Dies setzt allerdings voraus, daß sie in die Entwicklung der Medienaussagen eingeschaltet werden. In der Diskussion über die Gestaltung der Medien gewinnen sie darüber hinaus mehr Verständnis für die Denk- und Verhaltensweisen der Zielgruppen.

(4) Ohne einen kombinierten Medieneinsatz fehlt einem Beratungsprogramm die Anschaulichkeit und zusätzliche Stimulanz, die gerade für solche Zielgruppen wichtig ist, die bisher kaum angesprochen worden sind. Anschaulichkeit und Stimulanz wirken aber auch positiv auf das Beraterverhalten.

(5) Ein gezielter Medieneinsatz kann auch die Interaktion der Ziel-/Teilgruppen untereinander fördern. Dies trägt dazu bei, daß sie ihre Handlungsfähigkeiten und -möglichkeiten erkennen. Damit erhöht ein problem-

und zielgruppenorientierter Medieneinsatz auch die Wahrscheinlichkeit zukünftiger Aktionen.

Der Einsatz von Medien kostet Zeit und Geld, und er beansprucht die Kapazität von Beratungspersonal. Er ist in der Regel **nur** dann **gerechtfertigt, wenn** er, ebenso wie die Beratung selbst, **sorgfältig geplant** ist. Dazu gehört vor allem die **"eingebaute" Rückkopplung** (Dialog) **und das unverzichtbare Vortesten** von Inhalt und Gestaltung der Medienaussage. (⟶ E 13).

5.3 EINSATZBEDINGUNGEN FÜR BERATUNGSHILFSMITTEL

Betrachtet man die Vorbereitungen, die einem Medieneinsatz vorausgehen müssen, so wird häufig die Frage gestellt: Lohnt sich eigentlich der Aufwand? Die Frage ist generell eindeutig mit ja zu beantworten. Medien können attraktiv sein, sie regen zum Gespräch an. Menschen sind interessiert an bildlichen Darstellungen. Zentrale Aussagen lassen sich leichter allgemein verbreiten, und der Beratungsdienst wird bei zwei schwierigen Aufgaben unterstützt: **Die Zielgruppen zu motivieren und die Beratungsinhalte anschaulich zu präsentieren.**

Dies gelingt nur, wenn der Medieneinsatz in sehr enger Zusammenarbeit mit dem Beratungsdienst entwickelt werden kann.

Herstellung von Beratungshilfsmitteln

Gegenwärtig können **vier verschiedene Organisationsformen** für die Mediennutzung in Projekten unterschieden werden:

(1) **Kleine Projekte** mit einem Mitarbeiterstab von insgesamt 10 bis 20 Personen bedienen sich solcher Medien, die das Personal jederzeit selbst herstellen oder zumindest selbst handhaben kann. Dazu gehören Tafeln und Schautafeln, Broschüren und Handzettel, Fotoausrüstung, Modelle, Dia-Projektion und für die Beraterschulung eventuell Video-Geräte.

(2) Wird eine Ausweitung des Programms erforderlich, so kann das Projekt **auf Zeit Fachleute beschäftigen.** In jedem Fall sollte vermieden werden, Auftragsproduktionen nach außen zu vergeben, bei denen der Kontakt zur spezifischen Situation abreißt. Beratungshilfsmittel müssen im Projekt entworfen werden; kurzfristig sollten dabei Berater mit Kommunikationsfachleuten und Soziologen/Ethnologen zusammenarbeiten. Der Berater hat dabei die Aufgabe, den realitätsgerechten und situationsnahen Inhalt vorzugeben und zu kontrollieren sowie die Zielsetzung des Medieneinsatzes zu bestimmen. Kommunikationsfachleute arbeiten die Umsetzung aus und testen das Material.

(3) Bestehen **mehrere Projekte in einem Land,** die eines Medieneinsatzes bedürfen, so ist es unrentabel, die Medienproduktion geplant vorzunehmen (Ausnahme: Spezialproduktion). Seit einigen Jahren hat sich ein spezieller Projekttyp herausgebildet, der Medienleistungen für andere Projekte anbietet. Dieser **projektunterstützende Mediendienst** (im englischen Sprachgebrauch verbreitet als "Development Support Communication Service" von FAO, UNDP, UNICEF usw.) entwickelt Beratungs- und Evaluierungsprogramme und stellt Geräte und Hilfsmittel zur Verfügung. Auf Anforderung wird der Medieneinsatz gemeinsam mit dem betreffenden Projekt eingeplant und entwickelt. Es wird dabei versucht, verstärkt Kleinmedien einzusetzen, die von lokalen Kräften nach kurzer Ausbildungszeit professionell bedient werden können.

(4) **Große Regionalprojekte** haben oftmals einen Informations- und Medienbedarf, der die Leistungsfähigkeit eines projektunterstützenden Mediendienstes übersteigt. Sie müssen sich schnell wechselnden Bedingungen anpassen und den Medieneinsatz flexibel steuern können. In diesen Projekten kann es zweckmäßig sein, eine eigene Medienabteilung aufzubauen, mit der bedarfsabhängig Hilfsmittel entwickelt und produziert werden. Auch diese projektinterne Medienarbeit benötigt die Unterstützung durch Fachleute, mit denen gerade ethnische und sozialkulturelle Wahrnehmungsbedingungen besprochen werden müssen.

Gestaltung von Beratungshilfsmitteln

Die Priorität liegt hier nicht in technischer Perfektion. Wesentlich ist es, an die lokalen, traditionellen Kommunikationsformen der Zielgruppen anzuknüpfen, ihre Aufnahme- und Verarbeitungskapazität zu kennen. (→ D 7).

Es gibt eine unübersehbare Fülle von Hinweisen, daß Medienaussagen europäischer Tradition von einer wenig alphabetisierten Bevölkerung nicht verstanden werden. Die den Zielgruppen vertraute Umgebung muß erkennbar sein. Die Verwendung von Bildmaterial aus fremden Kulturen und Kontexten ist wenig geeignet. Mit Einschränkungen geht das vielleicht noch in der Beraterausbildung, sicher nicht mehr mit den Zielgruppen. Die verbalen und bildlichen Darstellungsformen müssen glaubwürdig und natürlich sein. Ihre Anordnung darf nicht sprunghaft sein, sondern muß in der Reihenfolge dem Ablauf entsprechen, der sich in der Wirklichkeit zeigt.

Medienaussagen sollten **nicht** mit störenden Detailinformationen **überfrachtet** werden. Komplexe Vorgänge werden **in Einzelschritte zerlegt**. Dabei steht die **Obersicht** über die Gesamtinformation sowohl am Beginn als auch am Ende einer Reihenfolge von Einzeldarstellungen. (→ C 3).

Einsatz von Beratungshilfsmitteln

Medien und Kommunikationsformen müssen ebenso geplant werden wie die Beratung selbst. Dies geschieht im Rahmen der Situationsanalyse und der schrittweisen Planung.

Über Medieneinsatz kann ein erster Kontakt zu Zielgruppen und Problemsituationen schon hergestellt werden, bevor das Beratungsprojekt seine eigentliche Arbeit aufnimmt. Über Medien wird dann ein wechselseitiger Informationshintergrund geschaffen. Das kann soweit gehen, daß die Zielgruppen zu Nachfragern der Beratungsarbeit werden und die Berater zunächst mit solchen Gruppen starten, die sich für das Programm gemeldet haben.

Die Entscheidung über den Medieneinsatz kann im Grunde nur erfolgen, wenn die wichtigsten Elemente der Informationsvermittlung in der jeweiligen Situation erfaßt sind. Es gibt im wesentlichen sechs Bereiche, in denen man entscheidende Einflußfaktoren identifizieren kann:

(1) **Zielsetzung des Medieneinsatzes**

In diesem Bereich fallen Vorentscheidungen: Sollen Personen vor allem motiviert werden, sollen sachliche Detailinformationen vermittelt werden, Prozesse verdeutlicht werden oder die Zielgruppen eine Hilfestellung erhalten, ihre eigene Problemsituation zu formulieren? Die Eignung verschiedener Medien muß daraufhin geprüft werden.

(2) **Rahmenbedingungen des Einsatzes**

Ist eine Vorentscheidung über die verwendbaren Medien und ihre Kombination gefallen, so müssen die Rahmenbedingungen geprüft werden. Das reicht von technisch-organisatorischen Fragen (Transport, Lagerung, Empfindlichkeit der Geräte, Elektrizität, Personal zur Wartung usw.) über die Möglichkeiten des Vortestes bis hin zur Ausbildung der "Kommunikatoren".

(3) **Rationalisierungseffekte**

Eine zweite Überprüfung der Vorentscheidung erfolgt anhand von Kostenüberlegungen. Medien sollten - wenn es sich nicht um Verbrauchsmaterial handelt - reproduzierbar sein und wiederverwendet werden können. Die Dichte und die Häufigkeit des Medieneinsatzes richtet sich dabei nach den vorhandenen Kommunikationsstrukturen (Netzwerken) in der Zielgruppe.

Gibt es z.B. "zentrale Orte", die von allen Mitgliedern der Zielgruppe besucht werden, so kann sich der Medieneinsatz z.T. auf diese Stellen konzentrieren. Bei Streusiedlungen ohne regelmäßige Treffpunkte müssen dagegen Kommunikationsformen entwickelt werden, die die Interaktion der Zielgruppenmitglieder fördern.

(4) **Anpassung an Probleme und Zielgruppen**

Nicht alle Medien lassen sich ohne weiteres an die spezifischen Probleme anpassen. Es gibt zunächst einmal **formale Hindernisse**: Vorgänge, in denen das zeitliche Nacheinander eine Rolle spielt, lassen sich kaum in Schrift und Bild darstellen (statische Form). Die zeitliche Erstreckung eines Vorgangs wird sehr viel besser über das "Ohr" wahrgenommen (dynamische Form). Bildliche Darstellungen vermitteln bessere Aussagen, in denen räumliche Vorstellungen angesprochen werden sollen. Noch geeigneter dafür sind allerdings Modelle, da die "Perspektive" (also die Raumtiefe) nicht leicht erlernbar ist. Objekte/Personen in perspektivischer Darstellung werden zumeist als nebeneinanderstehende große und kleine Objekte/Personen wahrgenommen. (→ C 3)

Die **inhaltlichen Hindernisse** bestehen vor allem darin, daß von seiten der Beratung oft keine klare Planung vorliegt bzw. daß die Beratungsaussagen nicht in ihre didaktisch-methodischen Einzelschritte zerlegt sind. Die Aussagen, die vermittelt werden sollen, sind noch nicht auf ihre Umsetzung in die fremde Kultur hin durchdacht.

Die ersten Vortests können zeigen, welche Aussagen nicht verstanden wurden. Dadurch werden auch die Berater gefordert, ihre Beratungsinhalte besser aufzubereiten und das Wissen über Zielgruppen gezielt zu verwenden und zu speichern.

(5) **Anpassung an Situationen**

In größeren Vorhaben ist es wichtig, daß Beratungshilfsmittel für unterschiedliche Situationen geeignet und keine "Wegwerf"-Produktionen sind. Häufig finden sich mehrere lokale Dialekte oder Sprachen in einer Region. Oder es sind Gruppen mit unterschiedlichem Erfahrungshintergrund (z.B. seßhafte Ackerbauern und vormals nomadische Viehhalter) und unterschiedlichen sozio-kulturellen Bedingungen (Islam, Christentum, Animisten; Pächter, Anteilspächter, Besitzbauern usw.). Damit die Beratungshilfsmittel in unterschiedlichen Situationen variabel und angepaßt angewendet werden können, ist es wichtig, sie flexibel zu planen: Bei Dia-Projektion etwa durch Austausch einzelner Bildfolgen und durch verschiedene Tonkassetten. Bei Schaubildern werden jeweils andere Personendarstellungen eingesetzt, wobei ganz besonders auf typische Kleidung und Arbeitshaltung geachtet werden muß. Zur Anpassung an unterschiedliche Situationen gehört aber auch die Berücksichtigung der jeweiligen Saison. Dies betrifft vor allem die Technik (Abhängigkeit von Regen- oder Trockenzeiten), bezieht sich aber auch auf Nutzungssituationen.

(6) **Mehrfachnutzung von Situationen**

Regelmäßig werden in Förderungssystemen über längere Zeit große Anstrengungen gemacht, um Versuchs- und/oder Demonstrationsanlagen zu erstellen und zu unterhalten.

Hier bietet sich z.B. ein integriertes **Mehrfachnutzungskonzept** an:

- Neben dem ursprünglichen Hauptzweck: (z.B. technische Versuche);
- quantitative Produktion (verwertbare Erträge);
- qualitative Produktion (Vermehrung selektierter Sorten);
- Beschäftigungseffekt (gezielte Auswahl von Mitgliedern der Zielgruppen, die dadurch besonders wirksam gefördert werden);
- als Ausbildungseinheit (z.B. für Beratungsgruppen);
- für Methoden- und Ergebnisdemonstrationen, Feldtage usw.;
- als Vorlage für Medien;
- als Attraktion (Hinweisschilder, Besuche, entsprechende Auswahl und entsprechender Ausbau);
- ökonomische und sonstige interdisziplinäre Forschung, Anreicherung mit innovativer, angepaßter Technologie;
- Dokumentation von Ausgangssituation, Veränderungen, Ereignissen (Besucherbuch), Auswirkungen (Übernahme bei Bauern ...) (Geschichten befördern Geschichte);

- Verbindung und Nutzung im Zusammenhang mit signifikanten Ereignissen (Eröffnungen, Feiern, Preisverteilungen ...).

In dem Maße, wie die Anlage in Zusammenarbeit mit der Zielgruppe entsteht und betrieben wird, erhöht sich der Wert für die meisten Funktionen; Kompromisse und Einschränkungen müssen **im Verbund beurteilt** werden und vorausschauend und kreativ behandelt werden.

VI: SITUATIONSANALYSE

Die Situationsanalyse ist in engem Zusammenhang mit der Planung, Durchführung und Evaluierung eines Projekts zu sehen. Dabei stellt die Evaluierung im Grunde eine besondere Form der Situationsanalyse dar, die speziell Veränderungen nach durchgeführten Maßnahmen untersucht. Situationsanalyse, Planung, Durchführung und Evaluierung sind als aufeinander bezogene wiederkehrende Aufgaben zu verstehen, die in ihrer Gesamtheit den Verantwortungsbereich des Förderungssystems im Projektgeschehen ausmachen (⟶ Schaubild 18).

Schaubild 18:

MANAGEMENTREGELKREIS

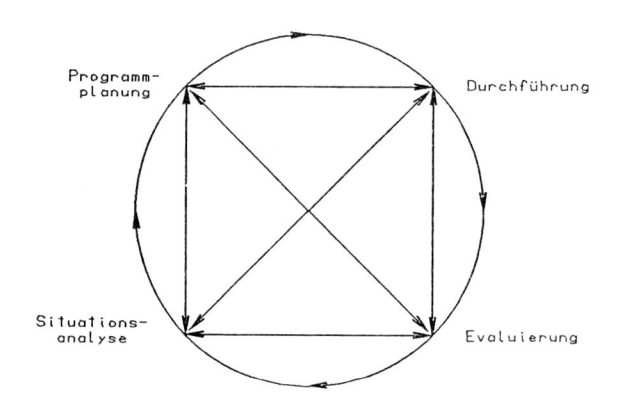

```
        Programm-                    Durchführung
        planung


        Situations-                  Evaluierung
        analyse
```

In der Situationsanalyse versucht man, den möglichen und den jeweils wirksamen Förderungsbereich (⟶ Schaubild 6) zu erfassen. Eine **beratungsbezogene Situationsanalyse** kann von einer umfassenden Situationsanalyse nicht abgetrennt werden, sondern sollte ihr Kernstück sein. Die Situationsanalyse ist ein unerläßlicher Schritt zur Identifizierung von Problemen, zur Definition von Projektzielen, zur Ableitung von Maßnahmen und damit auch von Beratungsinhalten sowie zur Suche nach Ansätzen und wirksamen Methoden der Beratung. Oft stellt sich in der Projektpraxis heraus, daß Ziele nicht so sehr von der Situation und den Bedürfnissen der Bevölkerung her, sondern vom vorhandenen Fachwissen (oft nicht angepaßtes Lösungsangebot der Forschung, Expertenwissen) oder von Sonderinteressen bestimmt werden. Ebenfalls sucht man bei den Zielgruppen viel zu wenig nach Ansatzstellen für Kommunikation und wirksame Beratungsmethoden und neigt allzu oft dazu, ihnen verordnete Lösungen zu vermitteln, mit Methoden, die ebenfalls wenig Situations- und Problembezug aufweisen.

Die Situationsanalyse sollte jedoch mit der Untersuchung der Ausgangslage und der Probleme der Zielgruppen beginnen. Deren Situation, d.h. der Rahmen der natürlichen, wirtschaftlichen, sozialen, kulturellen und politischen Bedingungen sowie die Ressourcenausstattung und -nutzung, das Wissen und Können der Zielgruppe, bestimmen:

- die Ziele und Maßnahmen der Förderung
- die Ansatzstellen und Methoden der Beratung
- die Anforderungen an die Leistungsfähigkeit und Organisation des Projekts und des einheimischen Trägers.

Die Vorgehensweise bei der Situationsanalyse wird in den folgenden Abschnitten näher beschrieben. Ausgehend von der Funktion der Situationsanalyse als Instrument der Planung, Durchführung und Evaluierung von Beratungsarbeit werden wesentliche Anforderungen an ihre Durchführung benannt (⟶ Kap. VI.1). Dem folgt eine Schilderung von Instrumenten der Informationsbeschaffung (⟶ Kap. VI.2).

1. SITUATIONSANALYSE ALS PLANUNGSINSTRUMENT

Die Verläßlichkeit aller weiteren Empfehlungen und Entscheidungen hängt davon ab, wie zuverlässig sie den gesamten Handlungsraum der kleinbäuerlichen Bevölkerung berücksichtigen. Je mehr Einflußfaktoren und Zusammenhänge bekannt sind, desto genauer und umfassender kann die spätere Planung sein. Die Untersuchung des sozialen und individuellen Verhaltens der Bevölkerung muß zusammenhängend erfolgen. Sie kann in der Regel nicht im Rahmen kurzfristiger Einsätze von drei bis vier Wochen durchgeführt werden. Deshalb sind in Projekten längere Vorlaufzeiten erforderlich, oder es müssen Teilschritte der Situationsanalyse in die Projektdurchführung verlagert werden. Auch eine umfassend angelegte Situationsanalyse ist nur eine Entscheidungshilfe, anhand derer man zu möglichst realistischen Planungsansätzen kommen will. Darum gilt:

- Jede Situationsanalyse bleibt eine Mutmaßung über die Situation der Zielgruppen und die allgemeine Lage im Projektgebiet. Erhebungen sollten keine Scheingenauigkeit suggerieren. "Exaktheit" ist auf das Maß zu begrenzen, das die Problemsituation und die Maßnahmenableitung erfordern.

- Die Situationsanalyse muß soweit ausgearbeitet werden, daß Projektmitarbeiter wissen, mit welchen Schritten sie die folgenden Aktivitäten beginnen können und welche Reaktionen vermutlich eintreten werden.

- In der Projektarbeit müssen Aufgaben der Situationsanalyse weitergeführt werden, indem man in "unsicheren" Bereichen erprobende Aktionen beginnt, Vorlaufzeiten einbaut und das Programm nur schrittweise ausdehnt.

1.1 ANWENDUNGSBEREICHE DER SITUATIONSANALYSE

Zweckmäßigerweise wird eine Situationsanalyse **mehrstufig** angelegt, um zu lange Vorlaufzeiten des Projekts zu vermeiden. Die Analyse begleitet die Stadien der Projektabwicklung von der Findung über die Planung zur Durchführung von Maßnahmen und dient auch als Grundlage für Evaluierungsschritte.

(1) Die Situationsanalyse zur **Projektfindung** wird in der Regel auf nationaler oder regionaler Ebene erfolgen. Dabei werden aufgrund makro-ökonomischer Aussagen, zusammengefaßter sozialer Daten und naturräumlicher Bedingungen Zielsetzungen und Zielgruppen für mögliche Projekte bestimmt. Bereiche und Instrumente der Informationsbeschaffung sind in diesem ersten Schritt weitgehend erprobt: Auswertung von Statistiken, Karten, Satelliten- und Luftaufnahmen, Aufstellung von allgemeinen Landnutzungszonen und innerhalb der Zonen die Ermittlung von Gebieten mit relativ einheitlichen Anbausystemen. Ergänzend dazu werden Untersuchungen über die nationale und regionale Verteilung ausgewählter Merkmale in der Bevölkerung durchgeführt.

Eine solche Zustandsbeschreibung ist allerdings unzureichend und kann leicht in die Irre führen, wenn nicht der Verlauf, die Zusammenhänge und die Tendenzen der wesentlichen Prozesse beachtet werden:

- Naturräumliche, produktionstechnische und demographische Veränderungen sowie

- geschichtliche Abläufe, bisherige Erfahrungen mit Förderungsmaßnahmen, politische Anlässe und Hintergründe neuer Projektideen ...

(2) Die Situationsanalyse zur **Projektplanung** wird als Durchführbarkeitsstudie bezeichnet. (→ G 2). Auf dieser Stufe werden aus einer verfeinerten Darstellung der wesentlichen Problemzusammenhänge und aus den Vorgaben konsistente Zielsysteme abgeleitet sowie Maßnahmen vorgeschlagen und An-

nahmen ausgewiesen, welche die Durchführbarkeit des Projektes begründen. Nach dem Verfahren der "Zielorientierten Projektplanung" (ZOPP) werden die Ergebnisse in einer "Projektplanungsübersicht" zusammenfassend dargestellt. Es ist entscheidend wichtig, daß diese Übersicht auch durch objektiv nachprüfbare Indikatoren und Ereignisse angibt, was am Ende jeder Projektphase als Erfolg gelten soll. Damit werden auch die erforderlichen Evaluierungs- und Plan-Anpassungsschritte vorstrukturiert. Auf der Grundlage der vorgesehenen Aktivitäten werden der organisatorische und der finanzielle Aufwand vorhergeschätzt.

(3) Die Situationsanalyse während der **Projektdurchführung** wird in der Regel als "begleitende Evaluierung" oder "Monitoring" bezeichnet. Auf dieser dritten Stufe sind auch Verfahren erforderlich, mit denen zusätzliche Kenntnisse für die Projektdurchführung gewonnen werden, die während der ersten Situationsanalyse nicht erarbeitet werden konnten. Der Begriff der "begleitenden Situationsanalyse" umfaßt also alle Verfahren, mit denen man sich **schrittweise** immer **konkreter** der **Wirklichkeit annähert** - einschließlich der Evaluierung.

Für den Bereich der Projektfindung (1), für die Durchführbarkeitsstudie (2) und für die Projektdurchführung (3) sind häufig unterschiedliche Personengruppen zuständig. Dennoch sollte jede Möglichkeit zu personeller Kontinuität, zur Überlappung von Einsatzperioden und zu **interdisziplinärer und interkultureller Teamarbeit** ausgeschöpft werden. Der Erfolg von Gutachtereinsätzen sowie die Verläßlichkeit und die Umsetzbarkeit von Gutachten können wesentlich gesteigert werden, wenn die Gutachter:

- gemeinsam mit Vertretern der beteiligten Zielgruppen und Durchführungsgruppen ihre Untersuchungspläne, Ausgangsannahmen und Ablaufsvorstellungen überprüfen und abstimmen

- sich bei den Felderhebungen kommunikativ und kooperativ verhalten und

- vor der Rückreise ihre vorläufigen Ergebnisse didaktisch wirksam vorstellen und ausführlich besprechen.

Diese Aspekte des Vorgehens sollten im Gutachten dokumentiert und verarbeitet werden.

Stärkere Beachtung verdienen auch **Teamzusammensetzungen**, in welche **einheimische und ausländische Fachkräfte partnerschaftlich** ihre unterschiedlichen Erfahrungen, Kenntnisse und Verbindungen einbringen.

Der Gedankenaustausch im Verlauf der Vorbereitung und der Felderhebung, die Diskussion der gemeinsam erlebten Sachverhalte und die Verarbeitung in einem gemeinsamen Bericht bieten eine höhere Wahrscheinlichkeit, daß abgerundete und ausgewogene Urteile getroffen werden, die der Realität näherkommen. Nur die Zusammenarbeit verschiedener Fachrichtungen (Interdisziplinarität) kann die Grenzen aufheben, die sich zwischen den Fachgebieten gebildet haben. Die Aufspaltung in einzelne Fachgebiete stellt ja eine künstliche Trennung zusammengehörender Sachverhalte dar; sie ist eine Anpassung an spezielle Forschungsfragen, an Lehrzwecke und oftmals auch an die Möglichkeit, zu Ansehen und Einfluß zu gelangen. **In der Realität gibt es jedoch keine ökonomischen, soziologischen oder psychologischen Probleme,** sondern eben nur Probleme und in der Regel sehr komplexe.

1.2 AUFSTELLUNG EINES UNTERSUCHUNGSPLANS

Das endgültige Vorgehen in der Situationsanalyse stellt in mehrfacher Hinsicht einen Kompromiß dar. Es müssen Zielgruppen in bezug auf die Förderungsabsicht, die Interessen des BMZ und der GTZ, die Ansprüche des jeweiligen Landes und der Bevölkerung, finanzielle, zeitliche und personelle Möglichkeiten gegeneinander abgewogen werden. In der Formulierung eines Untersuchungsplans für eine Situationsanalyse kann man diesen unterschiedlichen Interessen nicht ausweichen. Sie müssen offengelegt werden, da sie über das gesamte Vorgehen, die Verfahren im einzelnen, die Mittelzuweisung und die Ergebnisse entscheiden. Zu diesen Interessen gehören auch die Vorstellungen der Gutachter selbst. Die jeweils aufgrund der Situationsanalyse vorgeschlagenen Lösungen bestimmen ganz wesentlich, wie konkret oder eher "tastend" ein Projekt schließlich mit Maßnahmen beginnen kann.

Es ist arbeitserleichternd für alle Beteiligten, wenn zu Beginn einer Situationsanalyse ein genauer Untersuchungsplan aufgestellt wird, der das Vorgehen im einzelnen beschreibt. Zur Aufstellung eines solchen Untersuchungsplans gehören folgende Bereiche und Teilschritte:

(1) **Vorgaben und Vorinformationen**: Die Festlegung des Untersuchungsplans kann nur sehr begrenzt vom "grünen Tisch" aus erfolgen. Es ist eine Vorbedingung, daß man mit dem Untersuchungsgebiet vertraut ist. Das kann auf folgenden Wegen geschehen: Kurzaufenthalt eines Mitglieds der Untersuchungsgruppe im Gebiet; Hinzuziehung von Landeskennern bei der Formulierung des Untersuchungsplans; Diskussion einzelner Aspekte mit Fachleuten für das jeweilige Gebiet.

(2) Klärung der **Problemstellung** und der **Aufgaben** der Situationsanalyse.

(3) Bestimmung der **erwarteten Ergebnisse**: Welche Aussagen sollen aufgrund der Situationsanalyse möglich sein, welche konkreten Handlungsanleitungen werden erwartet?

(4) Eingrenzung der **Bereiche der Informationsbeschaffung**: Welche Daten werden - abhängig von Zielsetzung und erwarteten Aussagen - tatsächlich benötigt, welche Arten von Informationen können übernommen werden?

(5) Eingrenzung der **Instrumente der Informationsbeschaffung**: Mit welchen Verfahren können die Daten in einem bestimmten Zeitrahmen beschafft werden, wie zuverlässig ist das jeweils möglich?

(6) **Eingrenzung und Einteilung des Untersuchungsgebiets** und der zu untersuchenden Bevölkerung: Welche Zielgruppen sollen untersucht werden, wie repräsentativ sollen die Untersuchungen angelegt werden, welche Kontrolluntersuchungen sollen stattfinden, welches ist die kleinste und welches die größte Einheit für Untersuchungen?

(7) Bestimmung der **Aufeinanderfolge von Untersuchungsschritten**: Wie können Einzelverfahren problembezogen so gebündelt werden, daß sie einander ergänzende, im Bericht darstellbare Aussagen liefern? (z.B. Dorfsteckbrief, Betriebs- und Haushaltstypen, Falldarstellungen, etc.)

(8) **Festlegung der Orte,** an denen die jeweiligen Informationen beschafft werden können: Wo können Vorinformationen eingeholt werden, welche Dörfer etwa sollen im Untersuchungsgebiet einbezogen werden, an welchen Plätzen (im Dorf, Haushalt oder Feld) können bestimmte Informationen relativ zuverlässig ermittelt werden?

(9) **Vorgehen bei der gemeinsamen Arbeit im Feld**: Wie werden Informationen ausgetauscht, Instrumente vorgetestet, endgültige Vorgehensweisen festgelegt? Wie soll das Sicheinleben in die Situation der Bevölkerung erleichtert werden?

(10) Wie werden die **Kontakte zur Zielbevölkerung** gestaltet? Formen der Begrüßung, der Gesprächsführung, Höflichkeitsregeln, Annahme von Gastfreundschaft. Wie werden Ziele, Schwerpunkte und Vorgehensweisen der Untersuchung mit der Bevölkerung und mit offiziellen Stellen abgestimmt? Wie sollen die Erhebungsaktivitäten unmißverständlich erklärt werden, mit welchen Argumenten kann um Unterstützung geworben werden? Mit welchen Mitteln wird den Kontaktpersonen ein Ausgleich für ihren Zeitaufwand und für ihre materiellen Aufwendungen geschaffen?

(11) Verfahren und Zeitbedarf der **Datenauswertung und -aufbereitung**: Was kann während der Feldarbeit durchgeführt werden, welche Nacharbeit ist erforderlich, wie soll die spätere Studie aufgebaut sein?

(12) Die Diskussion um den Untersuchungsplan wird ergänzt um die Auseinandersetzung mit den **rahmensetzenden Bedingungen**. Dazu gehören:

- Aufstellung eines Zeitplans für die Situationsanalyse von der Vorbereitung bis hin zum fertigen Bericht.

- Bestimmung des personellen Bedarfs einschließlich in- und ausländischer Hilfskräfte.

- Festschreibung der vorhandenen bzw. erforderlichen Hilfsmittel (Datenauswertung, Vervielfältigung, Material, Transport usw.).

Erfahrungsgemäß kommt es in interdisziplinär zusammengesetzten Gutachtergruppen zu Meinungsverschiedenheiten darüber, welche Daten tatsächlich benötigt werden und welche Zusammenhänge ermittelt werden sollen. Zur gegenseitigen Abstimmung muß unbedingt vor Beginn der Untersuchung eine **gemeinsame Konzeption** erarbeitet werden. (→ G 1). Unter Umständen gelingt dies erst vor Ort nach den ersten Testerhebungen. Wenn Gutachter für eine Studie zu verschiedenen Zeitpunkten ausreisen, sollte wenigstens an drei bis vier Tagen eine gemeinsame Diskussion über Konzeption und Vorgehen stattfinden.

Normalerweise verfügt jeder Gutachter über einen Katalog von Fragen, die von seiner jeweiligen Fachdisziplin her geprägt sind - nicht von der konkreten Untersuchungssituation, der Zielsetzung und dem Handlungsraum der Bevölkerung her. Um die Entscheidung über Erhebungsbereiche und Instrumente durchsichtiger zu machen, sollte jedes Teammitglied zunächst seine Vorstellungen über die wesentlichen Faktoren und Zusammenhänge vorbringen, die seiner Meinung nach im Untersuchungsgebiet von Bedeutung sind. Erst nach einer Einigung über ein Konzept, das alle angesprochenen Bereiche in sinnvolle Beziehung setzt, kann jeder Gutachter seine spezifischen Fragestellungen festlegen. Nur so lassen sich die Ergebnisse später auch wieder zu einer ganzheitlichen und problemorientierten Studie zusammenfügen. (→ F 4, → G 2).

Die Konzeption der Situationsanalyse sollte die Untersuchung der folgenden, für die landwirtschaftliche Beratung wichtigen Kernfragen erlauben:

- Untersuchung des **Systems der Lebenssicherung** der Bevölkerung im Rahmen der natürlichen, wirtschaftlichen, sozialen, kulturellen und politischen Faktoren. Unter diesen Gesichtspunkten ist die agrarische Produktion, der einzelne Betrieb und die Rolle von Neuerungen zu sehen.

- Untersuchungen zum **Verständnis der Traditionen und der inneren Dynamik des** betreffenden **Sozialsystems**. Man versucht herauszufinden, wie die Gesellschaft bisher veränderte Lebensbedingungen bewältigte und wie sie auf Impulse reagiert hat, die von außen auf sie einwirkten. Für den Entwurf einer Beratungsstrategie ist es wichtig zu wissen, welche Neuerungen bereits übernommen wurden und welche Entwicklungen sich in jüngster Vergangenheit vollzogen haben.

- Untersuchungen zur **Selbsthilfefähigkeit und Partizipationsbereitschaft** der beteiligten Gruppen sind am ergiebigsten, wenn über aktuelles Geschehen (Petitionen, Bewegungen, Selbsthilfe-Zusammenschlüsse) Tatsachen statt bloßer Meinungen und Mutmaßungen ermittelt werden können. Aufgrund solcher, wenn auch bescheidener, Ansätze lassen sich dann Wurzeln und Vorläufer in der Vergangenheit verfolgen sowie Leitbilder, Projekte und Beteiligungsmuster untersuchen. Die Verstärkung bereits vorhandener Leistungen und Initiativen erspart die Mittelvergeudung und Demoralisierung, die mit undifferenziert "flächendeckender" Betreuung mit unzureichender Intensität verbunden ist.

- Untersuchungen zum **Reaktionspotential** der Bevölkerung in bezug auf mögliche Maßnahmen. Hierzu muß man die Risikosituation, die spezifischen Nutzungsschranken und das Entscheidungsverhalten der Zielgruppen erforschen.

- Untersuchungen zum Aufbau situationsangepaßter **Träger- und Projektstrukturen**.

- Untersuchungen zur **Leistungsfähigkeit komplementärer Einrichtungen**. Dies betrifft sowohl Dienstleistungen des Staates (Forschung, Bereitstellung von Produktionsmitteln, Kreditwesen, Vermarktung, Infrastruktur) als auch traditionelle Gruppen und Organisationen, mit denen der Beratungsdienst zusammenarbeiten kann.

1.3 BEDEUTUNG DER ANALYSE DES SOZIALSYSTEMS

Die Gutachter, die ja oft Kulturfremde sind, sollten sich bemühen, die Situation der traditionellen Gesellschaften weitgehend unvoreingenommen zu analysieren. Das traditionelle Sozialsystem muß in seiner historischen Wirklichkeit erklärt werden, nicht im Vergleich mit "modernen" Gesellschaften. Scheinbare "Feststellungen" wie "geringe Mobilität"oder "mangelndes Unternehmertum" beruhen oft auf verborgenen und unangemessenen Vergleichen und Bewertungen.

Die Gesellschaften in Entwicklungsländern befinden sich gegenüber den Industrieländern nicht im Rückstand im Sinne einer Phasenverschiebung. Sie haben ihre eigenen Lebensformen, ihr eigenes Entscheidungs- und Risikoverhalten. Im Zuge der Kolonialisierung und der weltwirtschaftlichen Verflechtung sind diese Formen allerdings sehr stark von den Interessen der Industrieländer beeinflußt worden. Diese Verknüpfung traditionaler Wirtschaftsweisen mit den Wirtschaftsbedürfnissen der Industrieländer ist bei der Analyse des Sozialsystems zu beachten. Modelle westlicher Entwicklung sind nur begrenzt anwendbar.

Oft wird darüber hinweggesehen, daß die **Einführung von Neuerungen** in einem Sozialsystem einen komplexen Vorgang darstellt. Der einzelne handelt stets in Abhängigkeit von anderen und im Zusammenhang mit anderen Mitgliedern seines Sozialsystems. Vereinfacht läßt sich dieser Handlungszusammenhang anhand folgender Überlegung strukturieren:

(1) Die objektiven, naturräumlichen Bedingungen bilden die Grundlage für die tatsächlichen und möglichen **Verhaltensweisen der Zielgruppen**. Dies gilt jedoch nicht absolut. Selbst unter ähnlichen naturräumlichen Bedingungen wird man in verschiedenen Regionen ganz unterschiedliche Handlungs- und Nutzungsformen feststellen.

(2) Zum Verständnis des Handlungszusammenhangs muß man daher ermitteln, welches Bewußtsein die Zielgruppen von den naturräumlichen Bedingungen haben, d.h., wie sie die "objektiven" Gegebenheiten für sich interpretieren.

(3) Dieses Bewußtsein wird mitgeformt von kulturellen Werten und ökonomischen Interessen. Daraus entwickelt sich eine Wirtschaftsform mit bestimmten technischen und sozialen Verfahren.

(4) Das Sozialsystem enthält Regeln, durch die es sich nach innen stabilisiert und nach außen verteidigt. Diese sozio-kulturellen und sozio-politischen Regelungen ermöglichen das Zusammenleben; sie begrenzen aber auch den Handlungsraum des einzelnen.

(5) Die Gesamtheit der naturräumlichen Bedingungen, der Bewußtseinsformen, der ökonomischen Interessen und sozialen Regelungen beeinflußt die Reaktionen der Zielgruppe auf Anregungen von innen und von außen. Dies kann zusammenfassend als Innovationsverhalten in einem Sozialsystem bezeichnet werden.

2. INSTRUMENTE DER INFORMATIONSBESCHAFFUNG

Gegenstand dieses Kapitels ist die Beschaffung notwendiger Informationen. Es handelt sich dabei lediglich um eine knappe Übersicht. Daraus kann problembezogen und projektspezifisch ausgewählt werden. Es gibt nur wenige grundlegende Verfahren, um Informationen zu beschaffen. Die Vielzahl der verfeinerten Instrumente läßt sich auf fünf Vorgehensweisen zurückführen:

(1) **Auswertung von Sekundärmaterial**, d.h. die Verarbeitung dessen, was über eine Region bereits vorliegt bzw. von den Untersuchenden und ihnen nahestehenden Personen gewußt wird (⟶ Kap. VI.3.1).

(2) **Beobachtung und Beschreibung** im Untersuchungsgebiet, d.h. Festhalten der wahrgenommenen Sachverhalte. Dies schließt eine bewußte oder unbewußte Interpretation durch den Beobachter ein (⟶ Kap. VI.3.2.1).

(3) **Befragung** von Personen mit Hilfe unterschiedlicher Interviewtechniken. Darunter fallen aber auch schriftliche Befragungsformen, bei der die Befragten die Antworten selbst notieren - etwa bei Verwendung von Tagebuchmethoden im Betrieb (⟶ Kap. VI.3.2.2).

(4) **Direktes Messen**, d.h., die Auswertung von Reaktionen auf bestimmte Maßnahmen. Dazu zählen auch Experimente und landwirtschaftliche Versuche auf den Flächen der Zielgruppe (⟶ Kap. VI.3.2.4).

(5) Die **erprobende Aktion**, bei der die zu beobachtenden oder zu messenden Ereignisse bewußt - im Sinne eines Feldexperiments - herbeigeführt werden (⟶ Kap. VI.2.2.4).

In der praktischen Arbeit werden diese Vorgehensweisen fast immer miteinander **kombiniert**. So wird man u.a. eine Beobachtung immer ergänzen durch Befragungen, um Auskunft über die Bedeutung von Sachverhalten zu bekommen oder sich erklären zu lassen, warum ein bestimmtes Produktionsverfahren, Anbausystem oder Rotationsprinzip angewendet wird. Für die Besprechung der einzelnen Vorgehensweisen soll jedoch die Trennung beibehalten werden, um in knapper Form die Nutzungsmöglichkeiten deutlicher herausstellen zu können.

2.1 BESCHAFFUNG UND AUSWERTUNG VORHANDENER DATEN ZUR VORINFORMATION

Es darf als sicher gelten, daß kaum eine Region, ein Stamm oder ein Gebiet existiert, in dem nicht bereits einmal Erhebungen vorgenommen wurden oder für das nicht Fachwissenschaftler oder andere Personen von anerkannter Kompetenz verfügbar sind, die dort Arbeitserfahrungen gesammelt haben. Lediglich der Zugang dazu ist nicht so einfach und selbstverständlich. Die überlegte ausführliche Nutzung eines breiten Spektrums von Sekundärmaterial verhindert, daß Problemformulierungen einseitig vorgenommen werden - etwa nur aus der Perspektive einer Fachdisziplin - und daß dadurch der Aussagewert der Situationsanalyse für die praktische Arbeit geschmälert wird.

Es gibt verschiedene Zugangswege zu diesem Material. Im Prinzip läßt sich das Vorgehen als **"Schneeballsystem"** kennzeichnen. Am Anfang steht die grobe Ausarbeitung des Untersuchungsplans (⟶ Kap. VI.1.2). Die Informationsbeschaffung setzt dann auf mehreren Wegen an:

(1) **Gespräche mit kompetenten Personen** - Landeskennern und Fachleuten für bestimmte Sachbereiche. Diese Befragung richtet sich in erster Linie auf

- Nennung und Bewertung wichtiger Literatur;

- Nennung und Bewertung von kompetenten Auskunftsinstitutionen (Spezialbibliotheken, Dokumentationsstellen im In- und Ausland sowie im zukünftigen Einsatzland);

- Benennung kompetenter Personen - insbesondere auch solcher, die Einsatz-/Arbeitserfahrung im jeweiligen Land haben und solcher, die "vor Ort" als erste Ansprechpartner dienen können;

- Stellungnahme zur Problemsituation im Land, zur Lage der Zielgruppen und zum potentiellen Träger des Projekts;

- Stellungnahme zum geplanten Projekt.

(2) **Sichtung von Literatur, Archiven, Museen, Filmen** entsprechend dem Untersuchungsplan. Dazu ist es erforderlich,

- eine kleine Literaturkartei anzulegen;
- weitere Literatur zu besorgen, die in bezug auf die Aufgabenstellung in den verfügbaren Unterlagen als "Quelle" genannt wird;
- die Literatur systematisch auszuwerten - etwa durch Anlage einer Stichwortkartei oder eines Ordners mit den entsprechenden Bezeichnungen für Kopien (z.B. Angaben zur Familien- und Betriebsstruktur, sozialen Organisationen, ethnischen Gruppen, Handelsverkehr usw.).

(3) **Aufbau einer "Begriffskartei"**, in die für zentrale Begriffe der jeweiligen Kultur und Sprache der Zielgruppe - der Begriffsinhalt - der Begriffsumfang sowie - evtl. vorhandene Gegenteils- oder Ergänzungsbegriffe eingetragen werden.

Diese Arbeit ist Voraussetzung für die Befragung von kompetenten Personen im Projektgebiet. Sie ist aber auch Voraussetzung für weitere Gespräche und Interviews mit den Zielgruppen. Sie ermöglicht das Verständnis der Kultur und verhindert die unbewußte Übertragung von Vorstellungen der eigenen Kultur. Um z.B. in einer arabischen Stammesgesellschaft den inneren Zusammenhalt zu erfassen, muß das Umfeld der Begriffe "Stamm" und "Familie" deutlich differenziert werden. (→ G 3).

Die Anlage eines Begriffsinventars ist ebenfalls für Boden-, Arbeits- und Pachtverhältnisse sowie Arbeitsgeräte zu empfehlen. Sie ermöglicht das Verständnis für die in der jeweiligen Kultur geltenden Differenzierungen und erleichtert die Ausarbeitung des weiteren Vorgehens in der Situationsanalyse.

(4) Um sich mit dem Untersuchungsgebiet noch weiter vertraut zu machen, sollten **Filme, Karten, Luftbilder und Satellitenaufnahmen ausgewertet** werden. Bei größeren Projekten wird man eventuell auch Aufnahmen und Karten anfertigen lassen. Die Auswertung der Details muß zumeist durch einen Fachmann erfolgen. Anhand von Karten und insbesondere Luftbildern (stereoskopische Betrachtung) erhält man zumindest eine anschauliche Vorstellung von Siedlungsverhältnissen, Landnutzungsformen und Wegenetzen.

(5) Die **systematische Überprüfung** der erhaltenen Informationen schließt sich an. Manche Informationen sind z.T. veraltet, treffen nicht zu oder sind widersprüchlich. Dazu ist es nützlich, bereits während der Vorbereitungszeit bzw. danach im Einsatzland mit Vertrauenspersonen der Zielgruppe zusammenzuarbeiten. In dieser Zusammenarbeit lassen sich auch wesentliche Begriffe der jeweiligen Sprache erlernen. Man erfährt darüber hinaus eine andere Problemsicht. Dies ist wichtig für Gespräche vor Ort, aber auch für die Gestaltung von Fragebögen und die Überprüfung von Übersetzungen. Voraussetzung für eine systematische Überprüfung ist:

- die Zusammenstellung widersprüchlicher Aussagen
- die Kennzeichnung von Informationen mit unzureichender Genauigkeit und

- die Auflistung der Lücken, die eigene Erhebungen erforderlich machen.

Diese fünf ersten Arbeitsschritte bilden den Grundstock der Situationsanalyse vor Ort. Sie dienen dazu, das weitere Vorgehen zu präzisieren. (→F 4,→G 1).

2.2 ERHEBUNGEN IM EINSATZLAND

Auf der Basis der Vorinformationen werden die notwendigen Erhebungen im Einsatzland vorgenommen. Für beratungsbezogene Situationsanalysen hat sich folgendes Vorgehen als zweckmäßig erwiesen:

- Kontakt zu kompetenten Personen im Land und in der Untesuchungsregion; Gespräche und offene Interviews zur weiteren Absicherung und notwendigen Korrektur der Vorinformationen.

- Beginn von Voruntersuchungen. Ein "konzentrisches" Vorgehen hat sich als nützlich erwiesen, d.h. man verschafft sich zunächst einen **groben Überblick über die Gesamtsituation** und **erarbeitet** sich **zunehmend** die **Details**. Wendet man sein Interesse zu früh den fachlichen Spezialgebieten zu, so läuft man Gefahr, die Orientierung zu verlieren (Prinzip: **"Makroskop vor Mikroskop"**). Auch vom sozialen Vorgehen her (allmähliches Sich-Einstellen auf die Gesprächspartner) ist diese Methode günstiger. Das führt zu folgendem schrittweisen Vorgehen:

  . Exploration des Untersuchungsgebiets

  . Gespräche mit Dorfautoritäten, um Verständnis und Unterstützung zu gewinnen

  . Diskussionen auf Dorfversammlungen, um allgemeine Dorfsituationen und -strukturen kennenzulernen

  . Besichtigung und Befragung in Einzelbetrieben (Freiwillige, die sich, z.B. auf Dorfversammlungen dazu bereit erklären).

- Aufstellung und ständige Verbesserung von Fragekatalogen, Erhebungsleitfäden und vorläufigen Befunden und Annahmen.

- Auswahl der Untersuchungseinheiten (Dörfer, Betriebe).

- Durchführung gezielter, detaillierter Untersuchungen.

- Grobe Auswertung der Ergebnisse vor Ort und Diskussion.

In der Teamarbeit hat es sich bewährt, daß die Mitglieder nach Abschluß ihrer Untersuchungen auf einer Ebene (z.B. Dorfexploration) ihre Ergebnisse untereinander diskutieren und ihre Erfahrungen austauschen, bevor sie auf der nächsttieferen Ebene (z.B. Betriebserhebungen) ihre Aktivitäten wieder getrennt fortsetzen.

Bei der Auswahl der Instrumente zur Informationsgewinnung darf man eine Tatsache nicht vergessen: Nahezu bei jeder Vorgehensweise kommt es zu Verzerrungen und Fehlinterpretationen. Dies ist unvermeidlich, weil der Untersuchende immer etwas von seinen eigenen Vorstellungen und Denkweisen mit in die Situation einbringt. Es gibt sehr drastische Beispiele dafür, wie zwei oder mehrere Personen in ein und demselben Gebiet zu widersprüchlichen Aussagen kommen. Der Untersuchende nimmt die Selbstverständlichkeit seiner Kultur und seiner Interpretationsmuster kaum mehr wahr. Sie beeinflussen aber seine Wahrnehmung und Interpretation. Das kann man nicht gänzlich ausschalten, wenigstens aber zu kontrollieren versuchen. Studien gewinnen wesentlich an Qualität und Brauchbarkeit, wenn die Informationsfindung "durchsichtig" gestaltet ist, indem die Autoren beschreiben, wie und unter welchen Umständen die Datenerhebung, die Befragung von Kontaktpersonen usw. durchgeführt wurden. Ebenso sollten alle Überlegungen zur Erarbeitung der Lösungswege, zur Aufstellung von Alternativen und zur Entscheidungsfindung offen dargelegt werden, um die Ergebnisse für die Leser nachvollziehbar zu machen.

2.2.1 BEOBACHTUNG UND BESCHREIBUNG

Diese Technik ist die selbstverständlichste Art, Informationen aufzunehmen. Bei Besichtigungen und Besuchen beobachtet und notiert man z.B., welche Früchte auf den Feldern stehen, welche Geräte benutzt werden, welche Personen auf den Anbauflächen arbeiten, welche Arbeitszeiten eingehalten werden, wo Treffpunkte im Dorf sind. Die Beobachtung scheint den höchsten Zuverlässigkeitsgrad zu besitzen. Man begeht aber oft den **"Fehler des ersten Blicks"**. Man schaut hin und macht sich ein Bild von dem, was ist oder zu sein scheint. Dies ist gefährlich, wenn dem ersten Blick kein zweiter folgt. Der erste (vielleicht falsche) Eindruck haftet im Gedächtnis, und je länger man wieder aus der Situation heraus ist, desto mehr verfestigt er sich. Dieser Fehler kann nur behoben werden, wenn Beobachtungen systematisch aufbereitet, verglichen, wiederholt und vertieft und durch andere Verfahren ergänzt werden.

Bei der **teilnehmenden Beobachtung** von Personen lebt der Untersucher eine Zeitlang mit den Personen zusammen und arbeitet eventuell mit. Diese Form der Beteiligung macht sensibel für die fremde Kultur - selbst bei einem kurzen Aufenthalt von wenigen Tagen. Damit dies zu konkreten Ergebnissen führt, kann man vorher Protokollbögen für Eintragungen anfertigen oder Ergebnisse stichwortartig auf dem Tonband festhalten.

Ähnlich verläuft die **nicht-teilnehmende Beobachtung.** Dort verdeutlicht man lediglich seine Untersuchungsabsicht und bittet darum, im Dorf und auf den Feldern herumgehen zu dürfen, um zu sehen, wie die Leute arbeiten und leben. So kann auch z.B. das Marktgeschehen untersucht werden. In beiden Fällen benutzt man Protokollbögen, Handskizzen und Fotos sowie eventuell Filmaufnahmen. Formblätter machen es möglich, Beobachtungen kontrolliert zu wiederholen - zu anderen Jahreszeiten, in anderen Dörfern und Regionen, durch andere Erheber.

Die **Beobachtung und Beschreibung von Besonderheiten der natürlichen Umwelt und der materiellen Kultur** erfolgt ebenfalls anhand von Protokollbögen, Fotodokumentation oder Handskizze. Sie kann sich auf Landschafts- und Vegetationsbilder, Bodenaufschlüsse, Dorfanlagen, Siedlungsformen, Bauformen von Vorratsbehältern, Feldanlagen, Erosionsschutz, Anbausysteme usw. richten.

Orts- und sachkundige Begleiter, die auch für die Ziele der Untersuchung gewonnen werden können, verbessern oft entscheidend die Ergiebigkeit und die Möglichkeit zu richtiger Deutung von Beobachtungen. Das Material aus der Beobachtung ist eine wesentliche Grundlage für die spätere Beschreibung der "objektiven" Situation. Damit wird auch erreicht, daß man nicht zu viele "selbstverständliche" Fragen stellt und daß man bei Gesprächen rückfragen kann: "Wir haben aber auch etwas anderes gesehen - wie erklärt sich das?"

2.2.2 BEFRAGUNGSMETHODEN

Die Befragung von unbekannten, den Befragern sozial und kulturell fernstehenden Personen ist ein geläufiges Verfahren, um einen Mangel an Wissen auszugleichen. Vordergründig ähnelt die Befragung der alltäglichen Gesprächssituation. Je standardisierter das Vorgehen wird, desto künstlicher wird die Situation, weil sich der Befragte in das Frage- und Antwortschema des Fragenden einpassen muß. Das kann zu erheblichen Mißverständnissen bis hin zu bewußten Falschinformationen oder Verweigerungen führen. Oft kann man aber auch davon ausgehen, daß die Befragten interessiert und bereitwillig Auskunft geben. Es liegt sehr viel an der Vorarbeit der Untersuchenden, die Befragung so aufzubauen, daß sie mit den

Denk- und Sprechweisen, den Interessen und Bedürfnissen sowie dem Wissen der Befragten übereinstimmt.

(1) Die offenste Form ist das situationsangepaßte Gespräch (**freies Interview, unstrukturiertes Interview**). Der Befrager hat sich lediglich eine Reihe von Themen vorgenommen, die er ansprechen möchte. Er läßt dem Gesprächspartner viel Freiheit in der Reihenfolge und der Gestaltung seiner Aussagen. Er fragt auch nur wenig direkt, sondern stellt eher **Verständnisfragen, die an das Gesagte anknüpfen**. Als Anstöße für ein solches Gespräch greift man momentane Probleme auf und gibt über die eigenen Zielsetzungen Auskunft. Bei dieser Interviewform hat es sich als zweckmäßig erwiesen, sie mit einem Rundgang durchs Dorf oder über die Felder zu kombinieren. Dadurch stehen Fragen näher zum "Objekt". Man sieht, worüber man spricht, man kann vergleichen, sich etwas zeigen lassen und prüfen. Ein solches Interview kann planmäßig so aufgebaut werden, daß man zunächst eine Übersicht gewinnt, etwa von einem Hügel aus, und nach der Entwicklung im Dorf und auf den Feldern in den letzten Jahren fragt. Der weitere Rundgang über die Felder, den Dreschplatz und an Gebäuden vorbei ist dann Anstoß für Fragen der Bodenqualität, der Fruchtfolge, des Systems der Abgaben und der Erträge usw..

Diese offene Schilderung bringt sehr viel differenziertere Informationen als die Benutzng von Fragebogen, in deren Fragen viel stärker das Vorverstehen des Befragers einfließt.

Das situationsangepaßte Gespräch ist **zeitaufwendig**, zur Verbesserung des Überblicks und zur Berücksichtigung von Hintergrundinformationen **aber unerläßlich**. In der Regel bereitet es keine Schwierigkeiten, wenn man bittet, Notizen machen zu dürfen. Diese Notizen müssen sehr rasch aufgearbeitet werden, weil man dabei häufig Fehlstellen und Informationen, die noch nicht eindeutig sind, entdeckt. Ihnen kann man dann noch einmal nachgehen.

(2) Im **strukturierten freien Interview** benutzt man einen **Gesprächsleitfaden**. Er enthält keine ausformulierten Fragen und keine vorgegebenen Antworten. Mit dieser Interviewform versucht man einerseits, eine bestimmte Reihenfolge von Fragekomplexen einzuhalten, andererseits dem Gesprächspartner die Freiheit in seiner Formulierung zu lassen. Im Leitfaden ist festgelegt, von welcher Qualität die Antworten etwa sein sollen, so daß man bei unzureichenden Angaben nachfragt, ob jemand etwa die Anzahl der Tiere oder die Größe der Flächen genau angeben kann. Bei dieser Interviewform muß man die Reihenfolge der Fragen sorgfältig prüfen. Themen sollten nicht abrupt gewechselt werden, sondern aus der Sicht des Befragten sinnvoll aufeinanderfolgen. Das strukturierte Interview erfordert einen **geringeren Zeitaufwand**, setzt **aber** bereits **mehr Vorkenntnisse** über die jeweilige Situation voraus. Eintragungen in den Gesprächsleitfaden sind möglich. Sie sollten offen erfolgen, so daß der Gesprächspartner auch zurückfragen kann, was man eingetragen hat.

(3) **Formen und Probleme von Fragebogenerhebungen**

In mißbräuchlicher Anlehnung an die sehr verbreitete und ausgefeilte Methodik der Umfrageforschung in Industrieländern werden **Fragebogenerhebungen** oft als "selbstverständliche" und einzige Methode der Felderhebung in Angriff genommen. Experten reisen mit fertigen Fragebögen aus, lassen diese in großer Zahl von Hilfskräften ausfüllen und verarbeiten dann riesige Datenmengen zu beschreibenden und scheinbar beweiskräftigen analytischen Zahlenwerken.

Die **Fehler** dieses Vorgehens liegen für jeden Sachkundigen auf der Hand. Sie sind in dem Maße "tödlich", wie die Leiter der Untersuchung eher der Magie ihrer Zahlen als der Mühe seriösen Vorgehens vertrauen. Für Erhebungen, die Fachleute selbst durchführen, ist der Aufwand für einen "narrensicher" formulierten Frage- und Erhebungsbogen meist unangemessen hoch, es sei denn, einem sehr begrenzten, wichtigen Thema soll am Ende eines mehrstufigen Untersuchungsprogramms genauer nachgegangen werden. Bis dahin kann sichergestellt sein, daß die richtigen Auskunftspersonen befragt werden und daß nur solche Fragen gestellt werden, die zu bereitwilligen und zuverlässigen Auskünften führen.

"Fragebogentechnik" anstelle eines problem- und situationsgerechten Untersuchungsprogramms soll hier nicht unterstützt werden. Im Rahmen eines solchen Programms sind Fragebogenerhebungen nur in Einzelfällen sinnvoll. Sie bedürfen dann fachkundiger Anleitung in viel höherem Maße als die übrigen, hier vorgestellten Methoden.

Nicht immer können alle Fragen zu einem einzigen Zeitpunkt gestellt werden. Oft empfiehlt sich der Einsatz von

(4) **Mehrfachbefragungen**, wenn schwierige Bereiche oder jahreszeitliche Unterschiede angesprochen werden. Dies betrifft Einnahmen und Ausgaben des Betriebs, an deren Einzelheiten sich die befragten oft nicht mehr erinnern können. Das gilt aber auch für Anbausysteme mit Fruchtfolge und zur Feststellung von Veränderungen über die Zeit.

(5) Eine Sonderform der schriftlichen Mehrfachbefragung ist die **Tagebuchmethode**, bei der die Befragten selbst die Eintragungen vornehmen. Sie ist nur bei relativ hoher formaler Bildung möglich - etwa in Taiwan oder bei Reisbauern in Peru usw. Auch dort liefert sie meist keine "fertigen" Daten, sondern Anregungen für weitere Untersuchungen.

(6) Bei **Gruppendiskussionen** bzw. Interviews in Gruppensituation handelt es sich in der Regel um eine mündliche Befragung mit unstrukturiertem Verlauf oder um wenige vorbereitete Anstöße bei weitgehend freiem Gesprächsverlauf. Von seiten des Interviewers gibt es im wesentlichen zwei "Eingriffe": Er **bringt bestimmte Themen ins Gespräch** oder **ermuntert** diejenigen, die schweigen, **zur Diskussion**. Protokolliert wird bei dieser Technik nicht nur der inhaltliche Verlauf, sondern auch die Redeform und die Art der Interaktionen. Mit dieser Technik kann man einige Nachteile des standardisierten Interviews aufheben und gleichzeitig mehrere Personen erreichen. Im Gruppeninterview bekommt man jedoch weniger Daten in bezug auf einzelne Personen als vielmehr **Einsichten in das Sozialsystem**. Vorteilhaft ist diese Form, um Reaktionen auf Probleme, mögliche Maßnahmen usw. zu erhalten: Etwa Interesse/Desinteresse, Veränderungen der Problemsicht, abweichende Ansichten, Konflikte und Abschätzung der Schwierigkeiten von Maßnahmen. Gruppendiskussionen haben sich auch bewährt, um die **Angaben von Einzelpersonen** aus Befragungen **zu überprüfen**.

(7) Ähnlich der Gruppendiskussion liefert auch die **Befragung von kompetenten Personen** aus der Untersuchungsregion eher Daten über die lokale Situation als personenbezogene Details. Die Befragung von älteren Männern und Frauen geschieht mit Hilfe unstrukturierter Interviews (s.o.). Von ihnen kann man u. a. die traditionellen Anbauverfahren kennenlernen, Namen für Tiere und Pflanzen, Vorstellungen von Zusammenhängen in der Landwirtschaft und Näheres über das Funktionieren des Sozialsystems erfahren. Auch solche Aussagen müssen daraufhin überprüft werden, ob sie zur Zeit noch gültig sind.

(8) Entwicklungen im Dorf lassen sich über **Lebensgeschichten** ermitteln, bei denen man u.a. erfahren oder nachfragen kann, welche Veränderungen eingetreten sind, welche Innovationen eingeführt wurden, welche Verhaltensmuster und Sanktionen in der Gesellschaft auftreten.

In der Arbeit mit Gruppen und verschiedenen Führungspersonen fühlt man häufig instinktiv, daß Kompetenzen, Wege der Konfliktlösung, gegenseitige Verpflichtung und Anerkennung geregelt sind. Die Einzelheiten sind Außenstehenden schwer zugänglich. Da man aber die Unterstützung dieser Personen braucht, muß man wissen, für welche Bereiche sie zuständig sind und wer z.B. von wem "Anweisungen" empfängt.

(9) Dies kann man mit Hilfe von Interviews ermitteln. Das Verfahren wird als **Rollenanalyse** bezeichnet. Es ist ähnlich aufgebaut wie die soziometrischen Verfahren und kann auch für die Analyse von Gruppen benutzt werden. Als Rolle bezeichnet man diejenigen Verhaltensweisen, die jemand anderen gegenüber einnimmt und die von den anderen akzeptiert werden. In diesen Verhaltensweisen sind soziale und materielle Verpflichtungen beider Seiten ebenso enthalten wie gegenseitige Achtung und die Bereitschaft, Entscheidungen zu akzeptieren. Indem man alle Beteiligten nach diesen Verpflichtungen gegenüber jeweils allen anderen fragt, erhält man aus der Vielzahl von Verhaltensweisen diejenigen, bei denen zwei oder mehrere Personen übereinstimmen. Auf diese Weise ermittelt man Ämterhäufung von Führungspersonen, unstrittige gegenseitige Verpflichtungen, aber auch Bereiche, in denen keine gemeinsame Sicht der verschiedenen Rollenträger vorliegt. (→ E 4).

(10) Speziellere Verfahren der Informationsbeschaffung sind **Testverfahren**. In ihren einfachen Formen sind sie erprobt und bewährt. Sie dienen vor allem dazu, die Fähigkeit der Zielgruppe zu überprüfen, komplexe Zusammenhänge zu erkennen. Teilweise sind sie eine Voraussetzung für den Einsatz von Beratungshilfsmitteln. Die einfachsten Verfahren sind Bildertests, bei denen eine Anzahl von Zeichnungen oder Fotos in die richtige Reihenfolge gelegt werden sollen. Projektive Tests arbeiten mit der Ergänzung unvollständiger Sätze, dem Einsetzen von Antworten in eine "Sprechblase" oder mit der Interpretation von Vorstellungen abgebildeter Personen. Dabei wird angestrebt, daß die Testperson ihre eigenen Vorstellungen und Wünsche projiziert. Anlage und Auswertung dieser Tests beziehen sich im landwirtschaftlichen Bereich vor allem auf die Beurteilung von traditionellen oder modernen Produktionsmethoden - etwa: "Zwischenfruchtanbau ist gut, weil ...". Die auf diese Weise erhaltenen Aussagen können jedoch reine Höflichkeit sein und im Widerspruch zum tatsächlichen Verhalten stehen.

Für alle Formen der Befragung gilt: **Verbale Aussagen** der Befragten **decken sich** nicht immer mit dem tatsächlichen Verhalten. Auf Beobachtungen und direktes Messen kann daher nicht verzichtet werden.

2.2.3 DIREKTES MESSEN

Ertragsmessungen und Flächenermittlung sind gerade bei Kleinbauern erforderlich. Sie besitzen in der Regel keine Größen- und Mengenbegriffe, die direkt für Berechnungen umgesetzt werden können. Zu diesem Zweck müssen Umrechnungstabellen erstellt werden, so daß man in der Beratung mit den traditionellen Begriffen arbeiten kann. Diese sollten auf jeden Fall beibehalten werden.

Darüber hinaus fehlt oftmals auch die Erinnerung an genaue Erträge der letzten Anbauperiode oder Nahrungsfrüchte werden portionsweise geerntet, z.B. für die tägliche Mahlzeit. In solchen Fällen ist die **Anlage von Meßflächen** erforderlich. Doch selbst, wenn Umrechnungstabellen vorhanden sind, gibt es noch Schwierigkeiten. Bei traditionellen Maßen bestehen regionale Unterschiede und gerade Kleinbauern zählen ihren Mais oder ihre Hirse oft auch nicht nach Säcken, insbesondere dann nicht, wenn auf dem Dreschplatz der Ertrag einfach aufgehäufelt und lose eingelagert wird.

Die Ertragsmessung ist auch eingeschränkt bei sehr unterschiedlichen Pflanzabständen, im Mischfruchtanbau und bei mehrjährigen Früchten. Näherungswerte können jedoch erzielt werden. Sie reichen auch deswegen aus, weil die kleinbäuerliche Bevölkerung in ihrer besonderen Risikosituation vielfach nur solche Veränderungen akzeptiert, bei denen auch ein deutlich sichtbarer Mehrertrag möglich ist. ($\longrightarrow$ C 3).

Die **Flächenermittlung** ist ähnlichen Problemen ausgesetzt. Umrechnungstabellen anhand lokaler Maße (Anzahl der Arbeitstage für Hacken oder Pflügen usw.) müssen entweder auf dem Weg der Feldvermessung mit Maßband und Kompaß oder mit Hilfe relativ teurer Luftaufnahmen erfolgen (1 : 10.000). Bei sehr dichtem Bewuchs in tropischen Regenwaldzonen oder bei extensivem Wanderfeldbau können Luftbilder kaum eingesetzt werden, da hier Flächengrenzen nur schwer zu erkennen sind.

Die **Kosten von Produktionsmitteln** (Lohnarbeitskräfte, Saatgut usw.) und die **Lebenshaltungskosten** brauchen nicht allein über Befragung ermittelt zu werden. Im bäuerlichen Haushalt/Betrieb reicht es aus, die Art und Menge der am Markt eingekauften Güter zu erheben; die Preise für diese Waren werden dann direkt auf dem Markt ermittelt.

Unter den Verfahren der Datenermittlung durch direktes Messen sind hier nur die wichtigsten erwähnt. Auf sie kann man jedoch nicht verzichten; einerseits ersparen sie Befragungszeit, andererseits liefern sie relativ zuverlässige Ergebnisse. Nicht alle Verfahren können bereits in der ersten Stufe der Situationsanalyse angewandt werden. Man kann z.B. in einer späteren Phase jeden Feldberater etwa 14tägig eine bestimmte Messung vornehmen lassen. Damit wird der Erhebungsaufwand reduziert. Das ist erfolgversprechender als eine einmalige große Aktion.

2.2.4 ERPROBENDE AKTION

Im Rahmen von kurzzeitigen Durchführbarkeitsstudien sind erprobende Aktionen bisher selten versucht worden. Im Konzept der begleitenden Planung und Evaluierung ist dieses Verfahren der Datenermittlung jedoch angelegt. Es ist zuverlässiger als andere Verfahren, da die Prognoseunsicherheit entfällt. Man protokolliert Reaktionen auf bestimmte Maßnahmen. Zur Interpretation dieser Daten muß man an den jeweiligen Stand der Situationsanalyse anknüpfen, weil die Protokollierung der Reaktionen noch nicht die Begründung liefert, warum eine Maßnahme erfolgreich oder weniger erfolgreich war. Hierzu müssen Einflußfaktoren isoliert werden können. Das setzt voraus, die Bestimmungsgründe des Verhaltens der kleinbäuerlichen Bevölkerung zu kennen und die Maßnahmen des Beratungsdienstes von anderen Einflüssen abzugrenzen. - Erste Versuche mit erprobenden Aktionen sprechen dafür, schon frühzeitig auch Möglichkeiten dieser Art zu suchen und zu nutzen (z.B. Methodendemonstrationen).

Die **Situationsanalyse** ist also weder ein abgeschlossenes, ausgereiftes Arbeitsgebiet, noch eine einmalige Untersuchung, in der ein Verfahren Priorität hat. Es kommt darauf an, **geeignete Verfahren zu kombinieren und** vor allem **ihre Weiterentwicklung und Fortschreibung sicherzustellen.**

VII. PLANUNG DER BERATUNG

Aufgaben der Planung sind die Bestimmung von Zielen der Beratung und des Projektes insgesamt sowie Entscheidungen darüber, auf welche Weise die Ziele erreicht werden sollen. Dazu sind Alternativen (Lösungsangebote, Strategien, Verfahren) zu durchdenken, und schließlich ist eine Auswahl der Maßnahmen und Vorgehensweisen zu treffen, die zur Durchführung gelangen. Bei der Entscheidung über Beratungsziele und -maßnahmen, über Beratungsansatz und -verfahren darf man diese nicht isoliert betrachten, sondern muß ihre Abhängigkeit untereinander berücksichtigen. Dennoch werden übersichtshalber zunächst in ⟶ Kap. VII.1 die Projekt- bzw.Beratungskonzeption (Ansatz und Verfahren) und in ⟶ Kap. VII.2 die Beratungsinhalte diskutiert. Ergänzend zur Beratung sind auch die komplementären Maßnahmenbereiche zu planen (⟶ Kap. VII.3). Eine wichtige planerische Entscheidung besteht in der Gebietseinteilung und der Festlegung der Beraterdichte (⟶ Kap. VII.4) sowie der materiellen Ausstattung der Beratung (⟶ Kap. VII.5). Die Umsetzung aller Planungsentscheidungen in Aktivitäten vollzieht sich über die Programmierung der Beratung (⟶ Kap. VII.6). Obwohl auch Fragen der Organisation der Beratung bei der Planung zu berücksichtigen sind, wird dieser Bereich nicht hier, sondern gesondert in ⟶ Kap. VIII erörtert.

1. FESTLEGUNG DER BERATUNGSKONZEPTION

Die Bestimmung des Ziels eines Beratungsprojekts und der erforderlichen Maßnahmen ist das Kernstück der Durchführbarkeitsstudie und der schrittweisen Planung. Wichtig ist der Nachweis, daß das Projektziel zur Lösung der in der Situationsanalyse ermittelten Probleme der Zielgruppen beiträgt und daß die vorgeschlagenen Maßnahmen durch die Zielgruppen selbst oder mit deren Beteiligung durchgeführt werden können.

Oft werden Projektziele aus politischen, wirtschaftlichen oder institutionell-organisatorischen Perspektiven weitgehend vorgegeben; die Probleme und Ziele der betroffenen Bevölkerung treten demgegenüber in den Hintergrund. Auch mit der Bestimmung von Maßnahmen, wie die vorgegebenen Ziele zu erreichen seien, ist man oft schnell bei der Hand, ohne nach der Situation und den Möglichkeiten der Zielgruppen zu fragen. Die Praxis der Technischen Zusammenarbeit drängt auf schnell wirksame Maßnahmen. Die Verständigung darüber, was diese Maßnahmen letztlich bewirken sollen, für wen sie von Nutzen sein können, wird dadurch oft beeinträchtigt. Die Orientierung, die für Förderungsprojekte im Rahmen von Kleinbauernprogrammen entwickelt wurde (→ Kap. I.1 und → Kap. II.), sollte daher Handlungsanleitung für Planung und Durchführung von Projektmaßnahmen sein.

Das bedeutet für Durchführbarkeitsstudien, ausdrücklich den **Zusammenhang zwischen Problemen der Zielgruppen, Projektzielen und den Beratungsmaßnahmen** nachzuweisen. Der bloße Hinweis darauf, daß sich aus bestimmten Vorhaben indirekte Effekte zugunsten von Kleinbauern ergeben können, reicht keineswegs aus. Der landwirtschaftliche **Klein- und Kleinstbetrieb soll direkt** von den Beratungsmaßnahmen **profitieren**, sie aufgreifen und umsetzen können. Darüber hinaus sollen die Maßnahmen so angelegt sein, daß sie zu einer **autonomen Neuerungsausbreitung** in der definierten Zielgruppe führen. Projekte und Beratungsvorhaben, die aus politischen, wirtschaftlichen oder anderen Gründen nicht daraufhin ausgerichtet werden, dürfen nicht mit dem "Signum" Kleinbauernförderung versehen werden.

Verfolgt man den stufenförmigen Entstehungsprozeß eines Projektes der Technischen Zusammenarbeit, so steht am Anfang der **Antrag des Entwicklungslandes.** Dazu erfolgen **Stellungnahmen der Botschaft, des Auswärtigen Amtes und des BMZ.** Bereits an dieser Stelle muß eine Weichenstellung einsetzen. Ein Angebot zur Projektdurchführung im Rahmen von Kleinbauernprogrammen kann durch das BMZ von der GTZ eingeholt werden, wenn die Ziele des Projektantrages dem Orientierungsrahmen für Kleinbauernförderung entsprechen.

Die weiteren Stufen, die **zwischen BMZ und GTZ abgewickelt** werden (Angebot zur Projektprüfung, Pre-Feasibility-, Feasibility-Studie usw.) entscheiden darüber, wie die Vorgehensweise im Projekt konkret aussehen soll. Die Prüfung und der Abschluß der **Regierungsvereinbarung** fallen dann wieder in die Kompetenz des Auswärtigen Amtes und der Deutschen Botschaft.

Auf jeder Stufe in diesem recht langwierigen Prozeß können Veränderungen eingebracht werden, durch die andere Ziele und Interessen in die abschließende Projektplanung Eingang finden. Die Interessen der kleinbäuerlichen Bevölkerung werden dabei oft nicht mehr vertreten, da sie in diesem Prozeß keine "Lobby" hat. Um Kleinbauernförderung nach der genannten Orientierung also überhaupt durchsetzen zu können, sind drei Grundelemente erforderlich:

- Beharrliche **Betonung der Zielsetzungen** auf allen Entscheidungsstufen eines Projektes, selbst auf die Gefahr hin, daß Verhandlungen scheitern oder Unterziele geändert werden müssen;

- **konkrete Darstellung, wie** bestimmte **Maßnahmen** der Zielerreichung und **den Zielgruppen dienen**, andere Maßnahmen hingegen ausschließende Effekte haben;

- eindeutige **Priorität für** Verfahren der **Beteiligung von Zielgruppen** an der Ausgestaltung und Implementierung von Programmen (Problemlösungsansatz).

Zur Ableitung (nachvollziehbaren Begründung) der Beratungskonzeption sollten vor allem die in → Übersicht 5 zusammengestellten Angaben aus der Situationsanalyse als Beurteilungskriterien herangezogen werden. Die verschiedenen Beratungsansätze wurden ausführlich in → Kap. II, die möglichen Beratungsverfahren in → Kap. V dargestellt.

Das **Hauptproblem** bei der Entscheidung über die Beratungskonzeption liegt wahrscheinlich in den **hohen Anforderungen,** die sich aus der **Zielgruppenorientierung und Partizipation** für die Projektplanung und -durchführung ergeben. Anders als bei anordnungsorientierten Projektansätzen lassen sich die von und mit den Zielgruppen durchzuführenden Maßnahmen **nicht langfristig und detailliert vorausplanen.** Die durchaus wünschenswerten autonomen Entwicklungen innerhalb der Zielgruppen, aber auch unbeabsichtigte und unvorhergesehene Wirkungen erschweren es, über einen längeren Zeitraum hinweg exakt Mengen, Kosten und Ergebnisse im voraus abzuschätzen, wie es in der herkömmlichen Projektadministration üblich ist. Das in → Kap. II.4 vorgestellte Modell der schrittweisen Projektplanung und -durchführung weist daher neue gangbare Wege, auf denen es allerdings noch wenig dokumentierte Erfahrungen gibt.

Da auf Einzelheiten der Projektplanung hier nicht eingegangen werden kann, sondern lediglich Orientierungshilfen für die Planung der Beratungsarbeit gegeben werden sollen, sei kurz auf das Planungsverfahren "ZOPP" (Zielorientierte Projektplanung) hingewiesen, das aus dem US-amerikanischen "logical framework" entwickelt wurde. Mit Hilfe dieses Verfahrens lassen sich Probleme, die aufgrund einer Situationsanalyse festgestellt wurden, in einer **Ursachen-Wirkungskette** logisch miteinander verknüpfen **(Problemhierarchie).** Formuliert man die Probleme positiv in Ziele um, so entsteht eine **Zielhierarchie,** in der ein Oberziel, Projektziel, Projektergebnisse und -aktivitäten bestimmt werden können.

Übersicht 5:

Kriterien und Indikatoren für die Ableitung des Beratungskonzeptes	
Umfassende Beratungskonzeption	**Beurteilungskriterien und -indikatoren**
BERATUNGSINHALTE	
Hauptgesichtspunkt für eine Ableitung der Beratungsinhalte ist die besondere Eignung für die direkte Aufnahme durch den kleinbäuerlichen Betrieb sowie die Beseitigung von Problemsituationen und Nutzungsschranken.	Einfluß auf Einkommenssteigerung - Vereinbarkeit mit der Faktorausstattung der Haushalte/Betriebe - Eignung für alle Personen der Zielgruppe, insbesondere Frauen - Beitrag zur Subsistenzsicherung - Risikosituation und Komplexität der Neuerungen - Vereinbarkeit mit alternativen Einkommensquellen - Kenntnisstand, Fähigkeit und Motivation der Zielgruppen - Verfügbarkeit von Vermarktungs- und Kreditmöglichkeiten und von Produktionsmitteln - Beteiligung der Zielgruppen an der Formulierung der Inhalte - Vereinbarkeit mit soziokulturellen Regelungen - ökologische Verträglichkeit (langfristig stabiles Betriebssystem)
BERATUNGSANSATZ	
Hauptgesichtspunkt ist die Sicherstellung einer autonomen Neuerungsverbreitung	Identifikation von Ziel- bzw. Teilgruppen mit ähnlichen Nutzungsschranken und ähnlichem Ressourcenpotential (Homogenität) - Abgestimmtheit der Beratungsinhalte auf diese Ziel- bzw. Teilgruppen (Kompatibilität) - Nutzung vorhandener Gruppen und Selbsthilfeeinrichtungen innerhalb der Zielgruppen - gesicherte Multiplikatorwirkung von Demonstrationsanlagen, Verfahren der Gruppen- und Einzelberatung (Kenntnis der Kommunikationskanäle und Sozialstruktur innerhalb der Zielgruppe) - generelle Erreichbarkeit und Mobilisierbarkeit der Zielgruppen - Einsatzmöglichkeit von Massenkampagnen und Medien zur Erreichung der Zielgruppen - Verfahren der Beteiligung der Zielgruppen an der Formulierung und Durchführung von Programmen - Bereitschaft zur Übernahme von Beratungsinhalten
BERATUNGSVERFAHREN	
Hauptgesichtspunkt ist die Abstimmung der Verfahren auf die Fähigkeiten bei den Zielgruppen und die Leistungsfähigkeit der Förderorganisation	Zugangsvoraussetzungen zu den Zielgruppen (traditionelle und moderne Kommunikationswege: Gruppen, Märkte, Medien, Genossenschaften oder andere Selbsthilfeeinrichtungen, usw.) - Wissensstand und praktische Fertigkeiten der Zielgruppen - Fähigkeit zur Umsetzung von Informationen - Beitrag der Beratungsverfahren zur Förderung von Partizipation und der Entwicklung eigenständiger Lösungen (direktive/nichtdirektive Verfahren) - Möglichkeiten der Förderorganisation zur Entwicklung von situationsspezifischen Materialien (Beraterbroschüren, Medieneinsatz, Transformation von Fachinhalten) - wirtschaftliche Tragfähigkeit der Verfahren zur Erreichung (potentiell) aller Mitglieder der Zielgruppe

Es muß jeweils genau begründet werden, ob, wie und warum bestimmte Aktivitäten (Maßnahmen) zu bestimmten Ergebnissen führen, und ob damit **ein Beitrag zur Zielerreichung geleistet wird**. Bestimmte Annahmen (vom Projekt nicht selbst steuerbare Größen) werden formuliert, die erfüllt sein müssen, damit die Projektergebnisse zum Projektziel führen.

Der Vorteil dieses Planungsverfahrens liegt darin, daß komplexe Situationen übersichtlich geordnet werden, das Projektgeschehen systematisch durchdacht wird und unklare, verschwommene Begriffe und Vorstellungen ausgemerzt werden, die zu Fehlplanungen und Fehlsteuerung führen. (→ D 8).

Zusammenfassend sollen noch einmal die Elemente der Durchführbarkeitsstudie in logischer Reihenfolge aufgeführt werden, soweit sie sich auf die Ableitung der Beratungskonzeption und die Planung der Beratungsarbeit beziehen:

Auf der Grundlage der Situationsanalyse beschreibt die Durchführbarkeitsstudie

(1) die Problemsituation bei den Zielgruppen;

(2) die Problemsituation aus der Sicht anderer Gruppen (Politiker, einheimische Trägerorganisationen, andere Gruppen in der Zielbevölkerung);

(3) die Nutzungsschranken (materiellen und immateriellen), die einen Abbau der Problemsituation behindern;

(4) die verfügbaren Ressourcenpotentiale und diejenigen Kräfte, die bei den Zielgruppen und anderen Beteiligten mobilisiert werden können.

Zur politischen und organisatorischen Unterstützung werden diese ersten Bestandsaufnahmen mit Vertretern der Ziel- und Dienstleistungsgruppen gemeinsam diskutiert. Ergebnisse aus diesen Diskussionen werden in gesonderten Berichtsabschnitten dargestellt und ausgewiesen; insbesondere:

(5) Verfahren der Problemermittlung, d.h., die Beschreibung der Vorgehensweise im Team;

(6) Analyse der bisher unternommenen Lösungswege (Arbeit von Beratungseinrichtungen, Ansätze bei den Zielgruppen selbst);

(7) abschließende Beurteilung der Dringlichkeit der Probleme und Prioritätensetzung; Vorausschätzung vermuteter Veränderungen, wenn man nicht mit Projektmaßnahmen eingreift.

Daran schließt sich eine **Schwachstellenanalyse** an, die sich vordringlich auf die Situation der vorhandenen Trägereinrichtungen bezieht. Die Auswertung der Schwachstellenanalyse bestimmt u.a. den notwendigen Mitteleinsatz im Rahmen eines Projektes.

Für eine **Leistungsprüfung der Trägereinrichtungen** sind folgende Angaben erforderlich:

(8) Erfahrung von Trägereinrichtungen mit Maßnahmen für die kleinbäuerliche Bevölkerung;

(9) vorhandener Kontakt mit der definierten Zielgruppe;

(10) Flexibilität in bezug auf Partizipation und schrittweise Planung.

Auf der Grundlage der Punkte 1 bis 10 werden dann grundsätzliche Lösungswege alternativ diskutiert. Diese alternative Diskussion von Lösungswegen (offener Nachweis verschiedener Möglichkeiten) soll die vorzeitige Einengung verhindern. Sie soll ein Gutachterteam aber auch zwingen, Maßnahmen argumentativ in ihren Auswirkungen zu begründen, sie nicht direkt als Zielrealisierung auszugeben.

Die Diskussion alternativer Lösungswege enthält folgende Elemente:

(11) Nachweis einer systematischen Beseitigung der identifizierten Nutzungsschranken bei den Zielgruppen;

(12) Erörterung von Reaktionen anderer Personengruppen im Sozialsystem, einschließlich vorgesehener Trägereinrichtungen;

(13) Vorschläge zur Implementierung von verschiedenen Lösungswegen unter der Beteiligung der Zielgruppen und mit aktiver Unterstützung durch die Dienstleistungsgruppen;

(14) Übereinstimmung der jeweiligen Lösungswege mit dem Orientierungsrahmen für die kleinbäuerliche Förderungspolitik - direkte Ansprache und autonome Neuerungsausbreitung.

Auf dieser Diskussion alternativer Lösungswege beruht die Entscheidung für den Gesamtumfang des Projektes und den Entwurf der Beratungskonzeption. (⟶ G 2).

2. FESTLEGUNG DER BERATUNGSINHALTE

Die Beratungsinhalte sind einerseits aufgrund der Situationsanalyse, andererseits aus einer Analyse des Potentials (technisch, ökonomisch, ökologisch, soziologisch usw.) zu ermitteln. Soweit dies Aufgabe von Gutachtern eines Untersuchungsteams ist, wird hier nicht näher darauf eingegangen. Probleme der Forschung werden lediglich als Komplementärbereich der Beratung in ⟶ Kap. VII.3.1 behandelt. Im folgenden wird auf die Rolle der Zielgruppen, der Berater und der übergeordneten Ebenen bei der Bestimmung der Beratungsinhalte eingegangen. Als Ausgangspunkt dafür dient ⟶ Übersicht 6, in der die Beiträge der verschiedenen organisatorischen Ebenen zur inhaltlichen Planung der Beratung zusammengestellt sind.

Übersicht 6:

Häufigkeit	Planungsbereich	Organisationsebene	Durchführungsbereich	Häufigkeit
Laufend	Zielgruppen artikulieren Wünsche, Kritik, Forderungen, Erfahrungen, reagieren auf Beratungsangebote.	Zielgruppen	Mithilfe bei der Formulierung und Gestaltung der Beratungsprogramme, Übernahme der Inhalte.	Laufend
Laufend	Berater sammeln Erfahrungen mit Beratungsinhalten, präzisieren Zielgruppenwünsche, erarbeiten Vorschläge für neue Inhalte.	Beraterebene	Erarbeitung von Monats- und Wochenprogrammen auf der Basis der Jahresprogramme mit Zielgruppenvertretern und der Distriktebene. Durchführung der Programme.	monatlich und wöchentlich
Laufend	Diskussion bisheriger Beratungsinhalte und von Vorschlägen mit Beratern und Zielgruppenvertretern; auf der Basis der Rahmenplanung werden neue Inhalte formuliert.	Distrikt-/Projektebene	Erstellung von Jahresprogrammen zur Umsetzung der Beratungsinhalte mit Beratern und Zielgruppenvertretern.	einmal jährlich
Laufend	Vorschläge der Distriktebene werden auf Realisierbarkeit geprüft; evtl. Änderungen der Rahmenpläne aufgrund der Linieninformation und von Daten der Evaluierungsabteilung.	Regionalebene	Erstellung der Beratungsziele und -inhalte für die Distriktebenen, Beteiligung von Beratern und Distriktebenen bei Entscheidungen auf Grundlage der Rahmenplanung.	einmal jährlich
einmal jährlich	Prüfung der Rahmenplanung auf volkswirtschaftliche Realisierbarkeit.	Nationale Ebene	Genehmigung oder Modifizierung der Rahmenplanung der Regionalebene.	einmal jährlich

Beitrag verschiedener organisatorischer Ebenen bei der Ableitung von Beratungsinhalten

2.1 BETEILIGUNG DER ZIELGRUPPEN

Während der Ansatz der Zielgruppenorientierung allgemein in   Kap. II.2 begründet wurde, wird hier beschrieben, wie die Voraussetzungen wirksamer Zielgruppenbeteiligung zu schaffen sind.

Die Möglichkeit, Zielgruppen an Entscheidungen zu beteiligen, wächst mit ihrem **Organisationsgrad**. Je besser sie in eigenen Organisationen (Genossenschaften, religiösen Vereinigungen, politischen Parteien, traditionellen Bünden usw.) organisiert sind, desto leichter ist es, sie in den verschiedenen Entscheidungsgremien zu repräsentieren. Es muß aber geprüft werden, ob die jeweiligen Organisationen von ihrer Zielsetzung und Verfassung her geeignet sind, die Zielgruppen in bezug auf Entwicklungsaufgaben zu repräsentieren. Mitunter werden solche Organisationen von ehrgeizigen Einflußpersonen für ihre individuellen Interessen mißbraucht.

Häufig ist die Leistungsfähigkeit von Zielgruppenorganisationen begrenzt. Durch gezielte Schulung können sie in die Lage versetzt werden, zunehmend mehr Verantwortung in den Beratungsprogrammen zu übernehmen und die Berater zu entlasten. Leistungsfähige Organisationen gewinnen auch politisches Gewicht und können die Interessen ihrer Mitglieder auf höheren Entscheidungsebenen einbringen.

Auch wenn die Zielgruppen noch gar nicht oder nur wenig organisiert sind, ist es erforderlich, sie an beratungsrelevanten Entscheidungen zu beteiligen, um die Beratungsprogramme entsprechend ihren Handlungsmöglichkeiten zu gestalten.

Dem Berater kommt dabei die Aufgabe zu, die Vorstellungen der Zielgruppen so zu erfassen, daß diese repräsentativ bei der Formulierung und Revision von Beratungsprogrammen berücksichtigt werden. Dies kann methodisch über Einzelgespräche, Einzelbefragungen, aber auch über die Einberufung von Versammlungen auf Dorf- oder Gebietsebene erreicht werden. Eine wichtige Funktion kommt dabei dem Berichtswesen zu, das so strukturiert sein muß, daß die Stellungnahmen, Interviews und Wertungen der Zielgruppen laufend erfaßt und ausgewertet werden. Es bedarf einiger Erfahrung, um die oftmals passive Haltung der Masse der ländlichen Bevölkerung zu überwinden und die Vorstellungen und Wünsche der "schweigenden Mehrheit" zur Geltung zu bringen. Die Berater sollten auch solche Personen und Gruppen (z.B. Frauen, Pächter, niedrige Kasten) gezielt ansprechen, die normalerweise auf Versammlungen nicht zum Zuge kommen und von anderen benachteiligt werden. (→ E 2, → E 3, → F 1).

2.2 BETEILIGUNG DER FELDBERATER

Den lokalen Beratern kommt bei der Informationsbeschaffung und den Vorarbeiten für die Entscheidungen auf den übergeordneten Ebenen eine Schlüsselstellung zu. Sie verfügen aufgrund ihres engen Kontakts mit der Zielgruppe über einen wichtigen Schatz an Erfahrungen und Anregungen, der leider häufig viel zu wenig von den höheren Ebenen genutzt wird. Wenn die Zielgruppe über keine eigene Organisation verfügt, ist der Feldberater sogar das einzige "Sprachrohr", durch das eine Beteiligung der betroffenen Bevölkerung zustande kommen kann. Daher sollten innerhalb der Beratungsorganisation und anderer Planungsinstanzen die Kommunikationswege von den Feldberatern zu den höheren Ebenen besonders gesichert werden.

2.3 BEITRAG DER ÜBERGEORDNETEN EBENEN

Den höheren Organisationsebenen wird normalerweise bei der Planung der Beratungsinhalte ein größeres Mitspracherecht eingeräumt, was aber nur dann gerechtfertigt ist, wenn sie ständig über Informationen der unteren Ebenen verfügen. Die auf Zielgruppen- und Beraterebene erarbeiteten Lösungsvorschläge werden auf den übergeordneten Ebenen geprüft. Kriterien dafür sind einzelbetriebliche und volkswirtschaftliche Rentabilität, ökologische Unbedenklichkeit und Konsistenz mit der Rahmenplanung und der Beratungskapazität. Bei der laufenden Planung hat die mittlere Ebene die wichtige Aufgabe, die auf höherer Ebene festgesetzten Planungsvorgaben in Jahres- und Monatsprogramme umzusetzen.

3. VERKNÜPFUNG MIT KOMPLEMENTÄREN MASSNAHMEBEREICHEN

Landwirtschaftliche Entwicklung als Prozeß der Integration und Verbesserung der Lebensbedingungen der Bevölkerung im ländlichen Raum erfordert den Einsatz **aufeinander abgestimmter Maßnahmen**. Sie müssen geeignet sein, die Nutzung der vorhandenen Ressourcen zu erweitern. Unzureichende Infrastruktur, ungenügende Kapitalausstattung der Betriebe und weit entfernte Märkte stellen Barrieren dar, die im Regelfall durch Beratung allein nicht beseitigt werden können, sondern den Einsatz komplementärer Maßnahmen erfordern. Im folgenden sind die wichtigsten **organisatorischen Anforderungen** zur Sicherstellung der komplementären Maßnahmen angeführt:

- Komplementäre Maßnahmenbereiche sollten in einer einzigen Trägerinstitution zusammengefaßt werden. Ist dies nicht möglich, so sind eindeutige Vereinbarungen über die gemeinsame Vorgehensweise erforderlich. Dies kann durch regelmäßige Abstimmungsgespräche und durch Festschreibung von Entscheidungskompetenzen erfolgen.

- Die Abstimmung mit komplementären Maßnahmenbereichen wird umso reibungsloser erfolgen, je mehr die Ziele und Interessen übereinstimmen und je besser die Kommunikation zwischen den Bereichen funktioniert. Kommunikationsfördernd wirken z.B. regelmäßige Arbeitsbesprechungen, der ständige Kontakt zwischen den Verantwortlichen, der Abbau von Rivalitäten, die gegenseitige Hilfestellung bei hohem Arbeitsanfall oder bei Schwierigkeiten und der Austausch von Berichten.

- Wie der Beratungsdienst benötigen auch komplementäre Maßnahmenbereiche fortlaufend Informationen über Abläufe und Auswirkungen. Einrichtungen für Ablaufkontrolle und Ablaufsteuerung müssen ihre Ergebnisse deshalb grundsätzlich allen Maßnahmebereichen verfügbar machen.

Das vorliegende Kapitel geht auf jene Maßnahmenbereiche ein, die komplementär zu Beratung wirken und damit den Erfolg landwirtschaftlicher Förderungsmaßnahmen entscheidend beeinflussen. Dazu zählen **Forschung**, die **Schaffung von Infrastruktur**, die **Bereitstellung von Produktionsmitteln** und - beim Übergang von der Subsistenzwirtschaft zur Geldwirtschaft - **Kredit und Vermarktung**. Andere Maßnahmenbereiche wie Bildung, Gesundheitswesen und der Aufbau politischer Institutionen mit mittelbaren Auswirkungen auf die Gestaltung landwirtschaftlicher Förderung und Beratung werden hier als Rahmenbedingungen betrachtet und nicht näher beschrieben.

3.1 FORSCHUNG

Auch ohne wissenschaftliche Forschung haben Gesellschaften zu allen Zeiten erstaunliche Entdeckungen und Erfindungen gemacht. Aus den früheren praktischen Künsten sind die modernen technischen Wissenschaften erst hervorgegangen.

Forschungsanstrengungen von außen, die sich nicht in den Dienst eigenständiger Entwicklung stellen, tragen vielfach zur Beschleunigung von Fehl- und Unterentwicklung bei.

Entscheidend für den Beitrag von Forschung für Entwicklung sind letztlich die Antworten auf folgende Fragen:

- **"Wer definiert die Problemstellung und die Forschungsfragen?"**
- **"Wem nützen die Ergebnisse?"**

Wenngleich der Umfang der Forschung im landwirtschaftlichen Bereich ständig zunimmt, so tragen die vorliegenden Ergebnisse bisher in ungenügendem Maße dazu bei, Probleme landwirtschaftlicher Förderung und Beratung zu lösen. Die Ursachen hierfür liegen in der oft zu akademischen Ausrichtung, in der mangelhaften Organisation und Koordinierung, im häufig fehlenden Problem- und Zielgruppenbezug sowie in der Nichtbeachtung von Wechselwirkungen im sozialen und ökologischen Gesamtsystem.

Wesentliche Schwachstellen im Forschungsbereich und Möglichkeiten zu ihrer Überwindung werden in → Übersicht 7 aufgezeigt.

Übersicht 7:

Schwachstellen im Forschungsbereich und Verbesserungsmöglichkeiten	
Schwachstellen	Verbesserungsmöglichkeiten
1. Organisationsmängel	
- Vielfalt beteiligter Institutionen	- Erarbeitung mittel- und langfristiger Forschungspläne
- Kompetenzstreitigkeiten und Rivalitäten	- Abstimmung über Forschungsbereiche
- geringer Erfahrungsaustausch	- regelmäßiger Erfahrungsaustausch durch Seminare, Tagungen und Berichte
- unzulängliche Planung und Abstimmung	
- Personenabhängigkeit des Forschungsprogramms	- Verpflichtung von Wissenschaftlern entsprechend den Forschungsprogrammen (Kontinuität)
- geringe Kontinuität der Forschung	- Bestimmung eines Entscheidungsgremiums bei Streitfällen
2. Praxisferne	
- Ehrgeiz und Karrieredenken der Wissenschaftler	- Mitbestimmung der Forschungsziele durch Förderinstitutionen und Zielgruppen
- Darstellung der Ergebnisse für Publikationen, Tagungen, Kongresse	- Einbeziehung der Wissenschaftler in den Problemlösungsprozeß (Feldtage, Besprechungen, etc.)
- fehlende Bereitschaft zu unkonventionellem Vorgehen	- mehr Aktionsforschung und alternative Vorgehensweisen
3. Fehlender Zielgruppenbezug	
- Nichtbeteiligung der Kleinbauern bei Ableitung der Forschungsinhalte und bei der Forschungsdurchführung	- Anlage von Versuchsprogrammen bei den Zielgruppen und Beteiligung bei der Durchführung
- Unbrauchbarkeit der Forschungsergebnisse für die Masse der Kleinbauern	- inhaltliche Aufbereitung der Forschungsergebnisse in Hinblick auf Verständlichkeit für Berater und Zielgruppen
	- Erstellung von regionalen Handbüchern auf der Basis des Forschungsstandes
4. Einseitigkeit	
- auf kurzfristige Erfolge angelegt	- Forschung längerfristig anlegen und die Wissensbereiche ökologischer, politischer, technischer, ökonomischer und sozialer Forschungsdisziplinen zusammenführen
- Vernachlässigung von Neben- und Langzeitwirkungen im Ökosystem	
- Nichtberücksichtigung lokalen Wissens	- langfristige und ganzheitliche Betrachtungsweisen verstärken

Obwohl die Forschung im allgemeinen als Grundlage der Beratung gilt, was sowohl den Inhalt (Neuerungsangebot) als auch die Methodik (Kommunikation) betrifft, so kann man es sich wegen der Dringlichkeit der Probleme oft nicht leisten, jahrelang auf Forschungsergebnisse zu warten, bevor man mit Beratungsmaßnahmen beginnt. Es empfiehlt sich daher, Forschung und Evaluierung begleitend zu Beratungsmaßnahmen durchzuführen, d.h., die "trial and error"- Methode systematisch anzuwenden. Erste Hinweise für mögliche Beratungsinhalte erhält man häufig von einzelnen Betriebsleitern oder Gruppen, die sich gegenüber der großen Masse durch bessere Ergebnisse und andere Methoden abheben. (→ A 10,→ B 5,→ E 3).

3.2 INFRASTRUKTUR

Beratung und Komplementärmaßnahmen werden durch eine ausreichende Infrastruktur wesentlich erleichtert. Die **Anforderungen** an die Ausgestaltung infrastruktureller Einrichtungen umfassen:

- Ein **Straßen- und Wegenetz**, das den **Zugang zu** den **Wohngebieten** der Zielgruppe zumindest mit Motorrädern oder Fahrrädern auch während der Regenperiode ermöglicht.

- Ein Straßen-, Pisten- und Wegenetz, das die **Verteilung von Produktionsmitteln** und den **Abtransport** landwirtschaftlicher **Produkte** von Märkten und Sammelstellen gewährleistet.

- **Funk- oder Fernsprechverbindungen**, durch die Beratungszentren, Kreditbüros, Märkte und Verteilungsstellen miteinander verbunden werden (bei schon fortgeschrittener Kommerzialisierung).

Auch unter sehr einfachen Bedingungen lassen sich jedoch angepaßte Lösungen finden, vor allem unter Nutzung der traditionellen lokalen Kommunikationsmöglichkeiten, wie z.B. Fortbewegung von Menschen und Transport von Gütern auf Kamelen, Eseln, Pferden, Booten und Einsatz von Beratern nach dem Vorbild der chinesischen "Barfußdoktoren", Überbringung von Nachrichten, Signale, Ersatz von Benachrichtigungen durch regelmäßige Vielzwecktreffen (Märkte, Feste), Transportentlastung durch Trocknung, Konservierung, Lagerung, lokale Veredelung.

3.3 BEREITSTELLUNG VON PRODUKTIONSMITTELN

Die Bereitstellung und Verteilung von Produktionsmitteln stellt in vielen landwirtschaftlichen Entwicklungsprogrammen eine schwer überwindbare Hürde dar. Die Schwierigkeiten liegen vor allem im Aufbau von privaten oder staatlichen Verteilernetzen, in der zu Anfang noch geringen Nachfrage und in der mangelhaften Beratung hinsichtlich der verfügbaren Produktionsmittel. Die **Aufgaben von Be-**

ratungsdiensten liegen in folgenden Bereichen:

- Ermittlung des zu erwartenden Bedarfs an Produktionsmitteln auf der Grundlage der Beratungsinhalte und der zu erwartenden Adoptionsraten.
- Information der Verteilungsstellen über Bedarf, Zeitpunkt und Dauer der Ausgabe, Vorgehensweise bei kreditierten Produktionsmitteln.
- Die Geräte und Mittel müssen vor ihrem Einsatz durch Forschungsstationen geprüft werden und dürfen nur nach Absprache mit dem Beratungsdienst angeboten werden.
- Bei Schwierigkeiten wird der Berater vermittelnd eingreifen und nötigenfalls übergeordnete Stellen einschalten.
- Bei der Ausgabe von Produktionsmitteln ergeben sich Anknüpfungspunkte für Beratung.

Häufig ist zu beobachten, daß organisatorische Fragen im Zusammenhang mit der Produktionsmittelbeschaffung den größten Teil der Beraterkapazitäten einnehmen, während für eigentliche Beratungstätigkeit wenig Zeit übrig bleibt. In der Vergangenheit haben viele Projekte Import, Subventionierung, Transport, Kreditierung und Verteilung von Produktionsmitteln selbst in die Hand genommen und damit unter hohem Aufwand "künstliche" Bedingungen geschaffen, die nach Beendigung der Projektaktivitäten nicht aufrechtzuerhalten waren. Man sollte deshalb in jedem Projekt prüfen, ob die Abhängigkeit der Kleinbauern von fremden, käuflichen Produktionsmitteln - im Hinblick auf langfristig gesicherte Verfügbarkeit- zu rechtfertigen ist, und ob die Preisrelationen (Kosten für Produktionsmittel und Erlöse für vermarktete Produkte) für die Bauern langfristig vorteilhaft sein werden. In jedem Fall ist es günstiger, wenn die Bauern zunächst alle eigenen verfügbaren Ressourcen mobilisieren (z.B. höhere Biomassenproduktion und Stickstoffanreicherung mit Hilfe von ökologischen Anbausystemen im standortgerechten Landbau), bevor sie fremde und teure Produktionsmittel einsetzen.

3.4 KREDITWESEN

Häufiges Hindernis im Rahmen der kleinbäuerlichen Förderung ist unzulängliche Kapitalausstattung. Durch die Bereitstellung von Krediten werden die Bauern erst in die Lage versetzt, Produktionsmittel oder Dienstleistungen als Voraussetzung für Veränderungen der Wirtschaftsweise in Anspruch zu nehmen. Im Zusammenhang mit der Bereitstellung von Krediten kann Beratung eine Reihe von Aufgaben übernehmen.

Aufgrund der Beratungsinhalte wird der Kreditbedarf ermittelt. Berater und Kreditpersonal planen gemeinsam die Durchführung des Kreditprogramms und legen Umfang, Vergabekriterien, Kontrollen und Rückzahlungsmodus fest. Die Berater informieren und beraten die Bauern zu Fragen des Kreditbedarfs, der Antragstellung, der Kreditverwendung und der Rückzahlung. Über Ablaufkontrolle und -steuerung werden Fortgang und Ergebnisse der Kreditprogramme ermittelt. Dies geht keineswegs reibungslos:

- Kreditorganisationen sind häufig im Feld unzulänglich vertreten; einen Ausweg stellt der Einsatz von Feldberatern für Kreditaufgaben dar.
- Nehmen jedoch Feldberater Aufgaben für fehlendes Kreditpersonal wahr, so führt dies zu einer Minderung der insgesamt verfügbaren Zeit für die eigentliche Beratungstätigkeit.
- Übernehmen Feldberater Aufgaben der Kreditkontrolle und der Eintreibung von Kreditschulden, so entsteht ein Interessenkonflikt, der Beratung empfindlich stört.
- Viele Kreditprogramme enthalten verdeckte Risiken (u.a. die fehlende Absicherung bei Ertragsausfall oder Tierseuchen). Erleiden Bauern durch die Inanspruchnahme von Krediten wirtschaftliche Nachteile, so kann das Vertrauensverhältnis zum Berater erheblich belastet werden.
- Unzulängliche Beratung kann den Einsatz von Krediten unwirtschaftlich machen.
- Oft sind Kreditprogramme nur für die wirtschaftlich besser gestellten Bauern nutzbar und zugänglich.

Aus diesen Problemfeldern leiten sich die **Anforderungen an die Verknüpfung von Beratung und Kredit** ab:

- Maßnahmen im Kreditbereich müssen im Zusammenhang mit Beratungsinhalten und -verfahren geplant und durchgeführt werden.
- Ebenso wie die Beratung muß die Formulierung des Kreditprogramms von den Zielgruppen her gestaltet werden.
- Vorhandene Selbsthilfeeinrichtungen sollten berücksichtigt und möglichst in das Kreditprogramm einbezogen werden.
- Individualkredite zur Förderung der Masse der Kleinbauern sind mit einem meist unerfüllbaren Verwaltungsaufwand verbunden. Als Lösung bietet sich die Vergabe von Gruppenkrediten an, wobei den Beratern eine wichtige Rolle beim Aufbau von Kreditgruppen zukommt.
- Die Aus- und Fortbildung von Beratungs- und Kreditpersonal muß ausdrücklich auf eine Zusammenarbeit hin angelegt und abgestimmt werden.

- Werden **Berater** direkt in die Kreditarbeit einbezogen, so dürfen diese **keine Kontrollaufgaben** (Mittelverwendung, Mahnungen zur Rückzahlung) übernehmen, um zu vermeiden, daß die Berater von den Bauern als "Polizei" betrachtet und behandelt werden. Kontrollaufgaben und Kreditrückzahlungen sind ausschließlich Aufgabe des Kreditpersonals.

- Häufig werden Produktions- und Produktivitätssteigerungen nur erreicht, wenn Neuerungen "richtig" angewandt werden.

Beratung ist umso dringlicher, je größer das Risiko bei der Inanspruchnahme von Krediten für die Bauern wird.

Die Rückzahlung von Krediten wird normalerweise über Verkaufsfrüchte abgesichert. Zur Gewährleistung ausreichender Nahrungsmittelversorgung und Bareinkommen muß durch Beratung die Schaffung betriebswirtschaftlicher und ökologisch ausgewogener Betriebssysteme ermöglicht werden.

3.5 VERMARKTUNG

Überschußproduktion im landwirtschaftlichen Bereich erfordert Märkte, auf denen der Bauer seine Erzeugnisse zu günstigen Bedingungen absetzen kann. Maßnahmen zur Förderung der Vermarktung zielen darauf ab, der Masse der Kleinbauern **Absatzmöglichkeiten** für ihre Produkte zu **verschaffen**, sie über bestehende Märkte zu informieren und das **Preisrisiko zu beschränken**.

Die Vermarktung in Entwicklungsländern ist meist so organisiert, daß verderbliche Produkte von privaten Händlern, unverderbliche und lagerfähige Produkte häufiger von staatlichen Institutionen vermarktet werden. Den landwirtschaftlichen Beratungsdiensten kommen folgende Aufgaben zu:

- Beteiligung bei der Planung von Vermarktungseinrichtungen, wobei die Berater entweder die Forderungen der Bauern gegenüber den Vermarktungsinstitutionen vertreten oder die Vertreter der Bauern bei den Verhandlungen beraten.

- Hilfestellung beim Aufbau von Zielgruppenorganisationen, die Teilaufgaben im Vermarktungsbereich übernehmen, wie die Lösung von Transportproblemen, den Aufbau von Sammelstellen für landwirtschaftliche Produkte oder das Auffinden neuer Absatzmöglichkeiten.

- Vereinbarung von Terminen für die Öffnungszeiten von Märkten, wobei der Berater zunächst die Wünsche und Forderungen der Bauern diskutieren und prüfen wird.

- Beratung der Bauern bei der der Klassifizierung der Produkte, der Art der Verpackung, der Aufbereitung und der Lagerhaltung, um Qualitäts- und Lagerverluste niedrig zu halten und hohe Verkaufserlöse zu erzielen.

- In Situationen mit regional und saisonal schwankenden Preisen kommt der Informationstätigkeit der Berater besonders große Bedeutung zu.

- Beim Vermarktungsvorgang selbst kann der Berater verschiedene Kontrollfunktionen übernehmen. So wird er bei Beschwerden der Bauern über fehlerhafte Waagen, lange Wartezeiten, unbefriedigende Qualitätseinstufung und Unregelmäßigkeiten bei der Bezahlung versuchen, vermittelnd einzugreifen. Nötigenfalls wird er seine Vorgesetzten oder die für Vermarktung zuständige Aufsichtsbehörde über Schwierigkeiten informieren.

- Die Marktinstitutionen bzw. Händler wird der Berater regelmäßig über Ernteschätzungen, zu erwartende Marktanlieferungen und die voraussichtlichen Anlieferungstermine informieren.

4. GEBIETSEINTEILUNG UND BERATERDICHTE

In der Regel werden Projekte gebietsmäßig in bestehende Strukturen von Agrarverwaltungen integriert. Deren Gebietseinteilungen decken sich oft nicht mit bestehenden politisch-administrativen Einheiten, die darüber hinaus häufig ökologisch, ethnisch, kulturell und wirtschaftlich sehr unterschiedlich sind. Es empfiehlt sich daher, die Region und die Einsatzgebiete der Feldberater so zu planen, daß möglichst gleichförmige Einheiten entstehen. Kriterien hierfür sind ethnisch/kulturelle Homogenität, Betriebsgrößenverteilung und die Verfügbarkeit von Beratungspersonal. Die Gewichtung dieser Faktoren kann nur situationsspezifisch erfolgen; erfahrungsgemäß spielen die infrastrukturellen Fragen und die **Bestimmung des erforderlichen Beratungsaufwandes** eine entscheidende Rolle.

Die Festlegung der **Beratungsgebiete** hängt gerade auf der Feldberaterebene von der Beraterdichte ab. **Beraterdichte** ist eine Verhältniszahl, deren zweites Element die Anzahl der Bauernfamilien angibt, die von einem Feldberater betreut werden sollen (1 : 70, 1 : 300, 1 : 2.000 usw.).

Besteht die Möglichkeit, die Beraterdichte zu bestimmen oder zu verändern, so sollten die in Übersicht 8 dargestellten Faktoren geprüft werden. Dabei ist zu beachten, daß sich die Beraterdichte aus der Summe der Auswirkungen aller Einflußfaktoren ergibt. So wäre auch bei Gruppenberatung eine hohe Beraterdichte erforderlich, wenn z.B. Straßen fehlen oder die Bevölkerung in Streusiedlungen lebt.

Übersicht 8:

Einflußfaktoren auf die Beraterdichte	
Hohe Beraterdichte	**Niedrige Beraterdichte**
Die Neuerung ist relativ fremd	Die Neuerung ist weniger fremd
Hohe Komplexität der Neuerung	Geringe Komplexität der Neuerung
Geringe Attraktivität der Neuerung	Hohe Attraktivität der Neuerung
Hohe Übernahmerate in einem gegebenen Zeitraum angestrebt	Niedrige Übernahmerate in einem gegebenen Zeitraum angestrebt
Wenige Beratungskontakte pro Zeiteinheit wegen:	Viele Beratungskontakte pro Zeiteinheit wegen:
- schlechten Verkehrsbedingungen	- guten Verkehrsbedingungen
- Einzel- und Streusiedlung	- geschlossenen Dorfsiedlungen
- bäuerlichem "Individualismus"	- funktionierenden Gruppenstrukturen
- geringer Bevölkerungsdichte	- hoher Bevölkerungsdichte
Ausfallzeiten aus religiösen/kulturellen Gründen	Keine Ausfallzeiten aus religiösen/kulturellen Gründen
Getrennte Beratung für Männer und Frauen erforderlich	Keine getrennte Beratung für Männer und Frauen erforderlich
Belastung mit beratungsfremden Aufgaben	Keine beratungsfremden Aufgaben
Niedriger Ausbildungsstand der Berater	Hoher Ausbildungsstand der Berater
Betonte Einzelberatung (1:30 - 1:100)	Betonte Gruppen- und Massenberatung (1:500)

Auf **Einzelberatung** zugeschnittene Konzepte sind bei der Förderung einer großen Zahl von Kleinbauern **nicht anwendbar**; die hierfür erforderliche hohe Beraterdichte ist schon aus Gründen der Wirtschaftlichkeit und der Verfügbarkeit an ausgebildeten Beratern nicht möglich.

Bei **ländlicher Massenberatung** müssen deshalb Ansätze angewandt werden, die mit Gruppen- und Massenverfahren arbeiten und Kontaktbauern und Zielgruppenorganisationen an der Beratungsarbeit beteiligen. Erfahrungen in einer Reihe von ländlichen Entwicklungsvorhaben haben gezeigt, daß bei einem solchen Vorgehen (und bei günstigen Voraussetzungen) von einem Berater bis zu 500 Bauern ausreichend betreut werden können.

Förderungsziele und Art der Neuerungen beeinflussen die optimale Beraterdichte stark. So wird ein Bewässerungsvorhaben oder die Förderung einer Spezialfrucht aufgrund des Neuheitsgrades und der technischen Komplexität der zu vermittelnden Beratungsinhalte einen intensiveren Beratungseinsatz erfordern als ein ländliches Entwicklungsvorhaben, das auf eine schrittweise Verbesserung der Subsistenzkulturen und auf die Mobilisierung von Eigeninitiativen abzielt.

Faktoren wie die **Erreichbarkeit der Zielbevölkerung** sind bei der Bestimmung der Beraterdichte zu berücksichtigen. In der Regenzeit unpassierbare Straßen, aber auch gebirgiges Gelände und extreme klimatische Bedingungen beschränken die Mobilität der Berater erheblich. Dünn besiedelte Räume bedeuten lange Anmarschwege und verkürzen die effektive Beratungszeit. Geringe Siedlungsdichten und Streusiedlungen behindern ganz wesentlich die Kommunikation innerhalb der Zielbevölkerung. Dies erschwert regelmäßige Gruppentreffen und die Weitergabe von Informationen.

Religiöse Traditionen verhindern die Beratungsarbeit an bestimmten Tagen oder sogar wochenweise. Das Kastensystem z.B. erfordert angepaßte Beratungsansätze. Männliche Berater dürfen in manchen Gebieten keine Frauen beraten und umgekehrt. Die unterschiedliche Stellung der Frauen in den einzelnen Gesellschaften verlangt eine darauf abgestimmte Beratung, wobei oft neben männlichen Beratern zusätzlich weibliche Berater einzusetzen sind.

Projekte, die ungünstiger gelegen sind und schlechtere Anstellungsbedingungen bieten, haben nicht nur Probleme, genügend Berater zu erhalten, sondern müssen auch die Abwerbung ihrer besten Kräfte befürchten. Auch der für Gebiete ohne Projektförderung häufige Abzug von Beratern zugunsten von extern geförderten Projekten ist hinlänglich bekannt.

Sind bei Beginn eines Vorhabens nicht genügend Berater verfügbar, so wird sorgfältig zu prüfen sein, ob man mit erhöhter Beraterdichte in einem Teilgebiet beginnt oder extensiv sofort das ganze Beratungsgebiet abdeckt. In Anbetracht der gerade in der Anfangsphase noch häufig mangelhaften logistischen Struktur, dürfte ein schrittweises Vorrücken in der Regel zweckmäßiger sein.

Die Berücksichtigung von Wirtschaftlichkeitsüberlegungen bei der Bestimmung der Beraterdichte ist unumgänglich. In Anbetracht der Zuordnungsproblematik der Erträge landwirtschaftlicher Förderungsvorhaben (→ Kap. X.) wird vorgeschlagen, die Beraterdichte zunächst den bisher diskutierten Kriterien entsprechend zu bestimmen. Im Sinne einer stufenweisen Planung und begleitenden Evaluierung müßte dann eine Anpassung auf das notwendige Maß erfolgen.

Der personelle Gesamtbedarf einer Beratungsorganisation leitet sich von der erforderlichen Beraterdichte und dem gewählten organisatorischen Überbau ab. In Projekten der Kleinbauernförderung können erfahrungsgemäß nicht mehr als 10 bis 15 Feldberater von einem vorgesetzten Berater betreut werden. Dementsprechend sind leitendes Personal, Verwaltungs- und Hilfskräfte zu bestimmen.

5. MATERIELLE AUSSTATTUNG DER BERATUNG

Auch das beste Personal kann nur dann etwas leisten, wenn die notwendige Ausstattung und die weiteren materiellen Voraussetzungen dafür gegeben sind. Allerdings muß der finanzielle Aufwand, der damit verbunden ist, in vertretbaren Grenzen bleiben. (→ B 5).

Näher beschrieben werden Voraussetzungen in den Bereichen: Wohn- und Büroräume, Transport, Beratungshilfsmittel, Budget.

5.1 WOHN- UND BÜRORÄUME

In vielen Entwicklungsländern (insbesondere in Afrika) ist eines der Standardprobleme von Beratungsorganisationen die Bereitstellung geeigneter Unterkünfte für die Berater. Unzulängliche Unterkünfte können ein ganz wesentlicher Grund für die Unzufriedenheit von Beratern sein. Sie führen nicht nur zu einer Beeinträchtigung der Lebensqualität, sondern können die gesamte Beratungsarbeit dadurch behindern,

- daß die Berater erhebliche Zeit zulasten der Beratungsarbeit für Reparaturarbeiten verwenden;
- daß bei Besprechungen erhebliche Zeit mit der Erörterung von Unterbringungsfragen verbracht wird;
- daß Berater nicht eingestellt werden können, weil die Unterkünfte fehlen;
- daß die Arbeitsmotivation der betroffenen Berater leidet.

Bei weiblichen Beratern stellt die Wohnraumbeschaffung häufig ein besonderes Problem dar, da hier die vorherrschenden Sitten und Gebräuche oft enge Grenzen setzen. Eine alleinstehende Beraterin kann in den seltensten Fällen allein leben, hier müssen entweder längere Anfahrten in Kauf genommen werden, oder es muß Familienanschluß gesucht werden. Der Einsatz von Feldberaterinnen am Wohnort ihrer Familie ist zumeist noch am einfachsten.

Folgende Lösungen sind für das Wohnproblem denkbar:

- Die Beratungsorganisation stellt eine Dienstwohnung zur Verfügung
- der Berater baut eine Unterkunft selbst
- der Berater bewohnt sein Privathaus
- der Berater mietet ein Haus
- das Haus wird von der Zielbevölkerung gestellt.

Der Berater soll möglichst zentral innerhalb seines Beratungsgebietes wohnen. Feldberater benötigen im allgemeinen kein eigenes Büro, da ihre Arbeit zum größten Teil bei den Bauern selbst anfällt. Das Büro des vorgesetzten Beraters sollte von den zugehörigen Feldberatern mit den üblichen Verkehrsmitteln leicht erreicht werden können. Büros der Distriktverwaltung müssen ebenfalls zentral und verkehrsgünstig gelegen sein.

5.2 TRANSPORT

Die Probleme mit Transportmitteln, seien es nun Motorräder, Fahrräder, Boote oder Reittiere, variieren von Land zu Land und von Region zu Region nur graduell. Unzulängliche Transportmöglichkeiten können zu gravierenden Beeinträchtigungen der Beratungsarbeit führen. Die Sicherstellung eines ausreichenden Transportwesens ist daher eine der wesentlichsten Voraussetzungen für die erfolgreiche Durchführung von Förderungsprogrammen. (→ E 19).

Allgemeine Anforderungen sind:

- Die Planung des Fahrzeugbedarfs muß realistisch im Hinblick auf die Arbeitsprogramme sein.
- Es müssen ausreichend Ersatzteile und Betriebsmittel eingeplant werden.

- die Reparaturkapazitäten müssen dem Fahrzeugpark entsprechen.
- Dienstfahrzeuge sollten nicht individuell, sondern, wo immer möglich, gemeinsam genutzt werden. Dies setzt Koordination und Planung der Dienstfahrten voraus.
- Dienstfahrten sollten nicht unter Prestigegesichtspunkten, sondern zur Erbringung möglichst vielfältiger Nutzungen geplant werden: Mehrtätige Rundfahrten statt "Stichfahrten", nicht nur Inspektion und Anweisungen, sondern auch Teilnahme und praktische Anleitung vor Ort, Verbindung von Personen- und Materialtransport, Verteilung schriftlicher Unterlagen, Mitteilungsblätter usw..
- **Weibliche Berater** sind bei der Wahl der Verkehrsmittel von den lokalen Normen und Verhaltensweisen der Landbevölkerung her oft stärker eingeschränkt als Männer. In vielen moslemischen Ländern wird eine Frau zu keinem Dorf mit dem Fahrrad oder Motorrad kommen können. Auch die Fortbewegung zu Fuß ohne Begleitung ist oft nicht angebracht. Selbst das Lenken eines Fahrzeugs stößt mitunter auf erheblichen Widerstand. Bei der Wahl von Transportmitteln für Frauen ist deshalb die jeweilige lokale Situation besonders sorgfältig zu beachten.

5.3 BERATUNGSHILFSMITTEL

Die Verfahrensaspekte des Einsatzes von Beratungshilfsmitteln wurden schon ausführlich in ⟶ Kap. V.5 dargestellt. Hier wird das Thema nochmals aufgegriffen, um auf die organisatorischen Voraussetzungen des Hilfsmitteleinsatzes einzugehen.

Auch bei der Planung kleinerer Projekte muß von vornherein die Ausstattung mit Geräten zur Herstellung und zum Einsatz von Medien berücksichtigt werden. Medien werden bei der Aus- und Fortbildung der Berater und bei der Feldarbeit der Berater eingesetzt. Für Regionalvorhaben kann es zweckmäßig sein, eine eigene Informations- und Medieneinheit aufzubauen, wenn kein externer projektunterstützender Mediendienst vorhanden ist (⟶ Kap. V.5.3).

Die Planung größerer Informationseinheiten muß auf jeden Fall **unter Beteiligung eines** Kommunikations- und Medien**fachmanns** erfolgen. Beratungsziele, -inhalte, -verfahren und klimatische Anforderungen müssen berücksichtigt werden. Eine Einweisung und Schulung der Berater ist erforderlich, damit die Geräte und das Material auch wirksam eingesetzt werden.

In Beratungsprojekten sollten in der Regel die folgenden Hilfsmittel verfügbar sein, die je nach Zielsetzung miteinander kombiniert werden können:

- Vervielfältigungsgeräte für Text und einfaches Bildmaterial
- Einrichtungen für Schwarz-Weiß- und Farbfotografie (Dias)
- Unterrichtsmittel für die Beraterschulung
- Lehr- und Anschauungsmaterial für Einzel- und Gruppenberatung.

Anforderungen, die darüber hinausgehen, sollten an externe Einrichtungen weitergegeben werden. Dazu zählen etwa die Herstellung von Plakaten, der Einsatz von Filmen, der Bau komplizierter Modelle, die professionelle Anfertigung von dauerhaften Tageslichtfolien, die Erarbeitung von "Comics" und Fotobüchern sowie das Drucken von Broschüren und Zeitungen.

(1) Vervielfältigungsgeräte für Text und einfaches Bildmaterial

Für alle abgelegeneren Projekte gibt es praktisch kaum eine Alternative zu hand- und motorgetriebenen **Umdruckgeräten**. Sie arbeiten entweder auf der Basis von Spiritus-Matrizen (Umdruck) oder auf der Basis von Wachs-Matrizen. Das Umdruckverfahren mit Spiritus hat den Vorteil, daß man mehrfarbige Umdrucke erstellen kann - allerdings ist die Auflage auf 100 bis 150 Exemplare pro Matrize begrenzt. Wachs-Matrizen, die unter Verwendung von Druckfarben auf einem "Rotaprint" vervielfältigt werden, erlauben dagegen höhere Auflagen (bis 1.000 Exemplare); verfügt man nicht über ein sehr teures Einbrenngerät, so lassen sich einfache bildliche Darstellungen hier nur sehr begrenzt einarbeiten.

Fotokopiergeräte für Normalkopier gibt es inzwischen als recht robuste und wenig störanfällige Tischgeräte. Meist kann man mit ihnen auch auf Folien für den Tageslichtprojektor kopieren. Soweit Netzanschluß besteht, oder ein Stromgenerator verfügbar ist, wird man auf die enorme Zeitersparnis, gerade bei kleinen Vervielfältigungsmengen nicht mehr verzichten wollen.

Für alle Matrizen, die zu den Geräten gehören, gilt generell, daß sie in klimatisierten Räumen gelagert werden müssen. Das betrifft Matrizen ebenso wie Dias, Filme, Tonbänder, Tageslichtfolien oder Druckpapier, das in hohem Maß wasseranziehend ist.

(2) Einrichtungen für Fotografie und Film

Fotoausrüstungen sind oft eine Notwendigkeit. Je nach Zielsetzung muß überprüft werden, ob das Kleinbildformat ausreicht oder ob ein halbprofessionelles Format (etwa 6 x 6) angeschafft werden soll. Bei beiden Typen ist vor allem eine zweckmäßige Zusatzausrüstung erforderlich, um auch Makrofotografie ausführen zu können. Für die richtige Ausleuchtung von Objekten empfiehlt sich auch in den Tropen die Anschaffung von Filmleuchten und/oder Blitzlichtgeräten. Zur Fotoausrüstung gehört eine Dunkelkammer (Schwarz-Weiß-Labor), in der Vergrößerungen, wenigstens bis etwa 35 x 50 cm, angefertigt werden können. Farbmaterial sollte man im professionellen Labor entwickeln lassen.

Die projekteigene Herstellung von **Super-8-Filmen** kann nur gelegentlich für die Beraterschulung oder auch für die Gruppenberatung sinnvoll sein. Man muß sich dabei sowohl über die Probleme beim "Drehen" als auch über die Begrenzungen dieses Bildformats und die geringe Tonqualität im klaren sein. Entscheidet man sich für Super-8-Filme, so gehören dazu ebenfalls Filmleuchten, ein kleiner Schneidetisch und eventuell ein Tricktisch für Titel und grafische Einblendungen.

(3) Unterrichtsmittel für die Beraterschulung

Wesentliche Unterrichtshilfen sind zunächst alle Arten von **Tafeln** und **Papierblöcken** im Plakatformat sowie **Broschüren** und **Beratersteckbriefe** (Handzettel). Diese einfachen Medien sollten intensiv genutzt werden können. Die **Flanell- und Magnettafeln** haben wie die **Steckwand** den Vorzug, daß man einen Sachverhalt aus vorgefertigten Teilen schrittweise aufbauen kann, Teile zur Erklärung wieder von der Tafel abnehmen und sich während der Erläuterungen mehr auf die Teilnehmer und weniger auf die Schreib- und Zeichenarbeit konzentrieren kann.

Einen besonders guten Blickkontakt zu den Teilnehmern bietet der **Tageslichtprojektor**, auf den vorgefertigte Transparentfolien aufgelegt werden. Er muß in der Regel stationär genutzt werden.

Als Ergänzung zu diesen Medien treten die **Dia- und Filmprojektoren** sowie das **Tonbandgerät**. Diese Geräte müssen sorgfältig auf ihre Störanfälligkeit aber auch auf ihre Lichtstärke überprüft werden. Setzt man die Geräte stationär ein, so empfehlen sich lichtstarke Geräte, die zusammen mit einer stark reflektierenden Leinwand die störende Verdunklung ersparen können. Für alle elektrischen Geräte empfiehlt sich die Vorschaltung eines **Spannungsreglers**, der Schwankungen im Netz ausgleicht.

In vielen Ländern hat sich der Einsatz von **transportablen Videoanlagen** für die Beraterausbildung bewährt. Zur Ausrüstung gehören ein tragbarer 1/2-Zoll Videorecorder (Batteriebetrieb), eine Kamera mit eingebautem Monitor, ein schweres Stativ, externes Mikrofon mit Stativ sowie Filmleuchte und ein Fernsehmonitor mit spezieller Anschlußbuchse. Spulengeräte haben sich gegenüber Kassettengeräten unter schwierigen Einsatzbedingungen behaupten können, da es weniger Bandwickelprobleme gibt und Ton-/Bildköpfe leichter gereinigt werden können.

(4) Lehr- und Anschauungsmaterial für die Beratung

In der Beratungsarbeit - vor allem in der Gruppenberatung - können praktisch alle Medien verwendet werden, die auch im Unterricht eingesetzt werden. In den meisten Fällen reichen die einfachen Hilfsmittel (Tafeln und Demonstrationsblöcke sowie "Fotobücher" zum Umblättern) aus. Zur attraktiven Gestaltung von Gruppenarbeit und Versammlungen sind auch Flanell-Bilder, Steckwände und Vorführungen geeignet. Ist das Material vorgetestet, so erhöht es die Anschaulichkeit und Verständlichkeit der Aussagen.

Sind Feld- und Beraterbüros vorhanden, so sollten diese mit einer **Grundausrüstung** der einfachen Hilfsmittel ausgestattet sein. Dazu gehören nicht nur verschiedene **Tafeln** und **Schreibblöcke** im Plakatformat (auf Dreibein), sondern auch plastische **Modelle** und ggf. **Handlautsprecher** für Versammlungen und Marktinformationsstände.

Landfunksendungen werden für Hörergruppen attraktiver, wenn der **Mitschnitt über Tonbandgeräte** möglich ist und zusätzliche Lautsprecher mit eingebautem Verstärker und Netzanschluß vorhanden sind.

5.4 BUDGET

Um die schrittweise Planung und Durchführung der Beratungsprogramme zu ermöglichen, ist zwar eine mehrjährige finanzielle Rahmenplanung zu erstellen, die Benennung der Aufwendungen für die einzelnen Kostenstellen ist aber erst im Rahmen der jährlichen Bedarfsplanung zweckmäßig. (Einige Hinweise zu Beratungskosten gibt → B 5, ein Beispiel für Personalaufwand → G 7).

Die bei Beratungsorganisationen entstehenden Kosten werden bei der Finanzplanung gewöhnlich nach den folgenden Kostenarten und Kostenstellen geordnet:

(1) Kapitalkosten

- Bauten:
    - Wohnhäuser für Berater
    - Büros und Versammlungsräume
    - Dorfzentren
    - Telefon- und Funkeinrichtungen.

- Fahrzeuge und Ausrüstung:
    - Personen- und Lastkraftwagen
    - Motorräder
    - Fahrräder
    - Büroausstattung (Möbel, Wandtafeln, Schreibmaschinen, Rechenmaschinen, Tresor, Teeküche, Registratur, etc.)
    - Film- und Diageräte, Kopiermaschinen, Lautsprecher, Wandtafeln, Fachbücher, etc.).

(2) Betriebskosten

- Gehälter und Löhne
- Aus- und Fortbildung für Berater
- Betriebskosten für Fahrzeuge
- Betriebskosten für Büros (Strom, Wasser, etc.)
- Reparaturkosten und Abschreibungen.

6. PROGRAMMIERUNG DER BERATUNG

Die detaillierte Programmierung der Beratung (wie auch der komplementären Maßnahmen) findet am besten in kurzen Zeitabständen unter direkter Beteiligung der Zielgruppen, der Feldberater und der übergeordneten Beraterebenen statt. Instrument dieser Programmierung ist ein miteinander verknüpftes System von Planungssitzungen der Beteiligten, in denen die lokalspezifische Abstimmung fortschreitet und das konkrete Arbeitsprogramm der Feldberater schließlich Gestalt annimmt (siehe auch → Übersicht 9):

- Monatliches Koordinierungsgespräch der übergeordneten Ebene,
- monatliche Detailplanung und Koordinierung auf der übergeordneten Ebene,
- Planung des Wochenprogramms auf Feldberaterebene, wobei Arbeitsziele für jeden Berater bestimmt werden.

Arbeitsziele werden gewöhnlich definiert als bestimmte Produktionsmengen der Bauern, als Produktionssteigerung, als Übernahmerate, aber auch als qualitative Veränderungen, wie Anbaudiversifizierung, Verbesserung der Nahrungsmittelversorgung, Erhaltung der Bodenfruchtbarkeit, stärkere Einbeziehung der Frauen in die Beratungsarbeit usw.. Es muß betont werden, daß es äußerst problematisch ist, realistische Prognosen über das zukünftige Verhalten der Zielgruppen abzugeben. Arbeitsziele, die eine entsprechende Reaktion der Beratungspartner voraussetzen, sollten daher immer nur für eine kurze Frist und in enger Absprache mit den Zielgruppen festgelegt werden.

Die in vielen Ländern häufige **Vorgabe von Produktionszielen** für die Beratung ist **einerseits erforderlich**, um in komplementären Bereichen wie Betriebsmittelversorgung, Kredit und Vermarktung entsprechend planen zu können. **Andererseits** ist das mit der großen **Gefahr** verbunden, daß sie von den Feldberatern und ihren Vorgesetzten **als absolutes Ziel** und einziger Erfolgsmaßstab **mißverstanden** wird. Würde man einem Feldberater z.B. eine 20%ige Erhöhung der Gesamtproduktion von Erdnüssen in seinem Bezirk als Ziel vorgeben, so ist es bequemer für ihn, dies über die Förderung einiger besonders leistungsfähiger Bauern zu erreichen und die Kleinbauern zu vernachlässigen. Die unmittelbaren Arbeitsziele für Berater sollten sich deshalb auf Ergebnisse von Aktivitäten beziehen, deren Zustandekommen in ihrer eigenen Verantwortung liegt, z.B.:

- Zahl, Orte und Inhalt durchzuführender Beratungsvorhaben (Feldtage, Demonstrationen, Dorfversammlungen, Schulungen usw.);
- Zahl der Personen oder Familien in den Zielgruppen, die vom Berater angesprochen werden sollen.

Aufgabe der Programmierung ist es weiterhin, Richtwerte für den zeitlichen Aufwand der verschiedenen Beratungsvorhaben zu erarbeiten, um die Beratungsaktivitäten der Kapazität der Beratungsorganisation anzupassen. Dabei müssen auch die Ausfallzeiten der Berater berücksichtigt werden (Zeiten für Krankheit, Urlaub,

Übersicht 9:

Programmierung der Beratung		
Entscheidungsebene	Programmierungsschritt	beteiligte Personen
Distriktebene Regionalebene	1. Festlegung der Jahresprogramme auf der Grundlage der Rahmenplanung der Reginalebene (Maßnahmen, Verantwortliche, Leistungsziele, Zeitplan)	- Berater der Distriktebene - Spezialisten - Personal der komplementären Maßnahmenbereiche - Feldberater - Zielgruppenvertreter
Regionalebene	2. Erarbeitung der Monatsprogramme a) Vorbereitung (Überprüfung laufender Programme, Diskussion von M & E-Ergebnissen, Vorplanung der Maßnahmen für nächsten Monat, Fortbildungsprogramme für Wochenseminare)	- Berater der Regionalebene - Spezialisten der komplementären Maßnahmebereiche - Berater der Distriktebene - Vorgesetzte Feldberater - Zielgruppenvertreter
Distriktebene	b) Bestimmung der Monatsprogramme auf der Basis der Vorbereitung auf Regionalebene (Maßnamen, Vorgehensweise, Verantwortung, Beteiligte, Ziele, zeitliche Planung, Detailplanung für wöchentliche Beraterfortbildung)	- Berater der Distriktebene - Vorgesetzte Feldberater - Spezialisten und komplementäre Maßnahmenbereiche auf Feldebene - Zielgruppenvertreter
Feldberaterebene	3. Planung der Wochenprogramme, detaillierte Arbeitsplanung für jeden Arbeitstag der Feldberater (ein bis zwei Wochen im voraus)	- Vorgesetzte Feldberater - Feldberater - Spezialisten und komplementäre Maßnahmenbereiche auf Feldebene - Zielgruppenvertreter

Fortbildung, Feste, beratungsfremde Aufgaben usw.). Aus der monatlichen Gesamtarbeitszeit kann somit die Nettoarbeitszeit errechnet werden. Eine realistische Arbeitsplanung ist die Voraussetzung dafür, daß das Arbeitsprogramm verbindlich und überprüfbar gemacht werden kann.

VIII. ORGANISATION UND FÜHRUNG IN DER BERATUNG

Landwirtschaftliche Beratung als Dienstleistung für eine große Zahl von Menschen muß in sinnvoller Weise organisiert werden, um die Beratungsziele in angemessener Frist und mit möglichst geringem Aufwand an Personal, Material und finanziellen Mitteln zu erreichen.

Die Einrichtung von Beratungsdiensten ist in den meisten Entwicklungsländern eine Sache des Staates, in dessen Verwaltungsstruktur sie eingebettet ist. Als Alternativen zu staatlichen Einrichtungen gibt es auch andere Trägerinstitutionen und Formen der Beratung. In allen jedoch treten Probleme der Organisation und Führung von Beratungspersonal auf, wie z.B. mangelhafte Kommunikation und Koordination, autoritärer Führungsstil, fehlende Kontrolle, mangelnde Arbeitsmotivation. Um diese Probleme zu analysieren und in den Griff zu bekommen, ist es notwendig, Erkenntnisse der Organisationsforschung heranzuziehen und die Grundsätze des Managements zu kennen und anzuwenden.

In → Kap. VIII.1 werden daher zunächst die begrifflichen Grundlagen und wesentlichen Zusammenhänge für eine Analyse von Problemen der Organisation und Führung vermittelt (siehe auch → Kap. III.13). Daraus leiten sich eine Reihe von Schlußfolgerungen für organisatorische und personelle Fragen der Beratung ab. In → Kap. VIII.2 werden die verschiedenen Organisationsformen der Beratung und ihre Vor- und Nachteile beschrieben. → Kap. VIII.3 geht auf die personellen Aspekte der Beratungsarbeit ein. → Kap. VIII.4 enthält Vorschläge für ein verbessertes Berichtswesen.

1. GRUNDLAGEN DER ORGANISATION UND FÜHRUNG

Sind die Ziele und Maßnahmen der Beratung bzw. des Projekts durch den Planungsprozeß (→ Kap. VII.1) festgelegt, so ist es Aufgabe der Organisation, eine geeignete Struktur zu schaffen, damit alle Personen, die direkt und indirekt am Zustandekommen der "Dienstleistung Beratung" beteiligt sind, planmäßig und effizient zusammenwirken.

Die **formale Struktur** einer Organisation ergibt sich aus den offiziellen Regelungen, die die Gliederung und Spezialisierung in Leistungsbereiche (Abteilungen), die Rangabstufung der Mitglieder, die Festsetzung ihrer Entscheidungs-, Weisungs- und Kontrollbefugnisse sowie der Rechte, Pflichten, Entlohnung, Sanktionen usw. betreffen. Die formale Gliederung läßt sich anschaulich in einem **Organigramm** darstellen. Darin lassen staatliche Beratungsdienste einen hierarchischen Aufbau erkennen, mit einem Vorgesetzten an der Spitze und zahlreichen Feldberatern an der Basis. Insgesamt stellt eine Beratungsorganisation ein System dar, in dem Informationen fließen, Entscheidungen getroffen und Aufgaben ausgeführt werden.

Jede Organisation ist nicht nur ein formales Gebilde, sondern, da sie aus Menschen besteht, **ein soziales System**. Status (Stellung eines Individuums in bezug auf andere) und Rolle der Mitglieder (Verhaltenserwartung, die sich aus dem Status ergibt) sind durch formale Regelungen nicht vollständig zu bestimmen. Neben den geplanten, formalen Beziehungen, sind es gerade die nur schwer beeinflußbaren, informellen zwischenmenschlichen Beziehungen, die in hohem Maße zum Erfolg (Vertrauen, Kooperation, hohe Motivation) oder Mißerfolg der Organisation (z.B. verdeckter Widerstand, Verweigerung der Kooperation, Statuskonflikte, Zurückhalten von Informationen, Neid, Frustration usw.) beitragen. Das Geflecht **formaler Regelungen und informeller Beziehungen** der Organisationsangehörigen untereinander bestimmt also insgesamt deren Verhalten.

Seit langem bemüht man sich darum, die Faktoren näher zu kennen, die Einfluß auf die **Arbeitsmotivation** und damit auf die **Arbeitsleistung** der Mitglieder haben (⟶ Kap. III.13). Vorstellungen aus den Anfängen der **Organisationstheorie** gingen davon aus, daß der Durchschnittsmensch von Natur aus der Arbeit abgeneigt sei und daß ein Arbeitgeber ihn deshalb nur durch positive (Gehalt) und negative Sanktionen (Druck, Strafe) und strenge Kontrolle zur Arbeit anhalten könne. Kennzeichen dieses "harten Managements" ist ein autoritärer **Führungsstil** des Vorgesetzten, der alle Entscheidungen selbst trifft und genaue Arbeitsanweisungen erteilt, die vom Untergebenen kein Mitdenken erfordern und ihm nur einen eng begrenzten Raum für eigene Verantwortung zugestehen. Mit repressiv-autoritären Methoden lassen sich zwar für einige Zeit hohe Leistungen der Untergebenen erzielen, aber auf keinen Fall in solchen Tätigkeitsbereichen, wo es auf Verantwortung und Kreativität ankommt. (⟶ C 7).

Mit einem **"laisser-faire"-Führungsstil**, der den Untergebenen völlige Entscheidungsfreiheit läßt, hat man keine positiven Erfahrungen machen können, da er zu Desorganisationen führt.

Nach Theorien der "Human Relations"-Richtung sind vor allem angenehme Arbeitsbedingungen und zusätzliche Leistungen des Arbeitgebers (z.B. Aufstiegsmöglichkeiten, Sicherheit des Arbeitsplatzes, wachsende Selbstverantwortung) imstande, die Mitarbeiter einer Organisation zu mehr Engagement zu motivieren. Natürlich ist es nicht in allen Fällen möglich, die Ziele der Organisation mit den persönlichen Zielen und Wünschen der Mitarbeiter in Einklang zu bringen.

Nach neueren Erkenntnissen sind für die Arbeitsmotivation nicht in erster Linie materielle Anreize ausschlaggebend, sondern vor allem die **Befriedigung**, die der einzelne **aus seiner Arbeit selbst** empfängt, wenn er deren Sinn bejaht und sich über Ergebnisse und Erfolge freuen kann, wenn ihm weitgehende Freiheit der Gestaltung eingeräumt wird und seine Tätigkeit interessant und anspruchsvoll ist, weil seine Kenntnisse, Fähigkeiten und Talente herausgefordert und entwickelt werden. Daneben sind auch persönlicher **Erfolg und Anerkennung** seiner Leistung wichtig.

Um solche motivationsfördernden Arbeitsbedingungen in einer Organisation zu schaffen und aufrechtzuerhalten, sind hohe Anforderungen an die Führungseigenschaften der jeweiligen Vorgesetzten zu stellen. Andererseits müssen die unterstellten Mitarbeiter sich des ihnen entgegengebrachten Vertrauens als würdig erweisen, wenn der Vorgesetzte sich auf ihre Eigeninitiative und Verantwortung verläßt. Auf eine Leistungskontrolle wird jedoch nicht verzichtet.

Ein **demokratischer, kooperativer Führungsstil**, der von autoritärem und laisser-faire-Stil gleich weit entfernt ist, äußert sich in einer entsprechend strukturierten Organisation wie folgt:

- Kommunikation findet auf und zwischen allen Ebenen der Organisation wechselseitig statt; diejenige von unten nach oben ist nicht schwächer, als die von oben nach unten gerichtete.
- Kompetenzen liegen nicht zentral in den Händen weniger "unentbehrlicher" Personen, sondern werden delegiert und aufgeteilt.
- Entscheidungen fallen weitgehend dezentralisiert auf allen Ebenen der Organisation.

- Ziele werden nach Diskussion mit Beteiligung aller festgelegt.
- Die Untergebenen haben Zielvorgaben, deren Verwirklichung sie weitgehend selbst bestimmen.
- Teilnahme an Kommunikation und Entscheidungen ebenso wie Selbstverantwortung tragen wesentlich zur Motivation der Mitarbeiter bei.
- Kontrolle und Leistungsmessung dienen weniger der Belohnung oder Bestrafung, sondern mehr der Selbstkontrolle der Mitglieder und der Lösung von Problemen.

Weitere Einzelheiten zum Problem des Führungsstils bietet ⟶ C 7. Selbstverständlich lassen sich nicht in jeder Organisation "ideale" Bedingungen schaffen, doch die Kenntnisse der Grundlagen und Zusammenhänge erlaubt eine Analyse konkreter Organisationsprobleme der Beratungspraxis und kann Ansatzstellen für Verbesserungen aufzeigen.

2. ORGANISATIONSFORMEN DER BERATUNG

Landwirtschaftliche Beratungsdienste im Rahmen der Kleinbauernförderung müssen einer Reihe von organisatorischen Anforderungen genügen:

(1) Zielbestimmung

Beratungsziele müssen klar und überzeugend definiert sein und in konkrete Arbeitsprogramme für die einzelnen Ebenen und Berater umgesetzt werden.

(2) Kontinuität

Im Hinblick auf die Langfristigkeit von Beratung ist Kontinuität von Regelungen und Verfahren, Personen, materieller Ausstattung und Finanzierung erforderlich.

(3) Flexibilität und Initiative

Die Herausforderung durch vielfältige und neuartige Probleme, das Aufspüren und Wahrnehmen von Gelegenheiten und neuen Möglichkeiten, die Aufnahme, Pflege und Entfaltung von Beziehungen zu den Zielgruppen und zum sozialen und institutionellen Umfeld der Organisation machen intelligente, kreative und dynamische Verhaltensweisen aller Organisationsmitglieder erforderlich.

(4) Kommunikation

Ohne ein zweiseitiges Kommunikationssystem innerhalb der Beratungsorganisation ist kein ausreichender Informationsfluß möglich. Rasche und wirksame Kommunikation ist eine Hauptvoraussetzung für Flexibilität und Initiative.

(5) Koordination

Beratung erfordert den Einsatz komplexer Maßnahmen, deren Koordination selbständig und zuverlässig auf verschiedenen Ebenen erfolgen muß.

(6) Kontrolle

Die Beratungsorganisation hat die Beratungsleistungen auf der Basis der gestellten Ziele und Arbeitsprogramme zu überprüfen. Dies setzt wirksame Kontrollmechanismen voraus.

(7) Bewertung

Im Hinblick auf die laufend erforderliche Maßnahmenanpassung bedarf es einer laufenden Evaluierung der Programme.

(8) Qualifikation

Für das Funktionieren von Beratung ist die ausreichende Qualifikation der Berater sowohl im produktionstechnisch-betriebswirtschaftlichen als auch im beratungsmethodischen und administrativen Bereich eine Voraussetzung. Entsprechende Rekrutierungs- und Aus- und Fortbildungsverfahren sind erforderlich.

(9) Motivation

Voraussetzung für erfolgreiche Beratungsarbeit ist eine positive Arbeitshaltung der Berater. Die Beratungsorganisation muß deshalb durch überzeugende Ziele und erfolgreiche Programme transparente Leistungsbeurteilung, klare Aufgabendefinition, die Schaffung von Aufstiegs- und Weiterbildungsmöglichkeiten und einen partnerschaftlichen Arbeitsstil die organisatorischen Voraussetzungen für eine gute Arbeitsmotivation der Berater schaffen.

In ⟶ Übersicht 10 werden typische Organisationsmerkmale verschiedener Trägerinstitutionen gegenübergestellt. Dies sind lediglich Tendenzaussagen aufgrund vorliegender Erfahrung. Abweichungen davon sind bei allen Trägern möglich.

Die Analyse zeigt bei den einzelnen Trägern unterschiedliche Stärken und Schwächen auf. So werden bei den Entscheidungen über Zielsetzung und methodische Durchführung der Beratung bei staatlichen und kommerziellen Trägern Zielgruppen und Feldberater meist unzulänglich oder überhaupt nicht beteiligt. Dies führt häufig zu unzulänglichen Arbeitsleistungen aufgrund fehlender Motivation.

Übersicht 10:

Merkmale von Beratungsorganisationen verschiedener Träger		Staatliche Beratung	Kommerzielle Organisation	Selbsthilfe-organisation	Autonome Beratungs-organisation
Ziele	Herkunft	Durch zentrale Planung vorgegeben	Vorgegeben durch Zentrale	vorgegeben durch SHO*) selbst und SHO Zentralen	Eigene Vorschläge mit Billigung der Zentrale
	Art der Detailplanung	Planungsbehörden ohne Beteiligung der ZG*) und Berater	durch Organisation, ohne Beteiligung von ZG und Beratern	durch Einzel-SHO und Hilfe zentraler SHO-Stellen	durch Org. unter Beteiligung von ZG und Beratern
	Verfahren der Zielrevision	Global im Rahmen der Revision der Gesamtpläne (schwerfällig)	kurzfristig als Reaktion auf wirtsch. Veränderungen	Abstimmung zwischen SHO Zentralen und Gesamtplan (langwierig)	Abstimmung zwischen Organ. und nationalem Gesamtplan
Struktur	Führungsstil	bürokratisch-entscheidungsschwach	dirigistisch, kontroll-orientiert	partizipativ-bürokratisch	partizipativ-effizient
	Beteiligung der Feldberater an Entscheidungen	kaum	keine	möglich	häufiger
	Zentralisierungsgrad	hoch	relativ hoch	relativ gering	gering
	interne Kommunikation	hierarchisch von oben nach unten	einseitig von oben nach unten	zweiseitig angelegt, oft umständlich	zweiseitig angelegt
	Ablaufkontrolle und Ablaufsteuerung	nicht vorhanden oder nicht funktionierend	vorhanden und effizient	meist fehlend oder ineffizient	vorhanden und effizient
	Arbeitsbedingungen	Anstellungssicherheit, geringe Karrierechancen, schlechte Ausstattung	geringe Sicherheit, Leistungsdruck	Arbeitsplatz unsicher, geringe Aufstiegsmöglichkeiten	bessere Bezahlung, kaum Aufstiegschancen
	Motivationsmechanismen für Feldberater	bürokratisch-inflexibel, kaum Anreize	leistungsorientierte Bezahlung, Unterkunft, Fahrzeuge	Übertragung von Verantwortung, selbständiges Arbeiten	Zusammenarbeit mit ZG, weltanschauliche Übereinstimmung
Personal	- Qualifikation	betont formal	leistungsorientiert	relativ niedrige formale und leistungsmäßige Anforderungen	relativ hoch (formal) bei ausländischem Personal
	- Ausbildung	formale Betonung	Grundausbildung wird sichergestellt	häufig auch formal mangelhaft	deutlicher zielorientiert
	- Fortbildung	eher zufällig, routinemäßig, unzulänglich	laufend während und nach der Beratungstätigkeit	meist ungenügend	auf Zielsetzung ausgerichtet
	- Rekrutierungsweise	von den Ausbildungsstätten	Abwerbung häufig	oft lokal angestellt	teilweise im Ausland, Abwerbung im Inland
	Materielle Mittel	staatliches Budget	- staatliches Budget - externe Geber	Eigenmittel der SHO, Budgetgelder, Entwicklungshilfegelder	bilaterale und multilaterale Geber
Kontinuität der Organisation	- Bestand	gesichert	Zeitrahmen oft in Abkommen festgelegt	unsicher	gebunden an externe Finanzierung
	- Autonomie	so wie alle anderen Behörden	im Rahmen der Abkommen sehr hoch	abhängig von der politischen Lage	gebunden an externe Finanzierung
Koordinierung	- mit Zielgruppen	Anordnung und Überredung, politisch administrativer Druck	Überredung, ökonomischer Anreiz der Angebote	Struktur der Zielgruppe selbst	NGO*)-Projekte kooperieren oft mit lokalen Gruppierungen
	- mit der staatlichen Verwaltung	integraler Bestandteil, alle Vorschriften finden Anwendung	im Abkommen mit der Regierung festgelegt	übergeordnete (überlokale), oft umständliche Koordination	formal eingegliedert, de facto selbständig
	- mit anderen Organisationen	schwierig mit Organisationen außerhalb staatlicher Weisungsbefugnis	wenig Interesse, pragmatisch	formal meist nicht abgesichert	pragmatisch, vom Verhandlungsgeschick abhängig

*) ZG = Zielgruppen   *) SHO = Selbsthilfeorganisationen   *) NGO = Non Governmental Organization

Selbsthilfeorganisationen und autonome Projekte sind zwar meist zielgruppenorientierter und können ihre Berater besser motivieren, sind aber häufig politisch umstritten, von externer Finanzierung abhängig und damit in ihrer Kontinuität gefährdet.

In der Regel sind in Projekten die Träger von Beratungsdiensten vorgegeben. Ein Vergleich der Leistungsmerkmale unterschiedlicher Trägerinstitutionen kann aber nützlich sein, um Schwachstellen rascher zu identifizieren und positive Erfahrungen unterschiedlicher Träger zusammenzuführen.

Auf die Eignung der verschiedenen Trägerinstitutionen im Hinblick auf die organisatorische Leistungsfähigkeit wird nachfolgend im einzelnen eingegangen (vgl. auch ⟶ Übersicht 5 und ⟶ Kap. IV.1).

2.1 STAATLICHE BERATUNGSDIENSTE

Die große Mehrheit der Beratungsdienste in Entwicklungsländern ist Bestandteil der staatlichen Verwaltung. Ihre typischen Kennzeichen sind Bürokratisierung, mangelnde Zielgruppenbeteiligung, starre und schwerfällige Planung sowie unzulängliche personelle und materielle Ausstattung. Die Folgen sind ungenügender Zielgruppenbezug, geringe Motivation des Beratungspersonals, fehlende Nutzung lokalen Wissens und insgesamt unzureichende Arbeitsleistungen.

Staatliche Beratungsdienste werden daher nur dann wirksam arbeiten, wenn es gelingt, die Zielgruppen und Feldberater bei der Bestimmung von Zielen und Inhalten stärker direkt zu beteiligen, den Kommunikationsfluß innerhalb der Organisation und zu den Bauern zweiseitig durchlässig zu gestalten und eine rasche Anpassung der Programme an die ermittelten Erfordernisse sicherzustellen. Als Konsequenz solcher Veränderungen ist eine bessere Motivation der Berater zu erwarten, die durch transparente Leistungsermittlung, vergrößerte Verantwortung und gezielte Fortbildung zusätzlich gefördert werden kann.

2.2 KOMMERZIELLE BERATUNGSDIENSTE

Nicht die bei kleinbäuerlichen Familien vorliegenden Probleme, sondern die Förderung bestimmter Kulturen bzw. einzelner Produktionszweige stehen im Mittelpunkt kommerzieller Beratungsdienste. Sie sind durch eine sehr dirigistisch und autoritär arbeitende Organisation gekennzeichnet, die Beratungsziele und Vorgehensweise eindeutig vorgibt.

Leistungsorientierte Bezahlung der Berater, die Bereitstellung von ausreichenden Beratungshilfsmitteln, Transport und Unterkünften schaffen gemeinsam mit einem zumindest kurzfristig attraktiven Anbauprogramm und komplementären Leistungen die Voraussetzung für Beratungserfolge.

Durch den weitgehenden Ausschluß der Bauern bei Entscheidungen über Beratungsinhalte und Ziele treten die kommerziellen Interessen der Förderinstitutionen bei meist großer finanzieller Abhängigkeit der Bauern und unzulänglicher Kontrolle durch staatliche Instanzen einseitig in den Vordergrund.

Auf die besondere Belastung der Frauen bei kommerzieller Förderung soll hier ausdrücklich hingewiesen werden. Das Interesse der kommerziellen Beratungsdienste besteht vor allem darin, die Produktion von Exportfrüchten zu maximieren. Durch Flächenausdehnung und Steigerung der Flächenproduktivität wird die vorhandene Familienarbeitskapazität bis aufs äußerste belastet. Dies führt dazu, daß die traditionell mit Hauswirtschaft und Nahrungsmittelproduktion für den Eigenbedarf befaßten Frauen zusätzliche Arbeitsleistungen für die Produktion der Exportfrüchte erbringen müssen. Abgesehen von einer oft unzumutbaren Beanspruchung der Frauen kann dies die Vernachlässigung der Nahrungsmittelproduktion bewirken, teuren Zukauf erfordern und damit eine oft riskante Außenabhängigkeit nach sich ziehen.

2.3 PROJEKTEIGENE BERATUNGSDIENSTE

Immer wieder wird versucht, die ungenügende Effizienz staatlicher Beratungsdienste durch die Schaffung projekteigener Beratungseinrichtungen zu umgehen. Solche Institutionen funktionieren meist gut, solange sie von externem Personal- und Sachmitteleinsatz getragen werden. Autonome Projekte stehen meist unter erheblichem Erfolgszwang. Dadurch wird das externe Personal oft dazu gezwungen - entgegen der langfristigen Zielsetzung landwirtschaftlicher Entwicklung - kurzfristige Erfolge "um jeden Preis" anzustreben. Die Folgen eines solchen Vorgehens (Dirigismus, "Selbermachen" durch Experten, unmäßige Leistungsansprüche, Einsatz rigider Kontrollen, einseitige Benutzung von lokalen Gruppen) führen dann nach Abzug der Experten zum Zusammenbruch des "Regiebetriebes".

2.4 SELBSTHILFEORGANISATIONEN

Über die Möglichkeit, Selbsthilfeorganisationen in Entwicklungsländern als Träger für Beratungsdienste einzusetzen, liegen nicht sehr viele Informationen vor. Aus Industrieländern übernommene genossenschaftliche Organisationsmodelle haben sich als wenig leistungsfähig erwiesen. Man ist deshalb nunmehr bestrebt, nach entwicklungsfähigen lokalen Gruppierungen zu suchen, die zu Trägerinstitutionen der Beratung ausgebaut werden können.

Eine Sonderstellung haben von Kirchen und Freiwilligenorganisationen aufgebaute Beratungsdienste inne, die häufiger von Anfang an die Verknüpfung mit lokalen Gruppierungen suchen. Die Schwierigkeiten für solche Organisationen liegen darin, daß sie oft nur auf lokaler Ebene arbeiten, vom Engagement Freiwilliger abhängen und daß ihre Partneraufgaben nach der Übergabe oft wieder von den übergeordneten, meist wenig leistungsfähigen staatlichen Dienstleistungsbehörden übernommen werden.

Die Leistungen der Selbsthilfeorganisationen gerade im Bereich der landwirtschaftlichen Beratung finden im Vergleichmit den oft aufwendigen, professionellen, aber wenig erfolgreichen Großprojekten zunehmend Anerkennung. Ihre **Vorteilhaftigkeit** liegt in folgenden Bereichen:

- Größere Kontinuität bei der Besetzung von Beraterstellen und daher stärkere persönliche Bindung und vermehrte Identifikation mit den Problemen;
- bessere Motivation der Berater durch ausgeprägtere Orientierung an der lokalen Situation, Beteiligung an der Maßnahmenformulierung und flexible Arbeitsgestaltung;
- ganzheitlicher Ansatz in der Beratung mit stärkerer Beachtung der lokalen Ressourcen bei meist geringem Mitteleinsatz;
- mehr Spielraum der Berater für Eigeninitiative;
- Arbeit oft für unterprivilegierte Zielgruppen (Kleinbauern, Pächter, landlose Männer und Frauen), die von den staatlichen Beratungsdiensten nicht erreicht werden;
- Abkehr vom Denken in starren, kurzfristigen ökonomischen Kosten-Nutzen-Relationen, Einbeziehung sozialer und ökologischer Langzeiteffekte als Entscheidungsgrundlagen.

Im Grunde liegen bei diesen Einrichtungen die Erfolgsbedingungen darin, daß sie in ihrer Zielsetzung viel stärker an den Zielgruppen orientiert sind und den

Schwerpunkt ihrer Arbeit auf die Veränderung des unmittelbar beeinflußbaren Handlungsraumes der Bevölkerung legen.

Eine sinnvolle Zusammenarbeit zwischen Projekten und Selbsthilfeorganisationen könnte darin bestehen, lokale Organisationen zunächst für Teilaufgaben in die Beratung miteinzubeziehen (Beteiligung bei Planungen, Durchführung und Evaluierung von Beratungsaktionen, Demonstrationen und Feldtagen). Durch fortlaufende Aus- und Fortbildung kann die organisatorische Leistungsfähigkeit lokaler Gruppen gesteigert und damit die Übernahme weiterer Beratungsaufgaben ermöglicht werden.

Diesen Vorteilen steht ein beträchtlicher organisatorischer Aufwand bei Einrichtung und Betrieb der Organisationen, insbesondere in der Anfangsphase, gegenüber. Während Selbsthilfeorganisationen sich auf der Zielgruppenebene staatlichen Institutionen oft überlegen zeigen, ist der Aufbau regionaler und nationaler Verbände in Entwicklungsländern für sie besonders schwierig.

3. PERSONELLE ASPEKTE DER BERATUNGSARBEIT

In der Beratungsarbeit spielen Personalfragen eine besondere Rolle. Dieses Kapitel befaßt sich mit Fragen nach den Aufgaben ⟶ Kap. VIII.3.1, der fachlichen Qualifikation ⟶ Kap. VIII.3.2, der persönlichen Eignung ⟶ Kap. VIII.3.3, den Lebens- und Arbeitsbedingungen ⟶ Kap. VIII.3.4 sowie der Beurteilung der Berater ⟶ Kap. VIII. 3.5.

3.1 AUFGABEN DES BERATUNGSPERSONALS

Der **Feldberater** sollte in jeder Beratungsorganisation die **zentrale Stellung** einnehmen. Im direkten Kontakt mit der Zielbevölkerung entscheidet sich der Erfolg oder Mißerfolg von Beratungsprogrammen. Alle anderen Stellen, alle organisatorischen Vorkehrungen sollten vor allem den einen Zweck haben, die Arbeit der Feldberater zu unterstützen. Ohne leistungsfähige Feldberater sind hochqualifizierte Spezialisten und die Anwendung moderner Managementtechniken auf den vorgesetzten Ebenen nutzlos.

In der Praxis der Entwicklungsländer ist es leider häufig so, daß der Feldberater das schwächste Glied in der Organisationspyramide darstellt, was Bezahlung, Ausbildung, Wissen und Können, Status und somit auch Arbeitsleistung und -motivation betrifft.

In vielen Beratungsorganisationen sind die Arbeits- und Lebensverhältnisse der Feldberater durch Schwierigkeiten gekennzeichnet, über die man in den Zentralen nur wenig weiß. Zu Recht bezeichnet man den Feldberater als den "Unbekannten", die nicht auffindbare Person "draußen".

Im folgenden wird dargelegt, wie die Aufgabenstellung der Feldberater im Rahmen der Problemlösungs- und Zielgruppenorientierung im allgemeinen aussieht und welche Anforderungen sich daraus an die formale Qualifikation und die Persönlichkeit der Berater/-innen, aber auch an die Vorgesetzten ableiten (→ Kap. VIII.3.2 und → Kap. VIII.3.3).

(1) Feldberater

Der Aufgabenbereich des Feldberaters umfaßt Tätigkeiten im Bereich der Maßnahmenableitung, der Durchführung und der Kontrolle von Beratung.

Maßnahmenableitung

- Der Berater muß imstande sein, sich fortlaufend Detailkenntnisse über Personen, Gruppen und Institutionen in der Zielbevölkerung zu verschaffen. Soweit er die ermittelten Daten selbst nicht ausreichend interpretieren und nutzen kann, bedarf er der Hilfestellung durch Vorgesetzte und/oder Spezialisten.

- Er muß insbesondere befähigt sein, Beratungswiderstände zu erkennen und Ansatzstellen zu ihrer Überwindung aufzuzeigen.

- Bei der Problemermittlung hat er die Beteiligung der Zielgruppen sicherzustellen. Dazu muß er die diagnostischen Fähigkeiten bei den Zielgruppen selbst fördern, entsprechenden Zugang zu Individuen und Gruppen finden sowie deren organisatorischen Zusammenschluß entwickeln.

- Problemeinsichten und Lösungsvorschläge der Zielgruppen, die seine Entscheidungszuständigkeit überschreiten, hat er zu kommentieren und an die nächste Entscheidungsebene weiterzuleiten.

- Der Feldberater wird an den Gesprächen zur Maßnahmenentwicklung auf der nächsthöheren Ebene teilnehmen. Diese Beteiligung muß so gestaltet werden, daß eine echte Mitsprache und ein Mitentscheidungsrecht für den Feldberater gewährleistet ist.

- Soweit systematische Erhebungen nicht durch Spezialisten abgedeckt werden, muß der Feldberater diese zumindest nach vorheriger Einweisung auch selbst durchführen können.

Durchführung von Beratung

- Im Sinne des Problemlösungsansatzes besteht die primäre Aufgabe des Beraters darin, Gesprächstechniken anzuwenden, die dazu befähigen, die richtigen Fragen zur Aufdeckung von Schwierigkeiten zu stellen sowie gemeinsame Lösungsmöglichkeiten zu erarbeiten.
- Der Feldberater muß die Beratungsinhalte vermitteln. Dies bedeutet die Weitergabe von Wissen in den Bereichen Produktionstechnik, Betriebs- und Hauswirtschaft. Dabei ist es mit der verbalen Wissensvermittlung nicht getan. Er muß neue Verfahrensweisen vormachen, den Gebrauch neuer Geräte demonstrieren und die Zielgruppen selbst praktisch in die neuen Arbeitsgänge einweisen.
- Nur das Beherrschen praktischer Fähigkeiten ermöglicht dem Berater das Verständnis für die vorliegenden Schwierigkeiten. Er muß die lokalen Verfahren selbst handhaben können. Darüber hinaus müssen erprobte und in der Maßnahmendurchführung vorgesehene neue Techniken laufend eingeübt werden.
- Neben dem Wissen über die fachlichen Inhalte muß der Berater inhaltliche Lösungen methodisch richtig an die Zielgruppen vermitteln. Dazu gehören die folgenden **Beratungstechniken**:

    - Einzelberatungsverfahren
    - Gruppenberatungsverfahren mit Gruppenversammlungen, Demonstrationen und Feldtagen
    - Kampagnen und Ausstellungen
    - Beratung in Schulungszentren und Primarschulen
    - Einsatz audio-visueller Mittel
    - Herstellung einfacher Beratungshilfsmittel (⟶ Kap. V.5).

Management und Kontrolle

Im Zuge einer schrittweisen Planung und Durchführung bedarf es einer systematischen und fortlaufenden Kontrolle der Feldberater durch ihre Vorgesetzten sowie geeigneter Managementverfahren, um Korrekturen zu ermöglichen. Dem Feldberater kommen dabei die folgenden Einzelaufgaben zu:

- Teilnahme an Besprechungen mit Beratern und Zielgruppen;

- Anfertigen von Feldnotizen (Notizbuch);

- Anfertigen von Wochen- und Monatsberichten sowie von Berichten über besondere Ereignisse, Schwierigkeiten und Vorschläge;

- Hilfestellung gegenüber hinzugezogenen Spezialisten und externen Evaluierungen durch Erteilung von Auskünften, Vorbereitung von Versammlungen und eigenen Erhebungen.

(2) Vorgesetzter Feldberater

Um die Feldberater unterstützen zu können, müssen vorgesetzte Berater zunächst die an ihre Unterebenen gestellten Anforderungen (Inhalte, Methoden, Kontrolle) selbst erfüllen. Sie werden dazu in der Regel nur dann in der Lage sein, wenn sie für einen begrenzten Zeitraum - zumindest eine Saison - als Feldberater gearbeitet haben. Darüber hinaus haben **Vorgesetzte folgende Aufgaben**:

- Kooperative Beraterführung

    Nur gut motivierte Feldberater werden Leistungsbereitschaft entwickeln und damit die wichtigste Voraussetzung für erfolgreiche Beratungsarbeit erfüllen. Vorgesetzte müssen deshalb immer eine positive Motivation der Berater anstreben. Wege hierzu sind ein kooperativer und angstfreier Arbeitsstil, Lob bei besonderen Anstrengungen, Hilfestellung bei schwierigen Aufgaben, faire Leistungsbeurteilung, gezielte Fortbildung, Aufzeigen von Aufstiegsmöglichkeiten, Anteilnahme bei persönlichen Problemen, Offenlegen von Informationen und Entscheidungen der übergeordneten Instanzen, vor allem aber das persönliche Beispiel eines Vorgesetzten, der mit Begeisterung, Freude und Sachverstand an die Arbeit geht. Ein großer Teil an Motivation wird aus der Fähigkeit, die gestellte Aufgabe gut bewältigen zu können, und aus der erlebten Anerkennung der Zielgruppen gewonnen.

- Fachliche Unterstützung der Feldberater

    Den Großteil ihrer Arbeitszeit müssen direkte Vorgesetzte der Feldberater für praktische Hilfestellung bei der Durchführung der Beratungsarbeit einsetzen. Dabei kann es sich um Unterstützung bei schwierigen Programmen oder um die Übernahme von Teilaufgaben handeln. Häufig muß der Vorgesetzte die Unterstützung von Einflußpersonen suchen oder den Einsatz von Spezialisten anfordern.

- Berateraus- und -fortbildung (methodisch und fachlich)

    Feldberater bedürfen der ständigen Aus- und Fortbildung durch eine programmbezogene Vorbereitung. Hierzu muß man den Wissensstand der Berater ermitteln, Wissensmängel identifizieren und geeignete Lehrmethoden anwenden, um diese Lücke zu schließen. Dazu gehört auch die Information übergeordneter Stellen über Ausbildungswünsche im Rahmen der internen und externen Fortbildungsprogramme und die Befürwortung solcher Forderungen.

- Managementaufgaben

    Bei der Maßnahmenableitung und der Programmierung der wöchentlichen und monatlichen Beratungsarbeit hat der Vorgesetzte eine koordinierende Funktion gegenüber Feldberatern und Vertretern der Zielgruppen. Bei Besprechungen hat er Entscheidungen herbeizuführen oder Sachverhalte der nächsten Entscheidungsebene vorzulegen.

- Kontrolle der Feldberater

    Kontrolle zielt darauf ab, die Durchführung gemeinsam erarbeiteter Arbeitsprogramme zu gewährleisten. Der Vorgesetzte muß im Sinne kooperativer Zusammenarbeit diese Kontrolle "offen" gestalten und darauf achten, Probleme, Fehler und Nachlässigkeiten in der Arbeit der Feldberater voneinander zu trennen.

- Beurteilung der Feldberater

    Aus der Bewertung der Arbeitsleistungen ergibt sich die Beurteilung der Feldberater. Diese muß dazu dienen, Ansatzstellen für Aus- und Fortbildung aufzuzeigen sowie das Leistungspotential der Feldberater im Hinblick auf Weiterbildung und Beförderung zu erkennen.

- Berichtswesen

    Der Vorgesetzte muß die Berichte der Feldberater auswerten, diskutieren und weiterleiten, muß seine übergeordnete Ebene aber auch durch eigene Berichte schriftlich und mündlich informieren.

(3) Leitendes Personal übergeordneter Ebenen

Hierbei kann es sich entsprechend dem organisatorischen Aufbau von Beratungsdiensten um Leiter der Beratung auf Distrikt-, Regional- oder auch Ministeriumsebene handeln. Die Aufgabenstellung dieses Personenkreises verlagert sich von der praktischen Beratungsarbeit hin zu Aufgaben im planerischen und administrativen Bereich. Im einzelnen soll leitendes Personal folgende Tätigkeiten durchführen können:

- Teilnahme an der Formulierung von Rahmenplänen für die Beratung

- Koordinierung der komplementären Maßnahmen und des Einsatzes von Spezialisten

- Erstellung von personellen und materiellen Rahmenplänen und Koordinierung der hierzu erforderlichen Einzelmaßnahmen

- Planung von Aus- und Fortbildungsprogrammen auf der Grundlage der Vorschläge der Feldberaterebenen

- Erstellung erforderlicher Berichte, Statistiken und sonstiger Schriftstücke

- Abwicklung der finanziellen und administrativen Angelegenheiten

- Leistungsbeurteilung der direkt Unterstellten

- Stichprobenartige Teilnahme an der Feldberatung, um sich über Gespräche und Beobachtung einen persönlichen Eindruck von der Situation auf Dorfebene zu verschaffen.

(4) Spezialisten

Spezialisten für ausgewählte Teilbereiche werden in der Regel dann eingesetzt, wenn das fachliche Wissen der Berater nicht ausreicht. Der Erfolg einer Zusammenarbeit zwischen allgemeinem Berater und Spezialisten hängt jedoch davon ab, ob sich Spezialisten in die Situation der Zielgruppe und der Berater hineinversetzen können:

- Umsetzung ihres Fachwissens gemeinsam mit Feldberatern in Beratungsinhalte und Erarbeitung geeigneter Beratungsverfahren.
- Spezialisten müssen entsprechend den Konzepten des Problemlösungsansatzes Barrieren und Lösungsmöglichkeiten identifizieren.
- Teilnahme an der Aus- und Fortbildung der Feldberater. Sie müssen ihre Fachinhalte hierfür didaktisch aufbereiten und die Unterrichtung planen und durchführen.
- Spezialisten müssen in ständigem Kontakt mit ihren vorgesetzten Fachabteilungen und mit Forschungseinrichtungen stehen, um den Austausch von Forschungsergebnissen und Felderfahrungen zu ermöglichen.

3.2 FACHLICHE QUALIFIKATION

(1) Feldberater

Die Anforderungen an die fachliche Qualifikation von Feldberatern müssen sich pragmatisch am vorhandenen Angebot orientieren. Nachfolgend stehen deshalb **Mindestanforderungen**. Entsprechend den Möglichkeiten, Feldberater aus- und fortzubilden, kann die fachliche Qualifikation den tatsächlichen Erfordernissen der Beratungsarbeit angepaßt werden:

- Kenntnis der Lokalsprache

    Für die unmittelbaren Kontakte mit der Zielbevölkerung ist die Kenntnis der lokalen Verkehrssprache unumgänglich. In der jeweiligen Situation ist zu prüfen, ob es auch erforderlich ist, die Lokalsprache fließend zu sprechen.

- Vertrautheit mit Zielbevölkerung

  Kenntnis der örtlichen Kommunikationsregeln, Machtstrukturen und Besonderheiten sind eine Voraussetzung für erfolgreiche Beratungsarbeit. Wie vertraut der Berater mit der lokalen Situation sein muß, ist situationsspezifisch unterschiedlich. Merkmale wie Sprache, Religion, Stammeszugehörigkeit, Kaste, Familie sind zu prüfen. Danach ist zu entscheiden, wer als Feldberater überhaupt in Frage kommt.

- Landwirtschaftliche Erfahrung

  Unumgänglich für Beratung im Sinne des Problemlösungsansatzes ist das Vertrautsein mit den landwirtschaftlichen Praktiken der Zielgruppen. Dies findet sich am ehesten bei Feldberatern bäuerlicher Herkunft. Andernfalls muß die Vermittlung landwirtschaftlicher Erfahrungen über Praktika vor oder während der Berufsausbildung erfolgen.

- Schulische Grundausbildung

  Eine abgeschlossene Primarschulausbildung ist meist als ausreichend anzusehen. Untersuchungen weisen darauf hin, daß die Beraterleistungen mit formal höherer Schulausbildung eher absinken. Lesen, Schreiben und die Beherrschung der Grundrechnungsarten müssen aber als Minimalanforderungen vorausgesetzt werden.

- Landwirtschaftliche Ausbildung

  Diese wird sich an den im Entwicklungsland vorhandenen Ausbildungskapazitäten orientieren. Nur in wenigen Ländern besteht die Möglichkeit, Feldberater in ausreichender Zahl in ein- bis zweijährigen Landwirtschaftsschulen auszubilden. Häufig muß versucht werden, nach einer kurzen Grundausbildung das erforderliche Fachwissen gezielt über Fortbildungsmaßnahmen und Betreuung durch vorgesetzte Berater und Spezialisten zu vermitteln. Die Mindestanforderung für Berater besteht darin, Beratungsprogramme inhaltlich und methodisch korrekt durchführen zu können.

(2) Vorgesetzte Feldberater

Aus der beschriebenen Aufgabenstellung für vorgesetzte Feldberater ergeben sich die Anforderungen an die fachliche Qualifikation:

- Vom Vorgesetzten müssen zunächst die unter (1) für Feldberater benannten Anforderungen erfüllt werden.

- Dies setzt in der Regel eine mindestens einjährige erfolgreiche Tätigkeit als Feldberater voraus.

- Die Fähigkeit, Feldberater in ihrer Arbeit systematisch zu unterstützen und fortzubilden, setzt eine entsprechende Aus- und Fortbildung voraus. Diese kann sowohl durch eine qualifizierte Ausbildung an Fachschulen der mittleren Ebene als auch durch gezielte Fortbildung begabter Feldberater erreicht werden. Für Spezialisten und leitendes Beratungspersonal ergeben sich die Anforderungen an die fachliche Qualifikation analog aus den beschriebenen Aufgaben.

3.3 PERSÖNLICHE EIGNUNG

Persönlichkeitsmerkmale lassen sich bei der Einstellung von Beratern nur in begrenztem Umfang feststellen. Erst im Verlauf der Beratungsarbeit ist es möglich, vermehrt Informationen über die Persönlichkeit von Beratern zu erhalten und nötigenfalls mit gezielter Beeinflussung zu reagieren. Die nachfolgend aufgeführten Eigenschaften beschränken sich deshalb auf Merkmale, die normalerweise erkennbar sind und solche, die verändert werden können.

(1) Feldberater

- Motivation

    Diese steht in einem sehr engen Zusammenhang mit dem Arbeits- und Führungsstil der Beratungsorganisation. Eine positive Motivation wird immer dann erwartet werden können, wenn der Berater befähigt wird, Leistungen zu erbringen und diese Leistungen sowohl von der Organisation als auch von den Zielgruppen anerkannt werden. Übermäßiger Einsatz und zu stark zielstrebige Leistungsorientierung sind der Beratungsaufgabe im persönlichen Kontakt mit den Zielgruppen nicht dienlich.

- Kontaktfähigkeit

    Beratung mit der Hauptaufgabe der Kommunikation setzt bei Beratern die Fähigkeit voraus, kommunikative Beziehungen auch unter schwierigen Bedingungen herstellen zu können. Diese Fähigkeit kann über das Erlernen methodischer Verfahrensweisen weiter entwickelt werden.

- Eigenständigkeit

    Die Arbeit von Feldberatern erfordert ein beträchtliches Maß an Eigeninitiative und selbständiger Handlungsfähigkeit. Dementsprechend ist bei Beratern ein gutes Selbstbewußtsein, Beharrlichkeit in der Verfolgung von Zielen und die Fähigkeit wünschenswert, Kritik auch gegenüber vorgesetzten Personen und Gremien zu äußern. Eigenschaften dieser Art werden aber nur dann zum Tragen kommen, wenn von der Beratungsorganisation im Rahmen eines kooperativen Arbeitsstiles entsprechende Voraussetzungen geschaffen werden.

- Lernbereitschaft

    Beratung als Problemlösung setzt die Bereitschaft voraus, über die Identifizierung von Handlungsbarrieren und die Suche nach Lösungen Lernprozesse in Gang zu setzen. Personen, die lediglich bereit sind, fertige Wissensinhalte zu vermitteln, erfüllen nicht die Anforderung an Lernbereitschaft.

- Körperliche Leistungskraft

    Gesundheit und eine robuste körperliche Konstitution sind eine Voraussetzung für den Feldberater, um die oft mühselige und harte Beratungsarbeit unter schwierigen klimatischen und topographischen Bedingungen entlegener Gebiete leisten zu können. Regelmäßige medizinische Untersuchungen und Betreuung sollen dazu beitragen, die Gesundheit der Feldberater zu erhalten.

- Psychische Eignung

    Die Arbeit in entlegenen ländlichen Gebieten erfordert auch eine starke psychische Widerstandskraft gegenüber Belastungen. Bei deren Beurteilung sind auch die familiären Bedingungen des Beraters mitzuerwägen.

(2) Vorgesetzte Berater, leitendes Personal und Spezialisten

Die bei den Feldberatern genannten Persönlichkeitsmerkmale haben grundsätzlich auch für das Beratungspersonal auf den vorgesetzten Ebenen Gültigkeit. Darüber hinaus sind an diese Personengruppe im Bereich der Führungsaufgaben die folgenden Anforderungen zu stellen:

- Kooperativer Arbeitsstil

    Die bei den Feldberatern erwünschten Eigenschaften (Motivation, Kontaktfähigkeit, etc.) können sich nur herausbilden und festigen, wenn die Vorgesetzten einen nicht-dirigistischen, kooperativen Arbeitsstil einhalten. Dies bedeutet die Delegation von Verantwortung, die Einbeziehung von Vorschlägen der untergeordneten Ebenen und Zielgruppen sowie die partnerschaftliche Hilfestellung gegenüber Mitarbeitern bei der Arbeit.

- Führungsfähigkeit

    Kooperative Arbeitshaltung sollte mit Führungsfähigkeit gepaart sein. Vorgesetzte müssen imstande sein, Entscheidungen herbeizuführen, funktionale Aufgabenstellungen festzuschreiben und deren Einhaltung durch entsprechende Kontrollmechanismen sicherzustellen. Führungseigenschaften schließen demnach Merkmale wie konsequentes Handeln, Hilfestellung bei Schwierigkeiten und Kontrolle vereinbarter Arbeitsaufträge mit ein.

3.4 LEBENS- UND ARBEITSBEDINGUNGEN

Eine Reihe von Untersuchungen über die Arbeits- und Lebensbedingungen der Berater auf Feldebene führen zu dem Schluß, daß ungenügende Beratungsleistungen nur zu einem geringen Teil den Beratern persönlich anzulasten sind. Vielmehr ist schlechte Beratungsarbeit eine Reaktion des Beraters auf unzureichende Management-, Anstellungs- und Lebensverhältnisse. Unter solchen Bedingungen ist es auch nicht möglich, durch rigide Kontrollsysteme und drastische Strafen nachhaltig Leistungssteigerungen zu erzielen. Um die Berater zu einer positiven Arbeitshaltung zu motivieren und damit bessere Beratungsleistungen zu erzielen, sind deshalb die folgenden Anforderungen an die Lebens- und Arbeitsbedingungen zu stellen.

Allgemeine Lebensbedingungen

Die Lebensbedingungen in ländlichen Gebieten werden von vielen Beratern als schwierig und nachteilig im Vergleich zum Leben in der Stadt empfunden. Über die Bereitstellung ausreichender Unterkünfte, Transportmittel und Ausrüstung hinaus wäre an eine Reihe von Maßnahmen zu denken, durch die der Aufenthalt in ländlichen Gebieten attraktiver gestaltet werden könnte:

- Einrichtung einer kleinen Bibliothek mit populärwissenschaftlichen und belletristischen Büchern, die im Rotationssystem durch alle Beratungsgebiete wandern. Diese Bibliothek könnte auch einige Zeitschriften und Zeitungen führen, deren Bezug in den Dörfern nicht möglich ist.

- Oft haben sich Berater mit der Gründung lokaler Vereine (Fußball, Basketball, Schach, Fotografieren, Sportklubs, Landjugend) und Diskussionsrunden ein befriedigendes Aktionsfeld geschaffen, das zudem ihre Stellung in der lokalen Gesellschaft stärkt und sich positiv auf die Beratungsarbeit auswirkt. Die Beratungsorganisation kann solche Initiativen durch die Bereitstellung von Sportgeräten und finanziellen Beihilfen wirksam unterstützen.

- Berater mit schulpflichtigen Kindern sollten nur an Standorte mit entsprechenden Schulen versetzt werden. Ist dies nicht möglich, so lindern Schulbeihilfen eventuell das Problem.

- Berater, die Fernkurse zur Weiterbildung belegen, sollten bei erfolgreicher Ablegung von Teilprüfungen Beihilfen erhalten.

- Systematisch geplante Exkursionen der Feldberater zur Besichtigung anderer Projekte oder Beratungsgebiete tragen zur Kommunikation mit der "Außenwelt" und zur Hebung der Lebensqualität bei.

Anstellungsbedingungen

Beratung erfordert Kontinuität. Häufig wechselnde Berater und Unsicherheit über die Dauer von Anstellung und Aufenthalt verhindern den Aufbau einer soliden Vertrauensbasis, die für die langfristiger angelegte kleinbäuerliche Förderung eine Voraussetzung ist.

Eine bessere Entlohnung bzw. der Abbau zu großer Einkommensunterschiede zwischen Feldberatern und vorgesetzten Beratern wird nur dann ein echter Leistungsanreiz sein, wenn auch die übrigen Bedingungen im Bereich Management und Kontrolle verbessert werden. Dies kann wie folgt geschehen:

- Berater sollten langfristige Dienstverträge erhalten, die nur bei gravierenden disziplinarischen Gründen oder wiederholt ungenügenden Leistungen gekündigt werden dürfen.
- Berater sollten während eines Wirtschaftsjahres grundsätzlich nicht versetzt werden.
- Berater sollten nach Möglichkeit mindestens drei Jahre an einem Ort arbeiten, bevor sie eine Versetzung beantragen dürfen. Versetzungen durch die Beratungsorganisation selbst dürfen nur in sachlich unumgänglichen Fällen innerhalb dieses Zeitraumes durchgeführt werden.
- Die Leistungsbeurteilungen müssen transparent gestaltet werden. Ebenso müssen Aufstiegschancen und offene Stellen allen Beratern bekannt gemacht werden.
- Gehälter sind an den Einkommen vergleichbarer Tätigkeiten in anderen Sektoren zu orientieren.
- Beförderungen außerhalb der Reihe bei besonderen Leistungen; Leistungen können auch dadurch anerkannt werden, daß Berater für weiterführende Aus- und Fortbildungsgänge vorgeschlagen werden.

3.5 BEURTEILUNG DER BERATER

Die Berater sollen beurteilt werden, um zu kontrollieren, ob sie die festgelegten Ziele erreicht haben. Für die Berater gibt dies eine Rückmeldung, inwieweit ihre Arbeit beim Vorgesetzten Anerkennung findet. Darüber hinaus soll diese Bewertung Aufschlüsse über fachliche und methodische Schwierigkeiten der Berater geben. Die Vorgesetzten finden so Ansatzstellen für eine intensivere Betreuung und erkennen den Bedarf an Aus- und Fortbildungsmaßnahmen.

Das Ziel der Leistungsbeurteilung darf deshalb nicht die Bestrafung von Beratern sein, sondern die Überwindung festgestellter Schwächen. Erst wenn kooperative Hilfestellung und gezielte Ausbildungsmaßnahmen die Beraterleistung nicht verbessern können, werden weitergehende Maßnahmen wie Verwarnungen, Kürzungen der Bezüge und Entlassung zu erwägen sein.

Die Problematik der Leistungsbeurteilung von Feldberatern liegt darin, daß mangelhafter Beratungserfolg nicht zwangsläufig die Folge ungenügender Beratungsarbeit des einzelnen Beraters ist, sondern auch auf anderen Faktoren beruhen kann, wie unzureichender Beratungsdichte, zu niedrigen Preisen für Agrarerzeugnisse, Ausfall komplementärer Maßnahmen usw. Dies ist mit dem Berater zu besprechen und vom Vorgesetzten sorgfältig zu prüfen. Bei der Beurteilung der Leistungen des Beratungspersonals müssen die folgenden Prinzipien beachtet werden:

- Es muß versucht werden, für alle Berater objektive und gleich angewandte Kriterien anzulegen.

- Der unmittelbare Vorgesetzte ist am ehesten in der Lage, die Beraterleistung zu beurteilen.

- Voraussetzung für eine objektive Personalevaluierung sind eindeutige Arbeitsplatzbeschreibungen sowie eindeutig definierte Arbeitsprogramme.

- Ergebnisse von Leistungsbeurteilungen müssen zu Konsequenzen wie verstärkter Fortbildung, Überprüfung der Beratungsprogramme, Beförderungen usw. führen.

Die Leistungen der Feldberater können wie folgt beurteilt werden:

- Wöchentliche Programmbesprechungen

   Statt mit meist vagen Zielvorgaben die Gestaltung der Beratungsarbeit weitgehend den Beratern selbst zu überlassen und die Berater im Feld nur zufällig und gelegentlich zu betreuen, wird durch wöchentliche oder 14tägige Programmierungsbesprechungen ein verbindliches und überprüfbares Arbeitsprogramm festgelegt. Die Erfüllung dieses Arbeitsprogrammes wird zu Beginn jeder Besprechung im Beisein aller Berater überprüft und diskutiert. Zusätzlich gibt ein feststehendes Programm dem vorgesetzten Berater die Möglichkeit, die Berater im Feld aufzusuchen und die geleistete Arbeit selbst zu beurteilen. Die Einbeziehung von Zielgruppenorganisationen in die Beratungsarbeit gibt deren Vertretern die Möglichkeit, Beraterleistungen zu kommentieren und mit vorgesetzten Beratern zu besprechen.

- Wöchentliches Aus- und Fortbildungsseminar

   Ein solches Seminar dient dazu, die technisch-fachlichen und methodischen Schwierigkeiten bei Beratern durch Fortbildung abzubauen sowie die Berater auf das Programm der nächsten Woche durch inhaltliche Erläuterungen und die Einübung der Vorgehensweisen vorzubereiten.

- Jährliche Personalbeurteilung

   Meistens müssen einmal im Jahr vertrauliche Personalbeurteilungen abgegeben werden. Die Summe aller Einzelleistungen und Beobachtungen sollte sich in diesem Bericht niederschlagen. Häufig besteht die Tendenz, solche Beurteilungen zu positiv zu verfassen, was zur Folge haben kann, daß Personen mit unzulänglichem Leistungsniveau in noch verantwortungsvollere Positionen befördert werden.

Ein Beurteilungsschema sollte die folgenden Bereiche berücksichtigen

- Fachwissen
- Arbeitshaltung
- Arbeitsleistungen
- Fähigkeit zu selbständiger Arbeit
- Verhältnis zu Zielgruppe und Institutionen
- Verhältnis zu Beratern auf gleicher Ebene
- Verhältnis zu Vorgesetzten
- Eignung zur Fortbildung
- Anmerkungen.

Für ein kooperatives und offenes Arbeitsklima ist es besser, die Beurteilung nicht vertraulich weiterzugeben, sondern dem Beurteilten vorher vorzulegen und ihm die Möglichkeit zugeben, eine Stellungnahme anzufügen.

4. VORSCHLÄGE FÜR EIN VERBESSERTES BERICHTSWESEN

Wesentliche Grundlage für die Steuerung und Kontrolle von Maßnahmen ist ein Berichtswesen, das in mündlicher oder schriftlicher Form Daten liefert, die als Entscheidungsgrundlage verwendbar sind. Diese Aufgabe können Berichte aber nur erfüllen, wenn die ermittelten Informationen eine Beziehung zu den Inhalten und Zielen der Beratung erkennen lassen.

Bei vielen **Berichtssystemen** sind eine Reihe von Schwachstellen erkennbar:

- Angeforderte Informationen werden für die Kontrolle und weitere Planung gar nicht benötigt (u.a. das Aufzählen von Beratungsaktivitäten ohne Kommentierung der Teilnehmerreaktionen und vermittelten Inhalte);

- Berichte sind oft falsch oder ungenau, weil die Berater keine Reaktionen auf Informationen erkennen können und deshalb nur ihrer formalen Verpflichtung nachkommen;

- umständliche Dienstwege verzögern die Weiterleitung von Berichten und verhindern damit oft die rechtzeitige Maßnahmensetzung;

- nützliche, aber unangenehme Informationen finden besonders in autoritären Managementsystemen selten Verwendung, weil Feldberater und Zielgruppen bei Entscheidungen nicht beteiligt werden und Kritik nicht erwünscht ist.

- häufig dienen Berichte der Verschleierung, wofür Erfolgsdruck, aber auch die unzulängliche Beteiligung der unteren Ebenen bei Planung und Fortschreibung von Maßnahmen verantwortlich zu machen sind;

- schließlich führen Schwierigkeiten meist dazu, die Ursachen hierfür bei anderen zu suchen und die eigene Schuld abzuwälzen. (Folge eines mißverstandenen "Leistungsprinzips"!)

Ein gut funktionierendes Berichtswesen mißt sich aber nicht am beschriebenen Papier, sondern am funktionalen Inhalt mündlicher oder schriftlicher Informationen. Eine zielorientierte Berichterstattung ist gerade im Beratungswesen erforderlich, weil dort Ergebnisse oft nicht gleich sichtbar werden und von anderen Einflußfaktoren nicht leicht abtrennbar sind.

Berichte sollen deshalb nicht als "lästige" zusätzliche Arbeitsbelastung aufgefaßt werden. Die angestrebten positiven Effekte sind erhöhte Arbeitsdisziplin der Berater, erhöhtes Verständnis für getroffene Entscheidungen auf allen Arbeitsebenen und verbesserte Zielkongruenz zwischen geplanten und durchgeführten Maßnahmen. Berichtssysteme sollten die folgenden **Anforderungen** erfüllen:

- Die Notwendigkeit von Berichten muß von den anfordernden Ebenen einsichtig begründet werden.
- Die Zahl von Berichten muß so niedrig wie möglich gehalten werden.
- Berichte müssen stichprobenartig geprüft werden; diese Überprüfung muß rasch und einfach durchführbar sein.
- Berater müssen für die Beschaffung von Informationen und das Abfassen von Berichten geschult werden.

Die Datensammlung dient der kontinuierlichen Beobachtung des Projektgeschehens (Monitoring) und der begleitenden Evaluierung zur Überprüfung der Übereinstimmung mit der vorgegebenen Zielstellung. Ablaufsteuerung und Ablaufkontrolle (Monitoring/Evaluierung) sind unentbehrliche Instrumente für das Management von Beratungsdiensten. Sie umfassen:

- Auswertung der im Zuge der mündlichen und schriftlichen Berichterstattung anfallenden Daten;
- Ermittlung von Veränderungen und Erarbeitung von alternativen Maßnahmen, die im Sinne schrittweiser Planung und Durchführung zum Einsatz gelangen;
- Bestimmung von Sonderuntersuchungen und Forschungsschwerpunkten;
- Speicherung der Informationen und Daten in leicht abrufbarer Form;
- Beteiligung und Hilfestellung bei Evaluierungen durch Dritte;

IX. AUS- UND FORTBILDUNG DER BERATER

Die Aus- und Fortbildung von Beratern entscheidet mit über die Leistungsfähigkeit von Beratungsdiensten. Eine vollständige Darstellung der praktischen Durchführung der Berateraus- und -fortbildung würde den Rahmen dieses Handbuches überschreiten. Das vorliegende Kapitel beschränkt sich deshalb darauf, einige wesentliche Gesichtspunkte aufzuzeigen. Aus- und Fortbildung betrifft Berater auf allen Ebenen, auch die im Rahmen der Technischen Hilfe tätigen Mitarbeiter.

Die **Ermittlung des Bildungsbedarfes** setzt die Bewertung des Wissensstandes und der Fähigkeiten der Berater voraus. Da eine solche Bestimmung subjektiver Bewertung unterliegt, sollten mehrere Informationsquellen und -verfahren herangezogen werden (Beurteilung durch Vorgesetzte, Zielgruppen, Evaluierungen). Das Bildungsdefizit ergibt sich, wenn man den Ist-Zustand dem Soll, d.h., den Anforderungen gegenüberstellt. Wissen und Können werden von den Beratern in folgenden Bereichen verlangt:

- Technisches Fachwissen
- diagnostische Fähigkeiten
- kommunikative Techniken
- Management und Verwaltung.

1. AUS- UND FORTBILDUNG LEITENDER BERATER

Die grundlegenden Schwierigkeiten im Ausbildungsbereich sind darin zu sehen, daß Berater der höheren Ebene häufig zwar formal gut, aber in bezug auf ihre Aufgaben "falsch" ausgebildet sind, während die Feldberater zumeist eine nur unzulängliche Ausbildung erhalten haben. Die Gründe sind weitgehend in städtisch bestimmten, praxisfernen und die körperliche Arbeit unterbewertenden Schul- und Hochschulsystemen zu sehen. Daneben führen veraltete Lehrsysteme zu mechanischem Auswendiglernen und oft extremer Spezialisierung.

(1) Aufbaustudium

Da den leitenden Beratern und Fachspezialisten während des landwirtschaftlichen Grundstudiums, wie es in vielen Ländern der Fall ist, kein Beratungswissen vermittelt wird, sollte man versuchen, Beratungskurse für die Dauer von einem halben bis zu einem Jahr im Anschluß an das Grundstudium zu organisieren. Sie könnten von den Lehranstalten in enger Zusammenarbeit mit den Agrarverwaltungen und den Trägern landwirtschaftlicher Entwicklungsprogramme geplant und durchgeführt werden.

Neben der Vermittlung theoretischer Grundlagen muß der Ausbildungsplan besonders praxisbetont gestaltet werden. Es ist auch denkbar, daß die Teilnehmer vor Beginn des Kurses bereits ein Praktikum an ihrer zukünftigen Arbeitsstelle absolvieren und im Kurs ihre Erfahrungen einbringen und diskutieren. Ein weiterer Erfahrungsaufenthalt kann dazu benutzt werden, die Lerninhalte zu erproben bzw. Modelluntersuchungen durchzuführen.

Eine andere Möglichkeit besteht darin, Aufbaustudiengänge für Berater mit Berufserfahrung einzurichten. Dadurch müssen sich die Kursveranstalter stärker am Realitätsbezug der Teilnehmer orientieren. Zu Aufbaustudiengängen sollten auch formal weniger qualifizierte, aber überdurchschnittlich befähigte Berater der mittleren und unteren Ebenen zugelassen werden.

Inhaltlich werden solche Kurse anwendungsorientiert ausgerichtet und dienen in erster Linie nicht der weiteren formalen akademischen Qualifikation. Schwerpunkte der Ausbildung können sein:

- Ländliche Entwicklung und landwirtschaftliche Beratung
- Instrumente zur Situationsanalyse
- Ableitung von Beratungsinhalten
- Programmierung von Beratung
- Durchführung und Kontrolle
- Personalführung und Verwaltung
- Fortbildung von Feldberatern
- Arbeit mit Zielgruppen
- Einsatz von Medien (Kommunikationsstrategie).

(2) Einführende Ausbildung

Nach Abschluß der formalen Ausbildung muß der neue Berater in seine Aufgabenbereiche eingearbeitet werden. Diese Vorbereitung sollte den Berater:

- in die soziale und ökonomische Ausgangslage des Fördergebietes einführen
- über die Ziele der bisherigen Entwicklung und die vorhandenen Schwierigkeiten der Förderinstitution informieren
- mit den beteiligten Institutionen, den Vorgesetzten und unterstellten Mitarbeitern bekanntmachen
- mit seinem Arbeitsbereich, seinen Verantwortlichkeiten und den zu beachtenden Regeln und Prozeduren vertraut machen
- so motivieren, daß er die Aufgaben mit einer positiven Arbeitshaltung in Angriff nimmt.

Die Dauer einer Vorbereitungszeit kann man nicht ohne Kenntnis der besonderen Umstände angeben. Häufig besteht die Vorbereitung allein darin, neue Mitarbeiter ein bis zwei Wochen im Rahmen eines Einführungskurses in die lokalen Gegebenheiten einzuführen. Ein solcher Kurs kann durch Exkursionen zu Beratungszentren, Versuchsstationen, Kreditbanken, Genossenschaften und Zielgruppenorganisationen sowie durch Gespräche und Diskussionen mit den Mitarbeitern im Beratungs- und komplementären Bereich ergänzt werden.

(3) Ausbildung am Arbeitsplatz

Nach der Einweisung kann ein Berater eine Stelle voll verantwortlich übernehmen, wenn er bei seiner Arbeit eine Zeitlang durch eine erfahrene Kraft betreut wird. Vorgesetzte können diese Aufgabe infolge Arbeitsüberlastung oft nur unzureichend erfüllen. Eine Lösungsmöglichkeit ist die Einstellung von "Feldausbildern", die das neue Personal gezielt und regelmäßig aufsuchen und beraten.

Als Ergänzung zu dieser Betreuung könnten die neuen Berater einmal im Monat an einem eintägigen Seminar ihre Erfahrungen austauschen, Probleme ihrer Arbeit und ihrer Fortbildung vortragen und in kritischen Arbeitsbereichen unterstützt werden.

(4) Laufende Fortbildung

Unter Fortbildung sind alle Ausbildungsmaßnahmen zu verstehen, die ein Berater während seiner beruflichen Tätigkeit erfährt und die ihn für die gegenwärtigen oder zukünftigen Arbeiten zusätzlich qualifizieren. Es handelt sich hierbei um Maßnahmen, für die es keine einheitlichen Muster und keine zeitlichen Begrenzungen gibt. Fortbildungsaktivitäten unterscheiden sich nach Zielsetzung, Inhalt, Durchführungsart, Dauer und Methodik:

- **Auffrischungskurse**

    Sie zielen darauf ab, zum Teil verlorenes Wissen erneut zu vermitteln und zu aktualisieren, um vor allem die kommenden Beratungsprogramme methodisch und inhaltlich gut bewältigen zu können. Es empfiehlt sich, Auffrischungskurse zwischen den Anbauperioden in der arbeitsärmeren Zeit durchzuführen. Sie stellen eine gute Gelegenheit dar, während der abgelaufenen Saison ermittelte Ausbildungsschwächen zu beseitigen, aber auch positive Erfahrungen in die Fortbildung einzubringen. Die Dauer solcher Kurse kann sich über eine bis mehrere Wochen erstrecken.

    Um Auffrischungskurse nicht zu einer lästigen Verpflichtung werden zu lassen, empfiehlt es sich, die Kurse mit einem Test abzuschließen, der in die Beurteilung des Beraters positiv eingeht.

    Meist ist es vorteilhaft, solche Kurse in Ausbildungseinrichtungen der jeweiligen Agrarverwaltung zu verlegen. Nur wenn sehr spezielle Inhalte vermittelt werden sollen, die einen erheblichen Aufwand an Demonstrationen und Lehrmitteln erfordern, sollten Kurse an Universitäten oder vergleichbaren Institutionen durchgeführt werden.

- **Spezialkurse**

    Im Gegensatz zu Auffrischungskursen werden Spezialkurse in unregelmäßigen Abständen dann durchgeführt, wenn eine Aus- und Weiterbildung zu einem bestimmten Thema für die erfolgreiche Beratung erforderlich ist. Solche Kurse befassen sich zumeist mit der Vermittlung produktionstechnischer und betriebswirtschaftlicher/hauswirtschaftlicher Detailinhalte und dauern zwischen einem Tag und einer bis zwei Wochen. Bei Schwierigkeiten im Bereich Organisation und Methodik der Beratung reichen aber auch kürzere Kurse aus.

- **Seminare**

    Seminare unterscheiden sich von Fortbildungskursen durch geringere inhaltliche Eingaben von Referenten. Im Seminar soll vielmehr von den Teilnehmern zu Problemen Stellung genommen und schließlich eine gemeinsame Lösung erarbeitet werden. Es ist Aufgabe der Seminarleitung, durch geschickte Gesprächsführung das Wissen der Teilnehmer zu strukturieren und auf die Problemlösung hinzulenken. Wissenseingaben durch Referenten erfolgen nur dann, wenn sich ein klarer Bedarf abzeichnet. Im Wechsel von Plenum, Gruppen- und Einzelarbeit, Theorie und Praxis werden

    - komplexe Themen angesprochen

    - die Umsetzung von Konzepten in die eigene Praxis diskutiert und geübt

    - Möglichkeiten zur Selbstreflektion gegeben.

    Seit einigen Jahren ermöglichen **Methoden der Moderation und der mobilen Visualisierung** zunehmend die Durchführung von Seminaren, die neben aktivem Lernen auch produktive Lösungen von Konzeptions-, Planungs- und Redaktionsaufgaben zustande bringen. (→ E 16, → E 17).

Seminare können einen wertvollen Beitrag dazu leisten, Teamarbeit, Kooperation und den Abbau bürokratischen Verhaltens in Beratungsorganisationen zu fördern. Der Fortbildungseffekt von Seminaren ist in der unmittelbaren Beteiligung des Teilnehmers bei der Erarbeitung von Lösungen zu sehen. Sie führt zu einem wesentlich größeren Lernerfolg als die herkömmlichen Lehr- und Vortragsmethoden. Elemente dieses Seminarkonzepts sollten auch bei der Gestaltung von Fortbildungskursen benutzt werden. Die erfolgreiche Durchführung von Seminaren erfordert kompetente Seminarleiter und die sorgfältige Vorbereitung von Unterlagen.

- **Beratungskonferenzen**

Bei der zumeist einmal im Jahr stattfindenden Beraterkonferenz steht die Diskussion abgelaufener und zukünftiger Programme im Mittelpunkt. Eine Ausbildungskomponente ist dann gegeben, wenn die Veranstaltung nicht auf die Ausgabe von Direktiven beschränkt wird. Ähnlich Seminaren können Beraterkonferenzen unter Teilnahme des gesamten Beratungspersonals didaktisch mit Plenum und Gruppenarbeit vorgehen sowie Exkursionen in das Programm einbauen. Ein zentraler Aspekt solcher Konferenzen ist es, den Gedankenaustausch zwischen Beratern aller Ebenen und des gesamten Beratungsgebietes außerhalb der routinemäßigen monatlichen und wöchentlichen Managementbesprechungen dazu zu nutzen, auch alternative Verfahrensvorschläge für die Umsetzung der vorgeschlagenen Globalziele zu erarbeiten. Solche Veranstaltungen haben auch eine wichtige Funktion der sozialen Begegnung.

- **Exkursionen**

Diese werden meistens im Zusammenhang mit anderen Fortbildungsveranstaltungen durchgeführt. Bei ihrer Vorbereitung und Durchführung ist ähnlich wie bei Feldtagen (→ Kap. V.2.3, → E 8 und → Übersicht 3) vorzugehen.

- **Fortbildung im Ausland**

Externe Fortbildung ist dann erforderlich, wenn eine adäquate Fortbildung im Lande nicht gegeben ist, die einheimischen Fortbildungskapazitäten nicht ausreichen und wenn im Ausland geeignete Fortbildungseinrichtungen benannt werden können. Eine Fortbildung im Ausland sollte deshalb nur vorgesehen werden, wenn vorausgesetzt werden kann, daß

- die entsandten Personen fachlich und menschlich geeignet sind und vor allem auch bereit sind, nach ihrer Rückkehr in ihrem Arbeitsgebiet wieder tätig zu werden.
- Inhalte und Zielsetzung der externen Fortbildung mit der ausbildenden Stelle eindeutig festgelegt werden können.

Nach Möglichkeit sollte die Fortbildung nicht in Industrieländern, sondern in Entwicklungsländern geschehen, um die Übertragbarkeit der Ausbildungsinhalte zu fördern und Entfremdungsprozesse zu vermeiden. Hat sich die externe Fortbildung bei einer Stelle bewährt, sollte diese nicht unnötig gewechselt werden, damit die einheitliche fachliche Ausrichtung der Mitarbeiter erleichtert wird.

In vielen Beratungsorganisationen ist festzustellen, daß die leitenden Berater einen großen Fortbildungsbedarf auf dem Gebiet der Menschenführung, Didaktik und Pädagogik haben. Fehlendes Verständnis für die Situation und Probleme ihrer Untergebenen sowie Unvermögen, sie hinreichend anzuleiten, zu motivieren und zu kontrollieren, führen sehr oft zu einer einseitigen Kommunikation, die durch Anweisung, Druck und Androhung von Strafen gekennzeichnet ist und damit Ängste, Mißtrauen und Frustration bei den Feldberatern bewirkt. Auch Fachspezialisten in Beratungsorganisationen lassen trotz mitunter hoher Qualifikation allzuoft pädagogisch-didaktische Kenntnise zur Umsetzung und Weitervermittlung ihres Wissens vermissen.

Durch Schulung leitender Berater und Fachspezialisten im Hinblick auf ihre Vorgesetzten- und Ausbildungsfunktionen gegenüber Feldberatern können Fortschritte auf folgenden Gebieten erzielt werden:

- Verbesserung der Arbeitsabläufe innerhalb der Organisation;
- Abbau eines autoritären, dirigistischen Führungsstils zugunsten einer partnerschaftlichen, kooperativen Haltung gegenüber Feldberatern, die dadurch eine höhere Motivation und Leistungsbereitschaft zeigen.

2. AUS- UND FORTBILDUNG VON FELDBERATERN

Die Evaluierung der Arbeit von Feldberatern in einer Reihe von Ländern hat belegt, daß die Leistungen der Feldberater mit zunehmender formaler Ausbildung abnehmen. Das muß nicht zwangsläufig so sein, denn es kommt entscheidend auf die Qualität der Ausbildung an.

Die Grundausbildung der Feldberater sollte technische Inhalte so praxisbezogen wie möglich vermitteln und ein landwirtschaftliches Praktikum als Voraussetzung zur Zulassung für die Ausbildung haben. Die Ausbildung muß sicherstellen, daß die Berater die üblichen traditionellen Bewirtschaftungspraktiken gut beherrschen.

Die Dauer der Ausbildung von Feldberatern ist von Land zu Land sehr unterschiedlich. Sie schwankt von einem Monat bis zu zwei Jahren und hängt vielfach von den Ausbildungskapazitäten und dem Bedarf an Feldberatern ab. Eine generelle Empfehlung könnte dahin gehen, eine Mindestausbildungszeit zu fordern, die sich über eine Vegetationsperiode erstreckt. Damit erhalten die Auszubildenden

Gelegenheit, sämtliche während einer Saison anfallenden Arbeiten und Beratungsmaßnahmen selbst kennenzulernen und durchzuführen. Größtes Gewicht ist bei der Ausbildung zukünftiger Feldberater auf Praxisbezug zu legen:

- Schüler erhalten Land zur eigenverantwortlichen Bewirtschaftung;
- ein an die Schule angegliederter Betrieb wird von den Schülern bearbeitet;
- die Schüler arbeiten im Zuge der Ausbildung mehrere Monate in ausgewählten, für die Zielbevölkerung typischen Betrieben oder Dörfern;
- die Ergebnisse und Beobachtungen im Zuge der praktischen Arbeit werden gemessen, protokolliert und mit Tutoren und Lehrkräften ausgewertet;
- in umliegenden Dörfern wird von den Schülern praktische Beratung geleistet;
- erfahrene Feldberater werden bei ausgewählten Lehrveranstaltungen und praktischen Demonstrationen hinzugezogen;
- Berater aller Ebenen werden an der Formulierung von Lehrplänen für die Aus- und Fortbildung von Feldberatern beteiligt.

Weiterhin müssen die Absolventen durch **Ausbildung in Beratungsmethodik**, die in den Lehrplänen meistens eine Schwachstelle darstellt, in der Lage sein:

- die sozio-ökonomischen Bedingungen auf Dorfebene zu analysieren
- Einflußpersonen und Kommunikationsstrukturen zu ermitteln
- Beratungswiderstände aufzudecken und zu überwinden (Problemlösung)
- Grundsätze nicht-direktiver Gesprächsführung anzuwenden
- Gruppen für die Beratung zu bilden und
- verschiedene Verfahren und Beratungshilfsmittel anzuwenden.

Angesichts der oft unzulänglichen Grundausbildung der Feldberater kommt einer sorgfältigen Fortbildung erhöhte Bedeutung zu: Nach Abschluß einer Grundausbildung und einer ein- bis zweiwöchigen Einführung in die konkrete Beratungsarbeit sind neue Berater nur bedingt arbeitsfähig.

Besteht personell, finanziell und von der Ausstattung her die Möglichkeit, sollten **neue Berater erfahrenen Feldberatern beigeordnet** werden und in genauer Absprache Arbeitsaufgaben in der Beratung übernehmen. Meist ist eine solche Lösung aber nicht möglich, und neue Feldberater werden vollverantwortlich eingesetzt. Vorgesetzte Berater müssen ihre jungen Kollegen in dieser Phase dann besonders intensiv unterstützen. In kooperativ organisierten Beratungsdiensten werden die erfahrenen Feldberater solidarische Starthilfe geben.

Von zentraler Wichtigkeit für das Leistungsvermögen der Feldberater ist die regelmäßige Schulung für das Beratungsprogramm durch die vorgesetzten Berater und Spezialisten.

Als Unterstützung für die korrekte Durchführung der Beratungsarbeit empfiehlt sich die Erstellung und Verteilung von Beratungsbroschüren, um den Beratern Gelegenheit zu geben, inhaltliche und methodische Fragen bei Bedarf jederzeit nachlesen zu können. Andere Fortbildungsmaßnahmen wie Seminare, Spezialkurse und Beraterkonferenzen sind analog den Vorschlägen für die leitenden Berater den Bedürfnissen der Feldberater anzupassen.

3. AUSWAHL UND EINSATZ VON LEHRKRÄFTEN FÜR DIE AUS- UND FORTBILDUNG VON BERATERN

Der Erfolg von Aus- und Fortbildungsveranstaltungen steht in einem engen Zusammenhang mit der Eignung der Lehrkräfte. Auswahl und Vorbereitung von Lehrern ist deshalb große Sorgfalt zuzuwenden. Die häufig wiederkehrenden Probleme liegen in den folgenden Bereichen:

(1) Akademische Ausbildung

Die Ausbildung von Lehrkräften beschränkt sich zu sehr auf die Vermittlung von isolierten Daten, die nicht oder unzureichend in Verbindung mit den situationsspezifischen Anforderungen gebracht werden. Meist wird auch das methodische Rüstzeug zur Umsetzung von Inhalten nur ungenügend vermittelt. Die Auswirkungen werden besonders deutlich bei Lehrkräften erkennbar und wirken sich über diese auf der Feldberaterebene aus. Die Ursachen für die Betonung akademischer Ausbildungskonzepte sind besonders auf Universitätsebene im verbreiteten wissenschaftlichen Karrieredenken, in einer falsch verstandenen Rolle der Wissenschaft, in der oft beschränkten Möglichkeit zu praxisbezogener Feldforschung und in ungenügenden pädagogischen Kenntnissen zu suchen.

Dazu gibt es eine Reihe von **Verbesserungsmöglichkeiten**:

- Verstärkte Vorbereitung aller Lehrkräfte bereits auf Hochschulebene im Bereich Unterrichtslehre, Didaktik, Unterrichtspsychologie und Lehrmethodik.
- Einbeziehung von Hochschullehrern in die Planung und Durchführung von Maßnahmen der landwirtschaftlichen Entwicklung durch Gutachteraufträge, Betreuungsverträge, Einladung zu Seminaren und Tagungen auf Feldebene, Feldforschung zu Problemen, die mit der landwirtschaftlichen Praxis gemeinsam formuliert werden, zeitweilige Beurlaubung für die Übernahme von Aufgaben als leitender Berater, etc.
- Lehrkräfte im unteren und mittleren Ausbildungsbereich sollen bei der Planung und Durchführung von Förderungsprogrammen möglichst direkt einbezogen werden. Dies kann durch regelmäßige Teilnahme an Managementbesprechungen, die Bereitstellung von Berichten des Beratungsdienstes, die Übernahme von Aufgaben der Beraterfortbildung im Feld und im Rahmen von Seminaren und Fortbildungskursen sowie durch die Erstellung von Ausbildungsprogrammen gemeinsam mit Beratungspersonal und Zielgruppenvertretern erfolgen.
- Durch ein Fortbildungsprogramm sollten Lehrkräfte regelmäßig mit neuen Erkenntnissen und Entwicklungen in beratungsmethodischen und fachspezifischen Bereichen vertraut gemacht werden. Solche Kurse können von Hochschulen und/oder der Agrarverwaltung abgehalten werden.

(2) Mangel an qualifiziertem Lehrpersonal

Die Ausweitung von Programmen der ländlichen Entwicklung erfordert eine steigende Zahl ausgebildeter Berater auf allen Ausbildungsebenen. Dies führt oft zu erhöhten Studenten- und Schülerzahlen, ohne daß die Zahl der Ausbilder rasch und ohne Qualitätsverlust zunehmen kann. So müssen häufig Dozenten ohne jede Praxis- und Lehrerfahrung eingestellt werden. Bei Lehrern aus Industrieländern wirkt sich dieser Unterschied aufgrund fehlender Landeskenntnisse und wegen oft nur ein- bis zweijähriger Verträge besonders nachteilig aus. Die Betonung formaler Ausbildung führt oft auch dazu, daß die Zahl der Tutoren und Assistenten für die Abwicklung praktischer Übungen nicht ausreicht.

Diese Mängel können durch die nachfolgenden Maßnahmen gemildert werden:

- Lehrkräfte auf mittleren und unteren Ausbildungsebenen bedürfen einer umfassenden praktischen Erfahrung bei der Durchführung von Beratungsprogrammen. Es empfiehlt sich deshalb, pädagogisch besonders geeignete Berater als Lehrkräfte einzustellen. Solche Lehrkräfte sollten durch entsprechende Fortbildungskurse auf ihre Aufgabe vorbereitet werden. Ideal wäre eine Rotation zwischen Feldarbeit und Ausbildungstätigkeit.
- Erfahrene Berater können auch als Tutoren auf Hochschulebene erfolgreich eingesetzt werden und so die häufige Praxisferne von Hochschullehrern etwas neutralisieren.

- Bei der Einstellung von Dozenten aus Industrieländern müßte mehr als bisher auf praktische Felderfahrung und pädagogisch-didaktische Vorbildung geachtet werden.

4. EINSATZ VON HILFSMITTELN

Der Einsatz von Lehr- und Lernmitteln bei der Aus- und Fortbildung im landwirtschaftlichen Bereich wird sich an den jeweiligen Ausbildungszielen, an den zu vermittelnden Inhalten, am Kenntnisstand der Ausbilder sowie an den materiellen und finanziellen Möglichkeiten orientieren.

Technik und Eignung verschiedener Hilfsmittel wurden bereits in ⟶ Kap. V.5 ausführlich dargestellt. Bei der Aus- und Fortbildung an Ausbildungszentren ist der Einsatz komplizierter und technisch aufwendiger Lehrmittel möglich. Videoanlagen können bei der Beraterschulung sinnvoll eingesetzt werden. Dias, Filme, Tageslichtprojektoren, Schaubilder, Flanelltafeln werden als Standardlehrmittel eingesetzt.

Eine wesentliche Voraussetzung für erfolgreiche Aus- und Fortbildung ist das Vorhandensein von Unterrichtungsmaterialien in Form von Büchern, Broschüren, aufbereitetem Lehrstoff, Bildmaterial und Demonstrationsobjekten. Für Beschaffung, Herstellung und Benutzung muß immer wieder gefragt werden:

- Wie können die Unterlagen auf dem aktuellen Stand gehalten werden?
- In welcher Form und von wem sind die eingehenden Informationen aufzubereiten?
- Wie und von wem sind die Unterlagen zu benutzen?

Eine Fortbildungsfunktion erfüllen auch Beraterrundbriefe, die gemeinsam vom Ausbildungs- und Beratungspersonal erarbeitet werden. (⟶ E 14, ⟶ G 5).

Soweit es Grundlagenwissen (Kommunikation, Verhaltenspsychologie, Kulturanthropologie, etc.) betrifft, muß die Standardliteratur aufgearbeitet und durch situationsgerechte Beispiele erläutert werden, wobei die Konkretisierung des vermittelten Wissens auf den unteren Ebenen zunehmen muß.

X. DIE BEWERTUNG LANDWIRTSCHAFLTICHER BERATUNG

Für jeden Mitarbeiter und für jedes Projekt stellt sich die Frage: Erreichen wir mit unserem Vorgehen tatsächlich die jeweiligen Zielgruppen, tragen wir zur Problemlösung und Verbesserung der Situation bei und wie läßt sich die Aufgabenstellung bewältigen? Die Institution, z.B. eine öffentlich finanzierte Beratungsorganisation oder ein Projekt, muß darüber hinaus nach außen angeben können, was sie leistet.

Die Bewertung der angenommenen Projektwirkungen dient der Entscheidungsfindung (ex-ante Evaluierung). Die Bewertung der tatsächlichen Wirkungen führt zur Fortschreibung oder Korrektur während der Durchführung (begleitende Evaluierung) und zur Feststellung von Erfolg und Mißerfolg nach Abschluß von Projekten bzw. Projektphasen (ex-post Evaluierung). Ein Mißerfolg sollte dabei keineswegs nur negativ betrachtet werden. Er ist eine wertvolle Information über die Wirklichkeit, weil er zeigt, wo man falsche Annahmen gemacht oder unrealistisch geplant hat. **Mißerfolgssituationen sind Lernsituationen**, vorausgesetzt, die Verursachungszusammenhänge werden erkannt und die erforderlichen Verhaltensänderungen erfolgen.

In allen Stadien wird nach einer zufriedenstellenden Lösungsstrategie gesucht. Die Mittelverwendung soll begründet werden. Der Mitteleinsatz soll positive Wirkungen im Sinne der Zielsetzung verstärken, negative Auswirkungen mindern. Evaluierung stellt mithin ein Entscheidungsinstrument dar, um Handlungsalternativen zu durchdenken und diejenige Alternative auszuwählen, die mit den Zielsetzungen übereinstimmt und die ein Ziel möglichst wirksam erreicht.

Um den Gesamtrahmen der Evaluierung deutlich zu machen, werden zunächst ihre Zielsetzung und Funktionen dargestellt. Im → Kap. X.1 werden dann Kriterien und Indikatoren der beratungsbezogenen Evaluierung besprochen, in → Kap. X.2 die Verfahren der Evaluierung und in → Kap. X.3 die Durchführung. → Kap. X.4 befaßt sich mit der Frage des Aufwands der Evaluierung.

Zielsetzung und Funktionen

Die Evaluierung soll Aufschluß über eine methodisch bessere Vorgehensweise der Beratung geben. Zunächst werden Ausgangszustand und gegenwärtiger Zustand miteinander verglichen. Das reicht jedoch nicht aus. Zu viele Faktoren beeinflussen gleichzeitig mit Beratung die Handlungsmöglichkeiten der Zielgruppen. Wichtig ist es vielmehr zu erfahren, warum bestimmte Wirkungen eingetreten sind. Erst nach einer Klärung dieser Zusammenhänge kann man versuchen, Verbesserungen oder Wiederholungen des Programmes vorzunehmen. Diesen Zusammenhang verdeutlicht ⟶ Schaubild 19:

Schaubild 19:

DER EVALUIERUNGSVORGANG

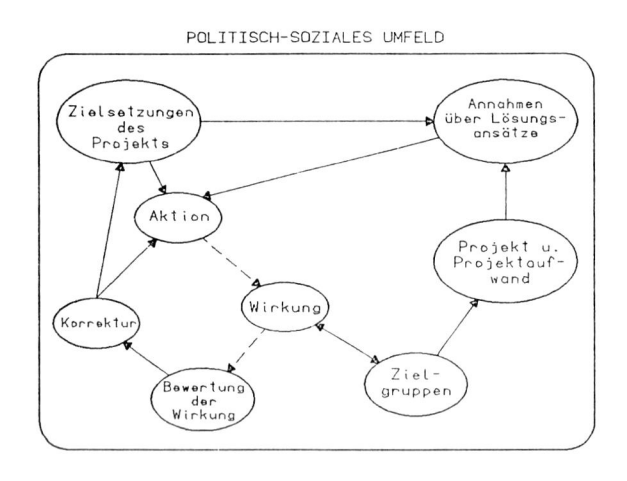

POLITISCH-SOZIALES UMFELD

Zielsetzungen des Projekts — Annahmen über Lösungsansätze — Aktion — Projekt u. Projektaufwand — Wirkung — Zielgruppen — Bewertung der Wirkung — Korrektur

⟶ beeinflußt und steuert gleichzeitig

- - ▶ löst aus, zeitlich hintereinander

Evaluierung erfüllt vier Funktionen:

(1) Unterstützung der Berater

Evaluierung soll helfen, Antworten auf Fragen zu finden, die sich die Mitarbeiter der Beratung selbst stellen: Welche Aufgaben erfüllen wir, sind das wichtige Aufgaben, nützen sie den Mitgliedern der Zielgruppe, können wir deren Probleme mildern? Mit der Beantwortung solcher Fragen unterstützt Evaluierung die Arbeit der Berater und gibt gleichzeitig auch Auskunft auf Fragen, die "von außen" an Beratung herangetragen werden.

(2) **Kontrolle des Programms**

Evaluierung soll die Organisation auf Schwierigkeiten in der Durchführung aufmerksam machen, die Ursachen ermitteln und mögliche Korrekturmaßnahmen empfehlen.

(3) **Beratung der Planer**

Evaluierung soll die Vorstellungen und Annahmen überprüfen, die dem jeweiligen Entwicklungs- bzw. Beratungsprogramm zugrunde liegen. Damit soll sie dazu beitragen, daß die Programmplanung allmählich ihren erprobenden, hypothetischen Charakter verliert und zufriedenstellende Wege und Mittel gefunden werden, um die anstehenden Entwicklungsprogramme zu bewältigen.

(4) **Beratung der Politiker**

Evaluierung soll über die sozio-ökonomischen Auswirkungen und die politischen Probleme von Maßnahmen aufklären. Dadurch soll sie begründbare Entscheidungen über die Fortführung, Veränderung oder Einstellung von Programmen ermöglichen.

1. KRITERIEN UND INDIKATOREN FÜR EINE EVALUIERUNG DER BERATUNG

Kriterien und Indikatoren werden häufig gleichgesetzt. Im vorliegenden Text werden aber unter **Kriterien Zielbereiche** verstanden, die überprüft werden sollen. **Indikatoren** sind die **Einheiten der Messung**. Sie stehen stellvertretend für einen dahinter stehenden komplexeren Sachverhalt eines Zielbereichs.

Bereits im Planungsstadium stellt sich die Frage, in welchem Umfang Beratung und in welchem Umfang andere Ressourcen eingesetzt werden müssen, um die Problemsituation der kleinbäuerlichen Landwirtschaft zu beeinflussen.

Um eine Antwort zu finden, muß man:

in der Lage sein, vorausdenkend, begleitend und nachfolgend den Beitrag der Beratung abzuschätzen.

Man benötigt darüber hinaus:

eine Vorstellung davon, wie sich die Situation in der Zielgruppe ohne Beratungsaufwand entwickeln würde.

In → Kap. I. wurde begründet, daß gerade für eine kleinbäuerliche Landwirtschaft Beratung eine notwendige Maßnahme darstellt, weil diese Zielgruppe aufgrund spezifischer Barrieren oft nicht in der Lage ist, von sich aus allgemein angebotene Lösungswege aufzunehmen und umzusetzen. Beratung hat hier eine zentrale Mittlerrolle, Lösungen an die Situation dieser Zielgruppen anzupassen.

Für die Bewertung der Beratungsarbeit muß dieser Gedanke aufgegriffen werden. Insbesondere deswegen, weil eine einfache Gegenüberstellung von Kosten und Erträgen zu kurz greifen würde. Gerade bei einer Dienstleistung für bisher benachteiligte, in schwierigen Situationen befindliche Zielgruppen handelt es sich um soziale Kosten, die nicht nur quantitativ, sondern auch qualitativ bewertet werden müssen.

Die ökonomische Bewertung ist nur ein Zugang. Realistischer, d.h., näher an der Wirklichkeit von Projekten und näher an der Handlungssituation der Zielgruppen liegen Verfahren, die in einer zielentsprechenden Auflistung möglicher und tatsächlicher Wirkungen enden (Ergebnismatrix), die dann im Zusammenhang bewertet werden müssen. **Ökonomische und außerökonomische Ziele, quantitative und qualitative Ergebnisse** stehen dabei nebeneinander.

Kriterien und Indikatoren

An die Evaluierung eines Beratungsprojekts müssen spezifische Anforderungen gestellt werden. Dies gilt für die Kriterien und Indikatoren, aber auch für die Evaluierungsverfahren. Sie müssen geeignet sein, die Zielsetzungen der landwirtschaftlichen Beratung widerzuspiegeln . (→ Kap. I.2 und → Kap. II).

Die Datenerhebung für die Evaluierung kann nicht verbindlich vorgeschrieben werden. Sie hängt im einzelnen eng mit der jeweiligen Zielsetzung und Problemsituation zusammen. Im Grunde müssen alle diejenigen Bereiche evaluiert werden, die in der Situationsanalyse (→ Kap. VI.) als bedeutsame Einflußfaktoren ermittelt wurden.

Es gibt jedoch ein **Grundraster**, das Bestandteil jeder Evaluierung sein sollte. Die Auswertung von Beratungsmaßnahmen und die Abschätzung der Zielerreichung bezieht sich danach auf **vier Untersuchungsfelder**:

(1) Zielgruppen

(2) Beratungsorganisation

(3) Ausführung des Programms

(4) Allgemeine Lage im Projektgebiet.

In jedem Untersuchungsfeld sind Erhebungen erforderlich. Die Erhebungen müssen einen Zusammenhang zwischen Maßnahmen und beobachteten Wirkungen herstellen. Dieser Zusammenhang sollte bereits in der Situationsanalyse und der Maßnahmenableitung dargestellt sein (→ Kap. VI., → Kap. VII.1 und → Kap. VII.2); dort allerdings noch in Form vermuteter Wirkungen. Die Evaluierung überprüft, ob diese Zusammenhänge auch in der Wirklichkeit gegeben sind. Insofern ist kein großer zusätzlicher Datenaufwand erforderlich, weil ein Teil der Daten aus der Situationsanalyse und der begleitenden Planung und Evaluierung bereits vorliegt. Registriert werden Veränderungen über die Zeit unter Einfluß der Beratungsarbeit und anderer Faktoren.

Für die praktische Durchführung der Evaluierung werden Kriterien und Indikatoren benötigt, mit denen der Grad der Zielerreichung angegeben werden kann. Die folgende Übersicht 11 ist eine Erweiterung zur Mengenerfassung und monetären Bewertung von Erträgen und Kosten im betriebswirtschaftlichen Bereich. Sie ist als eine Auflistung anzusehen, die nach Bedarf reduziert oder ergänzt werden kann. Es gibt keinen bestimmten Satz von Kriterien, der in jeder Situation gültig wäre. Die Verfahren der Datenbeschaffung sind schon in → Kap. VI dargestellt worden. Sie werden auch noch einmal im → Kap. X.2 angesprochen.

Diese Kriterien und Indikatoren müssen in einen Evaluierungsplan (s.u.) eingearbeitet werden. Wenngleich kein endgültiger Satz von Kriterien vorgegeben werden kann, so gibt es doch **zwei Grundanforderungen**:

(1) Die vier genannten Untersuchungsfelder müssen durch die Evaluierung abgedeckt werden.

(2) In bezug auf das übergeordnete Förderungsziel müssen mindestens folgende Kriterien evaluiert werden:

   - Neuerungsausbreitung und Verteilung in der Zielgruppe

   - Verteilung der Einkommenssteigerung und Verbesserung des Lebensstandards

   - Beraterkontakt zur Zielgruppe und

   - Beurteilung des Programms durch die Zielgruppen.

Übersicht 11:

Kriterien und Indikatoren zur Evaluierung der Beratung		
Untersuchungsfeld	Kriterien	Indikatoren der Zielerreichung
1. ZIELGRUPPEN	1.1 Ausbreitung von Neuerungen	Adoptionsrate: quantitative Bestimmung des Anteils der Bevölkerung, der einen empfohlenen Lösungsweg oder Lösungselemente benutzt. Dieser Anteil muß in regelmäßigen Abständen ermittelt werden, (viertel- oder halbjährlich bzw. saisonal) um abschätzen zu können, ob die Neuerung sich tatsächlich beschleunigt ausbreitet und um zu wissen, wann die Mehrheit der Zielbevölkerung übernommen hat, weil dann die Wahrscheinlichkeit für einen selbsttragenden Verbreitungsprozeß besteht,(Kap. III.14) und Beratung sich auf andere Aufgaben verlegen kann. Darüber hinaus gehört dazu die Beurteilung, ob der Lösungsansatz "richtig" übernommen wurde, sich also keine Fehler bei seiner Anwendung einstellen.
	1.2 Erreichung der Zielgruppen	Da davon ausgegangen werden muß, daß eine Neuerung auch von weiteren Personen übernommen wird, ist der Anteil der Zielgruppe an den Übernehmern gesondert auszuweisen. dies gilt für die Anzahl der erreichten Mitglieder der Zielgruppe in % der Gesamtgruppe, für die Qualität der Beraterkontakte und für die Bewertung der empfohlenen Lösungsansätze (Neuerungen) durch die Zielgruppen.
	1.3 Ausweitung der Kapazität	Feststellung von Veränderungen im Anbauprogramm, in der Fruchtfolge, bei der bebauten Fläche, im Tierbestand, im Arbeitskräftebesatz oder in der Ausstattung mit Arbeitsgeräten oder Produktionsmitteln.
	1.4 Produktivitätsanstieg	Ermittlung der Produktionsmengen, Ernteerträge bezogen auf Fläche und Arbeitseinsatz.
	1.5 Steigerung des Einkommens	Dieser Bereich ist nicht immer leicht zugänglich. Eine Möglichkeit besteht darin, Einnahmen- und Ausgabenströme zu verfolgen und periodisch Veränderungen zu registrieren. Indirekte Abschätzungen sind auch möglich, wenn das Konsumverhalten der Gruppe beobachtet wird und wenn Erhebungen über den Verkauf von Produktionsmitteln und Kreditaufnahmen für einzelne Betriebe durchgeführt werden.
	1.6 Anstieg des Lebensstandards	Die quantitative und qualitative Abschätzung beruht vornehmlich auf Betriebserhebungen, bei denen die Berater Veränderungen in diesem Bereich festhalten. Je nach Standort und Situation können als Indikatoren die Anschaffung von Transportmitteln, von arbeitserleichternden Geräten und langlebigen Konsumgütern oder die Renovierung von Gebäuden dienen.
	1.7 Zunahme an Initiative und Selbständigkeit	Dieser Zielbereich der landwirtschaftlichen beratung bemißt sich u. a. nach dem Anteil der Zielgruppenmitglieder, die aktiv Beratung nachfragen, die sich an Feldtagen und Demonstrationen beteiligen, die sich in Gruppen organisieren, Kredite und andere Produktionsmittel von sich aus anfordern, Programme beginnen, die von der Beratung bisher nicht vorgeschlagen wurden, die Eigeninitiative zu Problemlösungen entwickeln.
2. BERATUNGSORGANISATION	2.1 Personaleinsatz	Anzahl und Qualifikation des Personals, entsprechend der Zielsetzung. Einhaltung der Einsatzzeiten im Wochen-, Monats- und Jahresprogramm. Anzahl der Zielgruppenkontakte (Einzelgruppen, und Massenberatung). Kalkulation der Fehl- und Ausfallzeiten.
	2.2 Materielle Ausstattung	Rechtzeitige und ausreichende Mittelbereitstellung für die Abwicklung des Programms (Gehälter, Fahrzeuge, Treibstoff, Verbrauchsmaterial, usw.).
	2.3 Beraterausbildung	Quantität und Qualität der Trainingsprogramme; Anteil der methodischen Ausbildung an der Fachausbildung. Einübung praktischer Fertigkeiten (z.B. Demonstrationen) und von Verfahren der begleitenden Situationsanalyse (Durchführung von Erhebungen, usw.).
	2.4 Kommunikationsfluß	Überprüfung von Laufzeiten für Nachrichten, Zusammenarbeit mit komplementären Einrichtungen, Zusammensetzung und Ablauf von Arbeitssitzungen und Veranstaltungen. Gestaltung der regelmäßigen Personalbesprechungen. Formen der Konfliktbewältigung und der Aufarbeitung von Ergebnissen aus der Feldarbeit.
	2.5 Aufgabenstellung für Berater	Umfang der Aufgabenerledigung(Tätigkeitsfeld). Komplexität der Aufgabenstellung. Vereinbarkeit mit dem jeweiligen Qualifikationsgrad und dem Stand der Beraterausbildung. Ausmaß von beratungsfremden Tätigkeiten, Schwere der Rollenkonflikte.
	2.6 Unterstützung und Kontrolle	Aufenthalt der vorgesetzten Berater und der Spezialisten im Feld. Vertrautheit mit den Schwierigkeiten der Feldberater und den Problemen der Zielgruppen. Häufigkeit und Verlauf von Supervisionsgesprächen (Manöverkritik).

Übersicht 11, Fortsetzung:

Untersuchungsfeld	Kriterien	Indikatoren der Zielerreichung
3. PROGRAMMAUSFÜHRUNG	3.1 Beraterverhalten	Bereitschaft der Feldberater zur Diskussion über aufgetretene Schwierigkeiten. Ansehen der Berater in der Bevölkerung. Zusammenarbeit von Beratern und Zielgruppenvertretern. Art der Gesprächsführung in Gruppenveranstaltungen.
	3.2 Kontaktdichte	Anzahl und Dauer von Besuchen, Beratungsgesprächen und Veranstaltungen. Inhalte, Themen und Verlauf der Einzel- und Gruppenberatung.
	3.3 Termingerechte Beratung	Zeitpunkt von Beratungsmaßnahmen in und zwischen den Anbauperioden. Zeitlicher Abstand zu kritischen Terminen (z.B. Aussaat, Düngung, Pflanzenschutz, Ernte, Rückschnitt, etc.). Ausnutzung arbeitsärmerer Zeiten für Beratung. Einhaltung geplanter und angekündigter Termine und Zeiten.
	3.4 Bereitstellung von komplementären Diensten	Zusammenarbeit mit Komplementäreinrichtungen. Verfügbarkeit (Menge, Qualität, Ort, Zeit, Kosten, etc.) von Produktionsmitteln, Vermarktung, Kredit für die Zielgruppen. Nutzung von Medien für die Beratung und Versorgung (Landfunk, Plakate, Broschüren, Handzettel, etc.). Materielle Unterstützung aus Ausstellungen, Demonstrationen, Feldtagen.
4. PROJEKTUMFELD	4.1 Arbeitsweise von Institutionen	Entscheidungsfähigkeit vorgesetzter Stellen. Zustimmung zu den Beratungsaktivitäten und deren Unterstützung. Zusammenarbeit zwischen den Komplementäreinrichtungen und verschiedenen Verwaltungsstellen.
	4.2 Counterpartleistungen	Verfügbarkeit von einheimischen Counterparts. Qualifikation des einheimischen Personals. Errichtung der materiellen Infrastruktur. Termingerechter Geldzufluß. Anpassung an Beratungsziele und örtliche Verhältnisse.
	4.3 Rahmenbedingungen für Beratung	Preis- und Steuerpolitik. Marktstrukturen. Verfügbarkeit von lokal angepaßten Versuchsergebnissen. Anpassung von Forschung und Ausbildung an die spezifischen Projektziele. Sektorale und nationale Prioritäten in der Agrarpolitik. Übereinstimmung der allgemeinen Förderungspolitik und der Beratungsmaßnahmen.
	4.4 allgemeine Produktionsprobleme	Temperatur- und Niederschlagsverlauf. Sonnenscheindauer, Verdunstungsrate. Schädlingsbefall, Vogelfraß, Unkrautbefall und Lagerverluste. Qualität von Saatgut und weiteren Produktionsmitteln.

Die Zusammenstellung aller Angaben erfolgt dann zweckmäßigerweise in Form einer "Matrix". Aus ihr läßt sich die Effektivität der eingesetzten Mittel und des gesamten Beratungsbereiches ablesen. Dies kann wegen der nicht geplanten Einflüsse und Komplementärmaßnahmen nur beschreibend und abwägend geschehen. Zwei Punkten kommt dabei ein besonderes Gewicht zu: Den **Adoptionsraten** und der **Zielgruppenerreichung**. Diese beiden Daten liefern den zentralen Nachweis für die Qualität der Beratungsarbeit: Also ihre Angepaßtheit an die Bedingungen der Zielgruppe und ihre Fähigkeit, kleinbauernspezifische Barrieren mit angemessenen Lösungsansätzen zu überwinden.

2. VERFAHREN DER EVALUIERUNG

In diesem Kapitel werden Hinweise auf Evaluierungsverfahren gegeben. In der Darstellung werden die Verfahren entsprechend dem Zeitpunkt besprochen, zu dem sie im Programm eingesetzt werden können, also als begleitende Evaluierung und als Abschlußevaluierung. Die Entscheidung, welche Personen sie durchführen, wird gesondert behandelt (⟶ Kap. X.3.1).

2.1 BEGLEITENDE EVALUIERUNG

Diese Form der Evaluierung beginnt mit der Situationsanalyse vor Beginn der Maßnahmen der Projektdurchführung (⟶ Kap.VI.).

Der erste Schritt der Projektdurchführung besteht demnach darin, einen **Evaluierungsplan** zu erstellen. Dies kann nicht aufgeschoben werden, weil sonst wertvolle Informationen aus der Anfangsphase eines Projektes verlorengehen. Gerade im frühen Kontakt der Mitarbeiter mit den Zielgruppen werden Weichen gestellt und Reaktionen ausgelöst, die das weitere Projektgeschehen beeinflussen.

Der Evaluierungsplan sollte in der Durchführbarkeitsstudie bereits angelegt sein. (⟶ G 2). Die Ausformulierung erfolgt dann seitens des Projektträgers in Zusammenarbeit mit den Projektmitarbeitern. Eventuell wird die Ausarbeitung eines Evaluierungsplans auch in der Aufgabenbeschreibung des Projektleiters enthalten sein.

Im Evaluierungsplan muß festgehalten werden:

- was die Evaluierung bezwecken soll
- welche Informationen aus der Situationsanalyse fortgeschrieben werden sollen
- welche Daten noch zusätzlich ermittelt werden müssen
- welche Personen die Evaluierung durchführen sollen
- zu welchen Zeitpunkten und
- mit welchen Verfahren die Daten erhoben werden sollen.

Die Entscheidung über die Verfahren der begleitenden Evaluierung stehen in engem Zusammenhang mit den Programmzielen der Beratung und ihren Inhalten. Wird die begleitende Evaluierung vom Projekt selbst durchgeführt, so gilt als oberste Anforderung: Die Evaluierung darf **kein Selbstzweck** werden. Sie muß so aufgebaut sein, daß sie möglichst direkt den einzelnen Beratern und dem Beratungsvorhaben hilft, die eigene Arbeit zu verbessern.

Das **Ziel** sollte sein, **Aufschluß über Zusammenhänge** zu gewinnen und die **Berater** durch Evaluierung und Feststellung von Erfolg **zu motivieren.**

Generell wird man dies eher erreichen, wenn man die Evaluierung auf das notwendige Maß beschränkt und Verfahren anwendet, die von den Beratern durchgeführt werden können.

In vielen Ländern hat sich als einfachste Form der begleitenden Evaluierung das Tagebuch der Berater bzw. der schriftliche Bericht über die Beratungsarbeit auf einem Formular bewährt. Diese Berichte können aber nur sinnvoll verwertet werden, wenn sie mit einem regelmäßigen Gespräch und einer Auswertung gekoppelt werden. Ist ein Feldberaterstab vorhanden, so empfiehlt sich folgendes Vorgehen: In der wöchentlichen Besprechung der Feldberater mit ihren Vorgesetzten wird auf einem Formular (zwei Durchschriften) stichwortartig der Arbeitsplan der kommenden Woche festgehalten. Ein Exemplar bleibt im Feldbüro, zwei Exemplare nimmt der Berater mit ins Feld. Während der Arbeitswoche macht der Feldberater kurze Aufzeichnungen über seine Besuche (Namen, Besonderheiten von Betrieben, Probleme usw.), die er zweifach ausfertigt.

Die kommende wöchentliche Besprechung enthält dann die gemeinsame Evaluierung. Auf dem Wochenarbeitsplan wird festgehalten, was erledigt werden konnte, wo Schwierigkeiten auftraten und welche Gründe dafür vorliegen. Eine Durchschrift davon bleibt im Feldbüro, ein Exemplar verbleibt beim Berater. Die Daten aus den Besuchen des Beraters werden dann in eine **Betriebskartei** übertragen. Diese Kartei wird in größeren Projekten zweckmäßigerweise auf Randlochkarten geführt, oder dort, wo Personalcomputer problemlos funktionieren mit einem Datenbankprogramm verwaltet. Diese Technik ist schnell zu vermitteln, und man kann mit ihr augenblicklich verschiedene Informationen herausgeben. Zusätzlich sollte eine **Dorfkartei** angelegt werden. Beide Karteien erleichtern es dem neu hinzukommenden Berater, sich zu orientieren. Sie machen auch den Feldberater mit seiner eigenen Arbeit vertraut. Den vorgesetzten Beratern, ausländischen Experten und Evaluierern geben sie eine schnelle Übersicht.

Im Laufe der Zeit entsteht dann - wenn die Datenanforderungen vorher festgelegt sind - ein Grundstock an Informationen über ein Beratungsgebiet. Auch dieses Verfahren ist noch unvollständig, solange es nicht in zweckmäßiger Weise ergänzt wird. Zunächst gehört dazu das regelmäßige Treffen von Beratern verschiedener Beratungsgebiete. Zumindest monatlich muß Gelegenheit bestehen, daß Berater sich miteinander besprechen können und nötigenfalls Unterstützung erhalten.

Anstöße zu solchen Gesprächen sind kritische Punkte im Beratungsprogramm, an denen Beratungsleistungen und Beratungsschwierigkeiten sichtbar werden: Auswertung von Dorfveranstaltungen, Demonstrationen, kleine Kampagnen, Treffen mit Vertretern der Zielgruppe, Gruppenberatungsaktionen und Medieneinsatz.

Diese Treffen sollten auch methodisch durchgeplant werden. Es ist leicht, auf einigen Papierbahnen oder Wandtafeln die Mitteilungen der Berater zu notieren. Schon ein ganz einfaches Schema reicht dazu aus: Etwa "besondere Erfolge" und "besondere Schwierigkeiten" im vergangenen Monat oder bei bestimmten Aktionen. Die "öffentliche" Notierung solcher Aussagen hat einen stark motivierenden Effekt: Aus ihr erfährt der einzelne Berater, daß er mit seinen Problemen nicht allein steht; er erfährt aber auch, welche positiven Möglichkeiten es gibt. Der Vorgesetzte schließlich wird veranlaßt, Stellung zu beziehen und seine Unterstützung zu geben.

Diese Verfahren bedürfen nun zum einen der Kontrolle, zum anderen der Untermauerung mit quantitativen Daten, die sich nur teilweise in den Einzelberichten der Feldberater finden.

Dazu zählen Ertragserhebungen bei Ernte, Schädlingsbefall in einer Region, das Beraterverhalten selbst und die Beurteilung des Beratungsprogramms durch die Zielgruppen.

Grundsätzlich gibt es dafür zwei Vorgehensweisen:

(1) Den regelmäßigen Kontakt von Vorgesetzten zur Zielbevölkerung (Treffen mit Vertretern der Zielgruppe) bzw.

(2) In größeren Abständen Fragebogenaktionen zur Ermittlung des Beraterverhaltens und der Qualität des Programms (etwa Fragen nach dem Namen des zuständigen Beraters, der Nützlichkeit der Informationen, der Übernahme von Empfehlungen, der Schwierigkeiten bei der Umsetzung).

Die Erfahrungen mit standardisierten Fragebogen in der kleinbäuerlichen Bevölkerung legen nahe - solange keine gut geschulten Interviewer vorhanden sind und nicht Sachkenner der Situation den Fragebogen gestaltet haben -, vorzugsweise

Gesprächsleitfäden auszuarbeiten, die von den Beratern benutzt werden können. Darin legt man in Stichworten fest, welche Informationen man:

- von den Vertretern der Zielgruppen und
- von den Behörden und anderen Einrichtungen

erhalten will; dazu wird jeweils notiert, wie "exakt" die Daten sein sollten. Die Art der Gesprächsführung bleibt weitgehend demjenigen überlassen, der das "Interview" durchführt.

Im Gesamtzusammenhang der begleitenden Verfahren ist dann eine der wichtigsten Informationsquellen die **Beobachtung**. Im Evaluierungsplan muß sorgfältig geprüft werden, welche Daten sich ohne zusätzliche Befragungsaktion ermitteln lassen. Sehr häufig wird man feststellen, daß Feldbesuche, Rundgänge durch die Dörfer, Teilnahme an Versammlungen und Beobachtungen an Verkaufsstellen von Genossenschaften wichtige Aufschlüsse über die Durchführung und Auswirkungen des Programmes geben. Anhand festgelegter Kriterien läßt sich auf diese Weise ermitteln, ob Pflegemaßnahmen sachgerecht durchgeführt werden, ob die Landwirte die benötigten Produktionsmittel in der empfohlenen Qualität, Quantität und zum richtigen Zeitpunkt besorgen und erhalten und ob der Pflanzenbestand sich richtig entwickelt. Bedingung ist allerdings, daß diese eigentlich immer anfallenden Beobachtungen nicht "untergehen", sondern systematisch notiert werden und auch zum Gesprächsthema bei Treffen und Versammlungen gemacht werden.

Ergänzt werden die bisher besprochenen Evaluierungsverfahren dann um Studien, die tiefergehende Detailinformationen liefern. Dazu zählen Haushalts- und Betriebserhebungen, Dorfstudien und spezielle Markterhebungen sowie die Auswertung von Statistiken und Berichten der komplementären Einrichtungen sowie Erhebungen zur allgemeinen geoklimatischen Situation im Projektgebiet, wie sie bereits unter Situationsanalyse (→ Kap. VI.) besprochen worden sind.

2.2 ABSCHLUSSEVALUIERUNG

Die begleitende Evaluierung konzentriert sich stärker auf die Ausführung des Programms; die Abschlußevaluierung verfolgt hingegen das Ziel, die Bedingungen von Erfolg und Mißerfolg herauszuarbeiten, um die zukünftige Planung und weitere politische Maßnahmen abzustützen.

Sie muß darüber Auskunft geben, welche Programmelemente in besonderem Maße geeignet waren, von den Zielgruppen aufgegriffen zu werden, aber auch aufklären, in welchem Umfang die gesteckten Ziele erreicht wurden und ob die Kosten für das Programm gerechtfertigt sind.

Hat man es nur mit produktionssteigernden Maßnahmen zu tun, so erscheint die Analyse noch einfach; versucht man aber gerade bei der kleinbäuerlichen Bevölkerung auch allgemeine Veränderungen zu erzielen, so müssen die Abschlußerhebungen dies ebenfalls berücksichtigen, und diferenzierter angelegt werden.

Praktisch läßt sich das auf zwei Wegen durchführen:

(1) Analyse aller Berichte und Statistiken der Berater und der Beratungsorganisation nach einem definierten Kriterienkatalog (Sekundäranalyse).

(2) Durchführung eigener Erhebungen, die aufgrund der Sekundäranalyse entwickelt werden.

In der Analyse der Abschlußevaluierung bildet man zur Überprüfung des Beratungseinflusses möglichst geschichtete Stichproben. Kriterien können unterschiedliche Beraterdichte, Zahl der Demonstrationen, Anzahl von Beraterbesuchen in den verschiedenen Gruppen, Ausbildungsstand der Berater, Programmempfehlungen, zusätzlicher Medieneinsatz usw. sein. Auf diesem Wege der vergleichenden Betrachtung können Zusammenhänge aufgedeckt werden. Sie sind der wertvollste Beitrag der Abschlußevaluierung. Selbstverständlich benötigt man auch den detaillierten Nachweis von Kosten und Erträgen. Eine Wiederholung oder Veränderung des Programms in einem anderen Gebiet hängt jedoch mehr davon ab, daß man erfahren hat, unter welchen Bedingungen ein Programm in Wirklichkeit gelaufen ist.

3. DURCHFÜHRUNG DER EVALUIERUNG

Eine differenzierte Evaluierung kann sich nicht mit der Feststellung der erzielten Wirkungen bescheiden. Sie soll ja Aufschlüsse für Überlegungen zu weiteren Beratungsprogrammen liefern. Dazu benötigt sie zum einen zielentsprechende Verfahren (⟶ Kap. X.2), zum anderen geeignete Evaluierer (⟶ Kap.X.3.1) und eine angemessene Auswertung und Dauerstellung der Ergebnisse (⟶ Kap. X.3.2).

3.1 AUSWAHL DER EVALUIERER

Bei der Kurzvorstellung der Verfahren im vorhergehenden Kapitel sollte erkennbar geworden sein, daß sowohl Berater, Vertreter der Zielgruppen, Evaluierungsspezialisten der Organisation bzw. des Projektes als auch unabhängige Institutionen an der Evaluierung beteiligt sein müssen. (→ E 18).

Die Auswahl der Evaluierer hängt eng mit der Fragestellung zusammen, die wiederum die Verfahren beeinflußt. Bestimmte Verfahren erfordern geschultes Personal. Auf der anderen Seite steht die Anforderung, daß die Evaluierung auch möglichst direkt die Arbeit der Beratung verbessern soll; dies wiederum ist am ehesten durch eine starke Einbeziehung von Beratern als Evaluierer und durch die Mitarbeit der Zielgruppen zu erreichen. Hier wird man also abwägen müssen, auf welche Vorzüge und Nachteile man Gewicht legt. Eine stichwortartige Übersicht soll die Entscheidung über die Auswahl erleichtern:

Anhand der → Übersicht 12 kann die Entscheidung, wer die Evaluierung durchführen soll, nicht direkt gefällt werden. Sie ist als Entscheidungshilfe gedacht, wenn die Zielsetzung, der Umfang und der Zeitpunkt der Evaluierung festgelegt sind.

Für bestimmte Verfahren gibt es keine Alternativen. Dort muß man sich nur der Vor- und Nachteile bewußt sein: In der begleitenden Evaluierung ist die Arbeit der Berater und die Beteiligung der Zielgruppen ebenso wenig zu ersetzen, wie die Arbeit unabhängiger Spezialisten in der Abschlußevaluierung.

Mitarbeiter des Projekts bzw. einer projekteigenen Einheit beschaffen im Sinn der begleitenden Evaluierung laufend Daten. Die Berater selbst haben jedoch nur begrenzt Zeit, diese Daten aufzubereiten. Auf der unteren Ebene wird es ausreichen, wenn für zwei bis fünf Feldbüros eine Verwaltungskraft für die Erstellung von Statistiken beschäftigt wird. Die Vorgaben für diese Arbeiten, die Systematisierung, Zusammenfassung und Auswertung der Daten muß durch einen Evaluierungsspezialisten erfolgen. Er verfaßt die Berichte. Die Kontrolle der Durchführung sollte jedoch vom jeweiligen Vorgesetzten im Rahmen der monatlichen Treffen mit den Beratern erfolgen. Für alle Sonderuntersuchungen müssen Felderheber angestellt werden. Diese Arbeiten fallen nicht in das Aufgabengebiet der Berater.

Übersicht 12:

Vorteile und Nachteile verschiedener Evaluierer	
Vorteile	**Nachteile**
1. Berater als Evaluierer	
- Nähe zum Problem - Bereitschaft zur Annahme der Ergebnisse - Geringer Informationsverlust zwischen Einsicht und Anwendung - Bestandteil der täglichen Arbeit	- oft nicht genügend ausgebildet - wenig methodische Erfahrung - wenig Zeit - Evaluierung wird als Kontrolle und Belastung empfunden - Barriere, Mißerfolg zu diagnostizieren - Blindheit gegenüber Problemen in der eigenen Arbeit
2. Zielgruppen in der Evaluierung	
- Korrektur der Perspektive - Kenntnis edr eigenen Situation - Analyse des Beraterverhaltens aus eigenem Erleben - direkte Bewertung der Beratungsempfehlungen - Bereitschaft zur Mitarbeit und Zustimmung zum Programm	- Vortragen beratungsfremder Wünsche - Bewertung aufgrund überzogener Erwartungen - mangelnde Fähigkeit sich zu artikulieren - Fehlen "kritischer Distanz" - Profilierung von Einflußpersonen
3. Evaluierungsspezialisten der Organisation oder des Projekts	
- methodische Kenntnisse - relative Problemnähe - gute Möglichkeit, vielfältige Informationen zu gewinnen (Querinformationen von Kollegen, aus der Zielgruppe, usw.) - Möglichkeit, die Berater direkt zu informieren und zu unterstützen	- Gefahr von Routineberichten - oftmals schwierig, eine kritische Haltung einzunehmen - Tendenz, möglichst umfassend zu erheben (Verselbständigung) - Gefahr, daß die Berater die Ergebnisse nicht akzeptieren
4. Unabhängige Institution	
- keine "Betriebsblindheit" - gute methodische Möglichkeiten - neue, fundamentale Fragestellungen - Übersicht über viele ähnliche Programme, bessere Vergleichsmöglichkeiten	- geringe "Innenerfahrung" - Kritik an der Problemstellung des Projekts - Schwierigkeit, Informationen zu erhalten (Abwehrmechanismen seitens der Berater) - Konflikte zwischen Evaluierern und Projektpersonal - Probleme der Annahme von Untersuchungsergebnissen (Verteidigungshaltung der Organisation)

Unabhängige Evaluierer werden eingesetzt, um größere Sonderuntersuchungen durchzuführen. Bereits in deren Arbeitsauftrag muß erkennbar werden, daß Zielsetzung der Evaluierung die Unterstützung der Feldarbeit ist. Die Feldberater wie auch die Experten sind oftmals in schwierigen Arbeitssituationen. Fühlen sie sich kontrolliert, ohne daß ihnen geholfen wird, so können sie eine Evaluierung abblocken. Die Evaluierer kommen dann nur sehr schwer an brauchbare Ergebnisse heran.

Unabhängige Evaluierer sollten aber auch eingesetzt werden, wenn innerhalb des Projektes **Konflikte** bestehen. In jedem Fall ist es förderlich für die innere Bereitschaft der Mitarbeiter, die Daten der Evaluierung zu akzeptieren, wenn die Ergebnisse auf Programmbesprechungen gemeinsam aufgearbeitet und Konzequenzen mehr von den Mitarbeitern als von den Evaluierern formuliert werden. Der Evaluierungsbericht sollte diese Stellungnahme der Projektmitarbeiter deutlich ausweisen.

3.2 DARSTELLUNG DER ERGEBNISSE

Erhebungen im Feld bleiben wirkungslos, wenn sie nicht aufbereitet werden. Die Ergebnisse aus den Beraterberichten, den Gesprächen, Interviews und Beobachtungen müssen in regelmäßigen Abständen von der Beratungsorganisation bzw. dem Projekt allen Beteiligten verfügbar gemacht werden.

Die Art der Darstellung und der Entwurf von Formblättern und Schaubildern zur übersichtlichen Präsentation von Ergebnissen sollte bei Projektbeginn festgelegt werden. Die Mindestanforderung für ein größeres Beratungsprogramm ist ein vierteljährlicher Evaluierungsbericht. Dazu ist es allerdings erforderlich, daß eine Person zumindest eine Woche freigestellt wird, um auf der Basis der Monatsberichte solche Unterlagen auszuarbeiten.

Ein typischer Vierteljahresbericht könnte folgendermaßen aufgebaut sein:

(1) Zielsetzung des Jahresprogrammes und spezifische Zielsetzung der Monatsprogramme.

(2) Zusammenfassende Beurteilung der geleisteten Arbeit.

(3) Fortschreibung einer Diffusionskurve in bezug auf Beratungsempfehlungen (Schaubild 20)

- absolute Anzahl der Übernehmer bzw. derjenigen, die sich am Programm beteiligen. Anzahl derjenigen, die aufgegeben haben bzw. sich nicht mehr beteiligen;

- Beteiligung von Personen aus der Zielgruppe in Prozent und Beteiligung von Personen aus anderen Zielgruppen in der Zielbevölkerung am Programm.

Wenn man nach Verlauf von einem oder zwei Jahren etwa feststellt, daß bereits 50 % der größeren Betriebe, aber erst 10 % der Kleinbetriebe übernommen haben, muß dringend das Programm überprüft werden.

(4) Tabellarische Darstellung der Beraterkontakte.

(5) Beschreibung von Erhebungen und neuen Daten zur Situation der Zielgruppen.

Schaubild 20:

DIFFUSIONSKURVE

als Evaluierungsinstrument

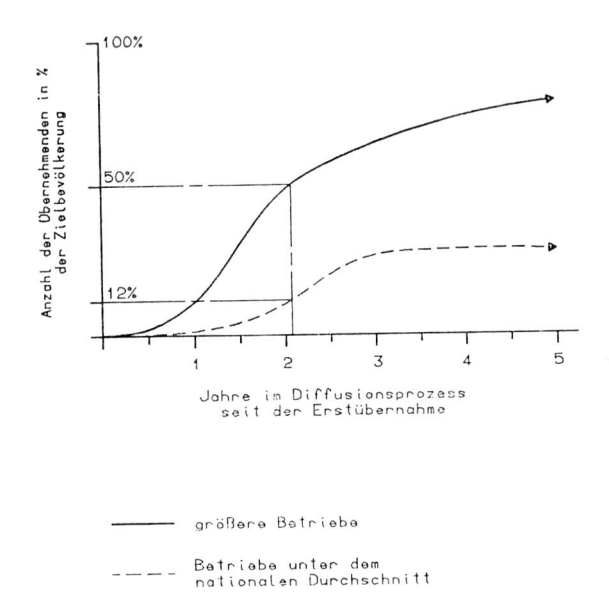

[Diagramm: Y-Achse "Anzahl der Übernehmenden in % der Zielbevölkerung" mit Markierungen bei 12%, 50% und 100%; X-Achse "Jahre im Diffusionsprozess seit der Erstübernahme" von 1 bis 5. Durchgezogene Kurve: größere Betriebe; gestrichelte Kurve: Betriebe unter dem nationalen Durchschnitt.]

——————— größere Betriebe

– – – – Betriebe unter dem nationalen Durchschnitt

Solche Übersichten machen den Beratern ihre eigene Arbeitsleistung deutlich und können ein Hilfsmittel sein, um Berater zu motivieren. Sie dienen aber auch zur Abschätzung, welche Aktivitäten realistisch in einem Jahr geleistet werden können, wenn dazu die Qualität der Beratung von den Vorgesetzten eingeschätzt wird.

(6) Berichterstattung über das Projekt und sein Umfeld

- Kritische Ereignisse in der Berichtszeit, die das Beratungsprogramm beeinflussen können;

- Zusammenstellung von Aus- und Fortbildungsaktivitäten;

- Zusammenfassende Beurteilung der Probleme und positiven Ergebnisse aus den Wochen- und Monatsbesprechungen der verschiedenen Beratungsgruppen (konkrete Erfahrungen);

- Veränderungen beim Beratungspersonal, biographische Daten, besondere persönliche Ereignisse.

(7) Veränderungen in der Projektdurchführung mit Begründungen zur Notwendigkeit.

(8) Darstellung von Sondererhebungen - Ertragsmessungen, Klimadaten, Marktuntersuchungen usw., die im Berichtszeitraum für die Beratung wichtige Ergebnisse geliefert haben.

(9) Finanzstatistik der Projektkosten und Projekterträge.

Diese Vierteljahres- oder Jahresberichterstattung, die auch anschauliche Fälle von gelungenen Aktionen enthalten sollte, erfüllt drei Funktionen:

- Sie fördert den Kontakt und Informationsaustausch des Personals untereinander;

- sie macht nach außen Problembereiche und Erfolge sichtbar;

- sie liefert die Basisinformationen für eine Zwischenevaluierung oder Abschlußevaluierung nach Projektphasen (schrittweise Planung, Kap. II.4). In dieser Funktion ist sie Bestandteil der begleitenden Situationsanalyse.

Sie ist auf jeden Fall notwendig, weil die so gewonnenen Informationen später nicht mehr rekonstruiert werden können. Darüber hinaus fällt es wesentlich leichter, etwa vierteljährlich Daten zusammenzustellen und die Beratungsarbeit daraufhin auch zu programmieren, als etwa am Jahresende - oftmals aus der Erinnerung - aus einem "Datenberg" einen Bericht zu erstellen.

Ein Teil der Daten wird in Zwischenevaluierungen und Abschlußevaluierungen dann mit verfeinerten Analysetechniken weiterverarbeitet werden können. Dieser Bereich liegt jedoch in der Regel außerhalb der Aufgabenstellung der Projektmitarbeiter. Wegen seiner methodischen Anforderungen und wegen des Zeitbedarfs sollte er auch "ausgelagert" und z.B. Kurzzeitexperten oder spezialisierten Evaluierungseinheiten übertragen werden.

Zentral bedeutsam ist in diesem Zusammenhang, daß die Festlegung der Vorgehensweise in enger Zusammenarbeit mit Beratern und Vertretern der Zielgruppe erfolgt. Gerade die Evaluierer müssen in hohem Maße bemüht sein, ihre Ergebnisse den Beteiligten verständlich zu machen. Das macht es auch erforderlich, die zentralen Aussagen und Probleme in die lokale Verkehrssprache zu übertragen und möglichst unverzüglich zu verteilen. **Evaluierungsergebnisse dürfen kein "Geheimwissen" sein;** wirksam können sie nur werden, wenn sie "öffentlich" sind. Dazu gehört dann auch, **daß Ergebnisse und Konsequenzen gemeinsam besprochen** werden und abweichende Auffassungen des Personals und der Zielgruppe auch in eigens gekennzeichneten Abschnitten dargestellt werden. Die scheinbar "objektive" Darstellung vieler Studien verschweigt reale Konflikte und Interessengegensätze. Damit aber wird Evaluierung wirklichkeitsfremd. (→ E 18).

4. AUFWAND DER EVALUIERUNG

Evaluierung kostet Zeit und Geld. Eine realistische Einschätzung zeigt aber, daß ein Großteil der benötigten Daten ohnehin für die Programmierung der Beratung erhoben werden muß. Ohne diese Eingangsdaten ist eine systematische Steuerung von Programmen kaum möglich.

Faßt man Evaluierung als notwendigen Bestandteil von Beratungsprogrammen und Projekten auf, so sind es nicht eigentlich "zusätzliche" Kosten. Sie sind selbstverständlicher Bestandteil der Gesamtkosten eines Projekts. Da die Durchführung eines Programms von den Zielgruppen aufgenommen und umgesetzt werden kann, beugt eine laufende Evaluierung Fehlinvestitionen vor.

Die Zwischenevaluierung des Salima-Projekts in Malawi z.B. machte deutlich, daß die Konzentration auf Baumwollanbau und die Einführung von Mechanisierung und komplizierten Fruchtfolgesystemen in fortschrittlichen, größeren Betrieben nicht geeignet waren, die kleinbäuerliche Bevölkerung zu erreichen. Die Veränderung der Konzeption und die konsequente Einführung von Berichterstattung, Versammlungen mit Vertretern der Zielgruppen und Absprachen mit politischen Entscheidungsträgern führte zum Aufbau eines begleitenden Evaluierungssystems. Der Anteil der Kosten für die Zwischenevaluierung war mit ca. 1,5 % der Gesamtkosten vergleichsweise gering; die Auswirkungen auf die Veränderungen des Projekts und letztlich für die Zielgruppen aber bedeutsam.

Kosten für eine begleitende und einzelne Phasen eines Projekts abschließende Evaluierung müssen daher unter dem Gesichtspunkt verantwortet werden, daß sie die Effizienz der eingesetzten Mittel und Personen in bezug auf die Zielerreichung erheblich verbessern können.

Für die Kalkulation der Kosten kann man als "Faustzahl" annehmen, daß ungefähr **3 bis 5 % der Gesamtkosten** eines Projekts **auf die begleitende Evaluierung** entfallen. Dabei sind in der Regel noch nicht die laufenden Kosten berücksichtigt, die dadurch entstehen, daß Personal und Sachmittel des Projekts in die begleitende Evaluierung einbezogen sind. Die Faustregel gilt sowohl für Projekte, die über eine "eingebaute" Evaluierungseinheit verfügen, als auch für solche, die in Abständen "von außen" evaluiert werden. Nur die Kostenstruktur ist jeweils anders. In der begleitenden Evaluierung entstehen wiederkehrend Kosten für:

- Mitbenutzung von Räumen bzw. Errichtung zusätzlicher Räume;

- Fahrzeuge für Evaluierer und Felderheber;

- Ausstattung für die Evaluierung (Karteien, Formblätter, Druckmaschinen, Rechner, Zeichentische usw.).

Wenn man von einer gezielten Situationsanalyse ausgeht und die eigene Arbeit kontrolliert beobachtet, so ist Evaluierung im Grunde nur der Aufwand, die Daten niederzuschreiben und zu strukturieren. Über diese Form der Eigenkontrolle kann man zur Problemlösung beitragen und mehr Erfahrungen im Umgang der Berater mit der kleinbäuerlichen Bevölkerung gewinnen. Die Evaluierung sollte daher fester Bestandteil der fortlaufenden Planung eines Projektes sein.

QUELLENVERZEICHNIS

ABDEL HAMID, J. A., 1978/79: Agricultural Extension Services in the New Regions of Amria - An Evaluation. Diploma of the Institute of National Planning. Cairo.
ADAMS.D.W., HAVENS,A.C., 1966: The Use of Socio-Economic Research in Developing a Strategy of Change for Rural Communities: A Columbian Example.In: Economic Development and Cultural Change, Chicago, 14, S. 204-216.
ADAMS, M.E., 1982: Agricultural Extension in Developing Countries. Intermedial Tropical Agricultural Series. Longman, Burnt Mill, Harlow, Essex.
AERDC, 1976: Action Research and Media Production. A draft manual. University of Reading and Extension Aids Branch, Ministry of Agriculture and Natural Resources, Malawi.
AHMED, M., COOMBS, P.H. (Hrsg), 1975: Education for Rural Development. Case Studies for Planners. Praeger, New York.
AICHER, O., KRAMPEN, M., 1977 : Zeichensysteme der visuellen Kommunikation. Handbuch für Designer, Architekten, Planer, Organisatoren. Stuttgart.
AKTAS, Y., 1976: Landwirtschaftliche Beratung in einem Bewässerungsprojekt der Südtürkei. Sozialökonom. Schriften zur Agrarentwicklung, Band 18, Saarbrücken: Breitenbach, 243 S.
ALBRECHT, Ha., 1965: Probleme der landwirtschaftlichen Beratung in Entwicklungsländern. In: Offene Welt, Köln und Opladen Nr. 88, S. 219-225.
ALBRECHT, Ha., 1968: Sozialwissenschaftliche Aktionsforschung in Entwicklungsprogrammen: Bedeutung und Bedingungen. In: Zeitschrift für ausländische Landwirtschaft 7, S. 4-21.
ALBRECHT, Ha., 1969: Innovationsprozesse in der Landwirtschaft. Eine kritische Analyse der agrarsoziolog. "adoption"- u. "diffusion"- Forschung in bezug auf Probleme der landw. Beratung. Sozialwiss. Studienkreis für Intern. Probleme, Saarbrücken
ALBRECHT, Ha., 1969: Community Development - Kritik des Förderungsansatzes auf der Basis der Erfahrungen in Indien. In: Zeitschrift für Ausl. Landwirtschaft. Frankfurt/Main, S. 20-38.
ALBRECHT, Ha., 1974: Evaluierung der Beratung. In: Ausbildung und Beratung 27, H. 10, S. 163-165.
ALBRECHT, Ha., 1974: Die Verbreitung von Neuerungen. Der Diffusionsprozeß. In: Der Förderungsdienst, Wien, Sonderheft 2, S. 33-40.
ALBRECHT, Ha., 1974: Systematik der Planung der Beratungsarbeit. In: Der Förderungsdienst, 22, Sonderheft 2, S. 41-44.
ALBRECHT, Ha., 1977: Widerstände und Hemmfaktoren bei Berufswechsel und Umschulung von Landwirten. Ihre Berücksichtigung in der sozioökonomischen Beratung. Landwirtschaftsverlag, Münster-Hiltrup.
ALBRECHT, Ha., 1978: Situationsanalyse in Beratungsvorhaben zur Förderung von Kleinlandwirten. Überlegungen zu grundlegenden, praktischen Problemen. In: GROENEVELD, S., MELICZEK, H. (Hrsg): Rurale Entwicklung zur Überwindung von Massenarmut. Saarbrücken: Breitenbach, S. 217-237.
ALBRECHT, Ha., 1979: Die Selbstvergewisserung in der land- und hauswirtschaftlichen Beratung. In: Der Förderungsdienst, Wien, 15, H. 5, S. 129-133.
ALBRECHT, Ha., 1964: Die Bedeutung von Demonstrationsbetrieben als einer Form der landwirtschaftlichen Entwicklungshilfe. Wirkungsbedingungen und Problembereiche des Demonstrierens. In: Zeitschrift für ausländische Landwirtschaft. S. 97-120.
ALBRECHT, He., 1978: Rural household typology as a tool for identifying target groups. In: Rurale Entwicklung zur Überwindung von Massenarmut. Verlag der SSIP- Schriften, Saarbrücken, S. 257-272.
ANDREAE, B., 1977: Agrargeographie. Strukturzonen und Betriebsformen in der Weltlandwirtschaft. De Gruyter, Berlin.
ANTONS, K., 1976: Praxis der Grppendynamik. Übungen und Techniken. Hogrefe, 4. Aufl., Göttingen.
ARENSBERG, C.M., Niehoff, A.H., 1964: Introducing social change. Aldine, Chicago.
ASCHAUER, E., 1970: Eine soziologische Analyse anhand kleiner Gruppen. Enke, Stuttgart.
ASCROFT, J., Röling, N. u.a., 1973: Extension and the forgotten farmer. First Report of a field Experiment. Bulletin Nr. 37, Afd. voor sociale Wetenschappen aan de Landbouwhogeschool Wageningen.

ASHOK, MEHTA, 1978: Report of the Committee on Panchayati Raj Institutions. New Delhi, Govenment of India.
AXINN, G.H., THORAT, S.S., 1972: Modernizing world agricultural extension systems. Praeger, New-York.
AY, P., 1980: Agrarpolitik in Nigeria - Produktionssysteme der Bauern und die Hilflosigkeit von Entwicklungsexperten. Ein Beitrag zur Revision agrarpolitischer Maßnahmen in Entwicklungsländern. - Feldforschung in Westnigeria -. Arbeiten aus dem Institut für Afrika-Kunde, Nr. 24, Hamburg, 337. S.
AZMY, S.M., 1980: Probleme der Beratung bei der Förderung von Diffusionsprozessen in der Landwirtschaft Ägyptens. Dissertation, Hohenheim.
BALDWIN, K.D.S., 1957: The Niger Agricultural Project. An Experiment in African Development. Oxford.
BANG, R.,1968: Das gezielte Gespräch. I. Teil: Gespräche als Lehr- und Heilmittel. München/Basel.
BARWELL, C., 1975: Farmer Training in East-Central and Southern Africa. FAO, Rome.
BAUM, E., 1976 und 1977: Stand und Problematik der Agrarförderungsinstitutionen in Liberia. In: Der Tropenlandwirt 77, S. 121-129 und 78, S. 47-61.
BELSHAW, D.G.R., 1977: Rural Development planning: concepts and techniques. In: Journal of Agric. Economics 28, 3, S. 279-292.
BENDAVID-YAL, A., WALLER, P.P., (Hrsg.), 1975: Action Oriented Approaches to Regional Development Planning. Praeger, New York.
BENNET, J., 1966: Die Interpretation der Pueblo-Kultur. Eine Frage der Werte. In: MÜHLMANN, W.E., MÜLLER, E.W.(Hrsg.), Kulturanthropologie, Kiepenheuer und Witsch, Köln, S. 137-153.
BENNIS, W.G., BENNE, K.D., CHIN,R. (Hrsg.), 1969: The Planning of Change. 2nd ed., New York.
BENOR, E., HARRISON,J.Q., 1977: Agricultural extension. The training and visit system. World Bank, Washington, D.C..
BENOR, D., HARRISON, J.Q., BAXTER, M., 1984: Agricultural Extension: the Training and Visit System. Washington, D.C. The World Bank.
BERGMANN, H., 1974: Les notables villageois: Chef de village et imam face à la coopérative rurale dans une région du Sénégal. In: Bulletin de l´I.F.A.N. 36, Série B, H. 2, S. 283-322.
BERGMANN, H., 1974: Wirkungsmöglichkeiten und Grenzen der Animation Rurale. Sociologia Ruralis 14, H. 4, S. 261-279.
BERRIGAN, F., 1981: Community Communication: The Role of Community Media in Development. Paris, UNESCO.
BERTRAND, J.T., 1978: Communications pretesting. Chicago: University of Chicago, Community and Family Study Center (Media Monograph. 6.).
BHADURI. A., RAHMAN, M.A. (Hrsg.), 1982: Studies in Rural Participation. New Delhi: Oxford and IBH Publishing Co.
BIMENYIMANA, B., GÖRGEN, R., 1983: Perception et compréhension du matériel didactique par la population rurale au Rwanda. Kibuye, Rwanda.
BINNEWERG, I., 1986: Landwirtschaftliche Beratung, Strategie, Inhalt, Methode, Mittel. Zentralregion Togo, Sokodé.
BINSWANGER, H.P., RUTTAN, V.W., 1978: Induced Innovation. Technology, Institutions and development. Hopkins, Baltimore.
BIRKEGARD, L.-E., 1975: The project selection process in developing countries. Economic Research Institute, Stockholm.
BLACKBURN, D.J. (Ed.), 1984: Extension Handbook. University Guelph, Canada.
BMZ (Hrsg.), 1977: Stellungnahme des wissenschaftlichen Beirats beim BMZ zur Entwicklungspolitik. BMZ, Bonn.
BMZ (Hrsg.) 1977: Welternährung. Ernährungsgrundlage, Ernährungssicherung, Agrarentwicklung im Rahmen der Grundbedürfnis-Strategie. BMZ (Materialien. 59), Bonn.
BMZ (Hrsg.), 1977: Dritter Bericht zur Entwicklungspolitik der Bundesregierung. Anh.: Die entwicklungspolitische Konzeption der Bundesrepublik Deutschland. BMZ, Bonn.
BMZ (Hrsg.), 1980: Vierter Bericht zur Entwicklungspolitik der Bundesregierung. BMZ, Bonn.
BMZ, GTZ (Hrsg.): 1978: Internationale Zusammenarbeit im ländlichen Raum. Grundlagen, Programme, Projekte. BMZ, GTZ, Bonn/Eschborn.
BOAS, F., 1927: Primitive Art. H. Aschehoug und Co.,Oslo, Norway.

BODENSTEDT, A.A., JUNGHANS, K.H., ZEUNER, T.H., 1968: Typische Verfahrensweisen in landw. Beratungsprojekten u. ihre Wirkung auf die Adoptionsbereitschaft der Bauern. Forschungsstelle für Agrarstruktur und Agrargenossenschaften der Entwicklungsländer, Heidelberg.

BODENSTEDT, A.A., THORWART, H., 1971: Beratungsprojekte zur integrierten regionalen Förderung der Landwirtschaft. Vergleichende Analyse von vier Entwicklungsprojekten in Kenia. Forschungsstelle für Agrarstruktur und Agrargenossenschaften der Entwicklungsländer, Heidelberg.

BOESCH, E.E., 1966: Psychologische Theorie des sozialen Wandels. In: BESTERS,H., BOESCH,E.E. (Hrsg.), Entwicklungspolitik. Kreuz-Verlag, Stuttgart, S. 334-416.

BORNEMANN, E., 1962: Sozialpsychologische Probleme der Führung. In: Kölner Zeitschrift für Soziologie und Sozialpsychologie, S. 105 - 123.

BOTHELO NEIA, A.J., 1966: Introduction à la méthodologie du travail en vulgarisation agricole. FAO, Rome.

BOUMAN, F.J.A., 1979: Finacial technology of the informal sector. In: Approach, Wageningen, H. 7, S. 3-21.

BOUMAN, F.J.A., HARTEVELD,K., 1976: The Djanggi. A traditional form of saving and credit in West Cameroon.In: Sociologia Ruralis 16, H. 1-2, S. 103-119.

BOYCE, J.K., EVENSON, R.E., 1975: National and international research and extension programs. Agricultural Development Council, New York.

BRADFIELD, D.J., 1966: Guide to extension training. FAO, Rome.

BRAMMER, L.M., 1973: The helping relationship. Process and Skills. Englewood Cliffs, Prentice Hall.

BRANDES, W., WOERMANN, E., 1971: Organisation und Führung landwirtschaftlicher Betriebe. Parey, Hamburg.

BRANDT, H., HEIMPEL, C.W., 1977: Arbeitsunterlagen zu Programmpunkt: Ansätze und Methoden zur Bewertung von landw. Projekten. Deutsches Institut für Entwicklungspolitik, Berlin.

BRANDT, H., 1977: Zur Planung landwirtschaftlicher Projekte. Deutsches Institut für Entwicklungspolitik, Berlin.

BREDT, R.F., 1981: Basisarbeit in ländlicher Entwicklung - Erfahrungen aus Sambia. Dienst in Übersee, Reihe DÜ-Scriptum, Stuttgart.

BUECHI, R.,: 1976: Erfolgsevaluierung von Entwicklungsprojekten. H. Lang, Bern.

BÜRGI, A., RUTISHAUSER, B., 1977: Die Gesprächsführung in der Berufsberatung. In: Handbuch der Berufspsychologie, Hofrefe Verlag, Göttingen, S. 478-530

BYERLEE, D., HARRINGTON, L., WINKELMANN, D.L., 1982: Farming Systems Research: Issues in Research Strategy and Technology Design. In: American Journal of Agricultural Economics, vol 64, No 5.

CARDER ATLANTIQUE, DFV, 1985: L'organisation de la vulgarisation agricole dans la province de l'Atlantique. Cotonou.

CARDER ATLANTIQUE, DSEI, 1985: Enquête rendement mais, grande saison 1985. Enquête spécifique No. 3. Cotonou.

CARRUTHERS, I., CHAMBERS, R., 1981: Rapid appraisal for rural development. In: Agricultural Administration, 8, (6), 407-422.

CARTWRIGT, D. (Hrsg.), 1951: Field Theory in Social Science: selected theoretical papers of Kurt Lewin. New York, Harper and Row.

CASSE, P., 1979: Training for the Cross-Cultural Mind. A Handbook for Cross-Cultural Trainers and Consultants. Sietar, Washington, D.C., 260 S.

CENTRO DE CAPACITATION POPULAR PARA ADULTOS (Hrsg.), 1974: Las ayudas audiovisuales en la educacion de adultos. CCPA, Cali, Kolumbien.

CERNEA, M.M., 1984: Putting People First: Sociological Variables in Rural Development. Baltimore, the John Hopkins University Press for the World Bank.

CERNEA, M.M., COULTER, J.K., RUSSELL, J.F.A., (Hrsg.) 1983: Agricultural Extension by Training and Visit: the Asian Experience. Washington, D.C.,the World Bank.

CERNEA, M.M., J.K. COULTER, J.F.A. RUSSEL, 1984: Strengthening Extension for Development: Some Current Issues. Seminar Strategies for Agric. Extension in the Third World, IAC, Wageningen, The Netherlands.

CERNEA, M.M., TEPPING, B.J., 1977: A system for monitoring and evaluating agricultural projects. World Bank, Washington, D.C.

CESARINI, G., 1984: Assistenza e Divulgazione Agricola. Edagricola, Bologna.

CHAMBERS, R., 1963: Rural Development - Putting The Last First -. Longman, London, Lagos, New York.
CHAMBERS, R., 1975: Two frontiers in rural management: agricultural extension and managing exploitation of communal natural resources. University of Sussex, Institute of Development Studies.
CHAMBERS, R., GHILDYAL, B.P., 1985: Agricultural Research for Resource-Poor Farmers: the Farmer-First-and-Last Model. IDS Discussion Paper, 30 S.
CHANTRAN, P., 1972: La vulgarisation agricole en Afrique et à Madagascar. Maisonneuve et Larose, Paris.
CLARK, N., McCAFFERY, J., 1979: Demystifying evaluation. Training program staff in assessment of community-based programs through a field-operational seminar. World Education, New York.
CLARK, N., 1979: Education for development and the rural women. World Education, New York.
CLARK, R.D., 1973: Group-induced shift toward risk. A critical approach. In: Readings in organizational behavior and human performance. Homewood, III., Irwin.
COCHRANE, G., 1977: Social Inputs for Project Appraisal. Intern. Dev. Review, 2.
COHEN, J.M., UPHOFF, N.T., 1977: Rural development participation. Concepts and measures for project design, implementation, and evaluation. N.Y. Cornell University, Ithaca. (Rural Development Monograph).
COLLINSON, M., 1983: Farming Systems Research: Diagnosing the Problem. A Paper for the 1984 Annual Agricultural Symposium. The World Bank, Wahington, Jan. 9-13, 22 S.
COLLINSON, M., 1983: Farm Management in Peasant Agriculture. Boulder, Colorado, Westview Press.
COMBS, A., AVILA,D., PURKEY,W., 1975: Die helfenden Berufe. Klett-Verlag, Stuttgart.
COOK, B.L., 1981: Understanding pictures in Papua New Guinea; what kinds of pictures communicate most effectively with people who can´t read? Elgin, David C. Cook Foundation.
COOMBS, P.H., AHMED, M., 1974: Attacking rural poverty. Hopkins, Baltimore.
COOMBS, P.H., AHMED, M., 1975: Education for Rural Development. Case Studies for Planners. Praeger, New York.
CORREZE,A.,HOFFMANN,V.,LAGEMANN,J.,MACK,R.P.,NEUMANN,I.,YEBE,C., 1986: Evaluation du Projet CARDER de l´Atlantique, République Populaire de Bénin. Unveröffentlichtes Gutachten für die GTZ, Eschborn.
CROUCH, B.R., CHAMALA, S., 1981: Extension Education and Rural Development. Vol.1: Intern. Experience in Communication and Innovation, Vol.2: Intern. Experience in Strategies for Planned Change. Wiley & Sons, Chichester.
DE WILDE, J.C., 1967: Experiences with agricultural development in tropical Africa. Bd. 1.2. Hopkins, Baltimore.
DE ZEEUW, H., 1979: Interventology: additional outcomes. In: Approach, Wageningen, H. 8, S. 23-32.
DELGADO, C.L., 1979: The southern Fulani farming system in Upper Volta. A model for the integration of crop and livestock production in the West African Savannah. East Lansing, Michigan State University.
DENZINGER, P., 1981: Organisationsfragen der landwirtschaftlichen Offizialberatung. In: Berichte über Landwirtschaft 59, S. 93-104.
DIEDERICH, G., 1975: Vorstellung eines Beratungsprojekts. In: Der Tropenlandwirt, Beiheft 6, S. 3-19, hier S. 9-12.
DIEDERICH, G., 1970: Probleme der landwirtschaftlichen Beratung und der Übernahme von Neuerungen in Ceylon. Ldw. Fakultät, Diss., Göttingen.
DOPPLER, W., 1978: Einführung in die Projektplanung und Projektbeurteilung. Hohenheim.
DOYLE, C.J., 1974: Productivity, technical change, and the peasant producer. A profile of the African cultivator. In: Food Research Studies 13, S. 61-76.
DÖRNER, C.D., 1975: Psychologisches Experiment: Wie Menschen eine Welt verbessern wollten. In: Bild der Wissenschaft, 12, Heft 2, S. 48-53.
DÖRNER, C.D., 1976: Problemlösen als Informationsverarbeitung. Kohlhammer, Stuttgart.
DUBEY, D.C., SUTTON, W., 1965: A Rural "Man in the Middle", Community Development. In: Human Organization 24, S. 148-151.
EGGER, K., GLAESER, B., 1975: Politische Ökologie der Umsambara-Berge in Tansania. Kübel-Stiftung, Bensheim.
ENSMINGER, 1962: A guide to community development. Government of India Press, Rev. Aufl. Calcutta.

ERNST, K., 1973: Tradition und Fortschritt im afrikanischen Dorf. Akademie Verlag, Berlin.
EXTENSION SERVICES, MINISTRY OF AGRICULTURE, KENYA, 1973: Farm Management Information, Kericho District. Nairobi.
FALCON, W.P., 1970: The Green Revolution: Generations of Problems. In: American Journal of Agr. Economics, 52, S. 698-709.
FAO, 1975 und 1976 ff.: Training for Agriculture and Rural Development. FAO, Rome.
FAO, 1977: Market Women in West Africa. FAO, Rome.
FAO/UNDP (Hrsg.), 1978: Small farmers development manual. Regional Office for Asia and the Far East, Bangkok.
FEDERATION DES GROUPEMENTS VILLAGEOIS DE LA REGION DE BOUAKE, o.J.: Perception et assimilation du visuel par les populations rurales.
FEDER, G., SLADE, R.H., 1986: A comparative analysis of some aspects of the Training and Visit System of agricultural extension in India. In: Journal of Dev. Studies, 22, (2).
FINNEY, B., 1967: Money Work, Fast Money and Prize Money: Aspects of the Tahitian Labor Commitment. Human Organization, 26, S. 195-199.
FIRTH, R.W., EVENS-PRITCHARD, E., 1968: Institutionen in primitiven Gesellschaften. Suhrkamp, Frankfurt/M..
FISCHER, K.M. u.a., 1978 und 1980: Ländliche Entwicklung. Ein Leitfaden zur Konzeption, Planung und Durchführung armutsorientierter Projekte. BMZ 1978, Englische Ausgabe, BMZ 1980, Bonn.
FITTKAU, B., MÜLLER-WOLF, H.-M., SCHULZ von THUN, F., 1977: Kommunizieren lernen (und umlernen). Trainingskonzeption und Erfahrungen. Westermann, Braunschweig, 2. Aufl. 1980.
FLEMING, M.L., 1975: Wahrnehmungsprinzipien für das Entwerfen von Lehrmaterial. In: AV-Forschung, Grünwald, Bd. 13, S. 7-76.
FORDYCE, J.K., WEIL, R., 1971: Managing with people. A managers handbook of organization development methods. Addison-Wesly, Reading/Massachusetts.
FORSTER, G.M.: 1973: Traditional Societies and technological change. Harper and Row, 2. Aufl., New York.
FRASER, Th.M., 1963: Sociocultural Parameters in Directed Change. In: Human Organization, 22, S. 95-105.
FREIRE, P., 1974: Pädagogik der Solidarität. Für eine Entwicklungshilfe im Dialog. Hammer, Wuppertal.
FREYTAG LÖRINGHOFF, B., 1955: Über einige Wesenszüge des Gesprächs. In: Studium Generale, 8, H. 9, S. 449 - 555
FUGLESANG, A., 1973: Applied communication in developing countries. Ideas and observations. Dag Hammarskjöld Foundation, Uppsala.
FUSSELL, D., HAALAND, A., 1976: Communication with pictures in Nepal. Report on a study by NDS and UNICEF. Kathmandu.
GABATHULER, E., 1979: Evaluation d'une session de formation. Projet Agricole de Kibuye, Service Animation et Formation. Rwanda.
GABATHULER, E., 1979: Le système de vulgarisation CFSME/AE. In: Bulletin agricole du Rwanda, 12. 10. S. 188 - 199.
GABATHULER, E., 1980: Le rôle de la stimulation dans la vulgarisation CFSME. In: Bulletin Agricole de Rwanda, H.1, S. 20 - 24
GABATHULER, E., 1982: Résumé du cours de formation sur le Sysstème National de Vulgarisation (SNV) du Rwanda, donné aux Agronomes et Vétérinaires des Communes, appuyé par le Projet Agro-Pastoral de Nyabisindu. Projet Agro-Pastoral de Nyabisindu, 26 S.
GABATHULER, E., 1983: La conscientisation/formation dans le processus de vulgarisation. In: Bulletin Agricole de Rwanda, H.4, 223-236
GARG, J.S., 1961: Agricultural extension. Scope and methods and community development. Gaya Prasad, Agra.
GARTH, N.J., 1965: Strategies and tactics of planned organizational change: Case examples in the modernization process of traditional societies. In: Human Organization, 24, S. 192-200.
GESELLSCHAFT f. AGRARENTWICKLUNG (Hrsg.), 1976: Abschlußbericht. Landjugendberater für Rio Grande do Sul, St. Caterina und Parana, Brasilien. Gesellschaft für Agrarentwicklung, Bonn.
GILETTE, C., UPHOFF, N., 1973: Cultural and social factors affecting small farmer participation in formal credit programmes. Cornell University, Ithaca, N.Y.

GÜRGEN, R., 1982: Übersicht über das didaktische Material, da zur Sensibilisierung und zur Ausbildung der Landbevölkerung in der Präfektur Kibuye eingesetzt wird. Projet Agricole de Kibuye, Servive Animation et Formation. Rwanda.

GÜRGEN, R., 1983: Didaktisches Bildmaterial für die Landbevölkerung Rwandas. Eine Untersuchung über Wahrnehmung und Verständnis von Plakaten und Bildern für die Flanell-Wand. Kibuye, Rwanda.

GÜRGEN, R., KAYIBANDA, Ch., 1983: Conception du matériel didactique à l'écoute des paysans. Kibuye, Rwanda.

GÜRGEN, R., 1986: Projektevaluierung und ZOPP. Erfahrungen - Probleme - Vorschläge. In: BASLER,A. u.a.: Unveröffentlichter Evaluierungsbericht zum PAP, Nyabisindu, Rwanda. GTZ, Eschborn. Anhang.4.

GOODENOUGH, W.H., 1966: Cooperation in change. An anthropological approach to community development. Wiley, New York, N.Y.

GORDON, T., 1972: Familienkonferenz. Die Lösung von Konflikten zwischen Eltern und Kind. Verlag Hoffmann und Campe, Hamburg.

GORDON, T., 1977: Lehrer-Schüler-Konferenz. Wie man Konflikte in der Schule löst. Verlag Hoffmann und Campe, Hamburg.

GORDON T., 1982: Managerkonferenz. Verlag Hoffmann und Campe, Hamburg, 2. Aufl.

GOSH, A., 1986: Media and rural women. In: Adult education and development. 27, Bonn.

GOUSSAULT, Y., 1968: Rural "Animation" and Popular Participation in French-Speaking Black Africa. In: Intern. Labour Review, S. 525-550.

GOUSSAULT, Y., 1970: Interventions éducatives et animation dans les développements agraires (Afrique et Amérique Latine). Paris: Presses Universitaires de France, S. 257.

GOTSCH, C.H., 1972: Technical Change and the Distribution of Income in Rural Areas. In: American Journal of Agr. Economics, 54, S. 326-341.

GOW, D.D., VASANT, J., 1983: Beyond the Rhetoric of Rural development Participation: How can it be done? In: World Development, Vol 11, No. 5, S. 427-446.

GRAAP, o.J.: Towards teaching self-development, Bobo-Dioulasso, Burkina Faso.

GRAAP, 1982: Vivre dans un environnement vert. 1ère recherche: Les changements dans notre environnement. Bobo-Dioulasso, Burkina-Faso, 2. Auflage.

GRAAP, 1984: Pour une pédagogie de l'autopromotion. Ausgabe für Ausbilder. Bobo-Dioulasso, Burkina Faso, 4. Auflage.

GRAAP, 1984: Dessiner. Grammaire du dessin au tableau feutre pour une pédagogie de l'autopromotion. Bobo-Dioulasso, Burkina Faso.

GRAAP, 1985: Pour une pédagogie de l'autopromotion. Ausgabe für Animateure, Bobo-Dioulasso,Burkina Faso, 1. Auflage.

GRAAP, 1986: 12 questions sur le GRAAP. 12 réponses de son auto-evaluation. Bobo-Dioulasso. Burkina Faso.

GREENWOOD, D.J., 1973: The political economy of peasant farming: some anthropological perspectives on rationality and adoption. Cornell University, Ithaca, N.Y..

GROENEVELD, S., MAI, D., 1975: Lernen und Lehren in Bangladesh. Begründungen, Ansatzpunkte, Probleme. In: Informationen der Univ. Göttingen, H. 9, S. 2-19.

GROSSER, E., IBRA BA, A. (Hrsg.), 1979/80: Analyse de situation de la région du Tagant (Republique Islamique de Mauritanie) avec attention particulière aux aspects soci-économiques. Reihe Studien Nr. IV/30, Fachbereich für Internationale Agrarentwicklung, Berlin.

GROSSER, E., Pfeiffer, J. (Hrsg.), 1978: Etude agro-socio-economique de base sur les conditions de dévelopment de la sous-prefecture de Paoua , Ouham-Pende, Empire Centrafricain. Bd. 1.2., Seminar für landw. Entwicklung, Berlin.

GTZ (Hrsg.), 1977: Gutachten, Studien, Berichte. Beiträge aus 20 Jahren internationaler Zusammenarbeit im ländlichen Raum. GTZ, Eschborn.

GTZ, 1979: Projekt Appraisal, Kawinga Rural Development Projekt (Malawi). Eschborn.

GTZ, 1980: The Training and Visit Extension System in India. Report of the familiarization trip by a GTZ study group to India. Eschborn.

GTZ, (Hrsg.) 1983: Ländliche Regionalentwicklung. Ein Orientierungsrahmen. Eschborn, 135 S.

GTZ, (Hrsg.) 1987: ZOPP. Zielorientiertes Planen von Projekten und Programmen der Technischen Zusammenarbeit. 1. Einführung in die Grundlagen der Methode, 34 S. 2. Flipchartabschriften, 25 S. 3. Kurzinformation, 4 S., Escborn.

HANISCH, R., TETZLAFF, R. (Hrsg.), 1979: Die Überwindung der ländlichen Armut in der dritten Welt. Metzner, Frankfurt.
HANSON, A. M., 1966: The process of planning. A study of India's five-year-plans. 1950 - 1964. London: Oxford University Press.
HAQ, M.N., 1966: Entwicklungsprojekte in Ost-Pakistan. In: Offene Welt, Nr. 91, 1966, S. 70-81.
HARRISON, K., SHWEDEL, K., 1974: Marketing problems associated with small farm agriculture. In: RTN Seminar Report, New York, N.Y., Agricultural Development Council, H. 5, S. 1-8.
HARWOOD, R.H., 1980: An Overview of Farming Sytems Research Methodology. Presented at the Symposium on Farming Systems Research, Jefferson Auditorium, USDA South Building, Washington, DC, December 8-9, 12 S.
HAVELOCK, R.C. u.a., 1969: Planning for Innovation through Dissemination and Utilization of Knowledge. Ann Arbor, Michigan. CRUSK institute for Social Research, The University of Michigan.
HAYES, S.P jr., 1966: Evaluating Development Projects. UNESCO, Paris.
HEIMPEL, CH., 1973: Ansätze zur Planung landwirtschaftlicher Entwicklungsprojekte. Hessling, Berlin.
HENNIS, W., 1963: Rat und Beratung im modernen Staat. In: Nachrichtendienst des Deutschen Vereins für öffenliche und private Fürsorge, S. 8-13
HERZBERG, J., 1977: Personalevaluierung als Supervisionsaufgabe in der ländlichen Beratung. In: Zeitschrift für ausl. Landwirtschaft 16, H. 1, S. 37-48.
HILDEBRAND, P.E., RUANO, S., 1982: El Sondeo. Una metodologia multidisciplinaria de caracterizacion de sistemas de cultivo desarollada por el ICTA. Instituto de Ciencia y Tecnologia Agricolas, Guatemala. Folleto Tecnico 21, 1982, 15 S.
HOFFMANN, V. 1979: Bericht über die Durchführung eines Beratervertrags im Rahmen der technischen Zusammenarbeit mit Ägypten im Projekt: Development Support Communication Mariut. Eschborn: GTZ, unveröffentlicht, S. 27-29.
HOFFMANN, V., 1982: Intercultural Communication: The "Cow-Case" and its Use in Trainig and Teaching. In: H. Albrecht, V. Hoffmann, (Eds.): Proceedings of the Fifth European Seminar on Extension Education, 31.8. - 4.9. 1981 at Stuttgart Hohenheim, University of Hohenheim, S. 64-68
HOFFMANN, V., 1985: Beratungsbegriff und Beratungsphilosophie im Feld des Verbraucherhandelns - eine subjektive Standortbestimmung und Abgrenzung - . In: Lübke, Schönheit (Hrsg.): Die Qualität von Beratungen für Verbraucher. Campus-Verlag, Frankfurt, New York, S. 26-47.
HOFFMANN, V., SCHULZE ALTHOFF, K., NGENDAKUMANA, S., NIYONZIMA, G., 1984: Programme de Vulgarisation au Projet de Développement de l'Elevage Caprin. Ngozi, Burundi.
HOFSOMMER, W., o.J.: Stichworte zum Beraterverhalten. Beratung als helfende Kommunikation. Unveröffentlichtes Lehrblatt der BfA (Bundesanstalt für Arbeit, Nürnberg).
HOFSTÄTTER, P.R., 1971: Gruppendynamik. Kritik der Massenpsychologie. Erw. Neuauflage Rowohlt, Reinbek.
HOLMES, A.C., 1968: Visual aids in nutrition education. A guide for their preparation and use. FAO, Rome.
HONADLE, G., INGLE, M., 1976: Project mangement for rural equality. Organization, design and information management for benefit distribution in less developed countries. Vol. 1.2. Washington, D.C. Agency for International Development.
HORNSTEIN, W., 1975: Beratung in der Erziehung, Ansatzpunkte, Voraussetzungen, Möglichkeiten. In: Funkkolleg: Beratung in der Erziehung, Belz-Verlag, Weinheim und Basel, S. 33-68
HOWELL, J., 1982: Managing Agricultural Extension: The T & V system in practice. In: Agricultural Administration, 11,(4), S. 273-284
HOWELL, J., 1984: Issues, non-issues and lessons of the T and V Extension System. Seminar Strategies for Agric. Extension in the Third World, Jan. 18-20, Intern. Agric. Centre, Wageningen, The Netherlands.
HRUSCHKA, E., 1965: Gruppendynamik - Möglichkeiten ihrer Anwendung für die landwirtschaftliche Beratung. In: Der Förderungsdienst, Wien, Sonderheft 4, S. 42-43.
HRUSCHKA, E., 1969: Versuch einer theoretischen Grundlegung des Beratungsprozesses. Psychologia Universalis, Band 16, Hain, Meisenheim am Glan.
HRUSCHKA, E., 1974: Methodische Aspekte des Beratungsgesprächs. In: Der Förderungsdienst, Sonderheft 2, S. 44-48.

HUIZER, G., 1973: Rural Extension and Peasant Motivation in Latin-America and the Caribbean. FAO, Occasional Paper Nr. 2., Rome.
HUIZER, G., 1982: Guiding Principles for People's Participation Projects. Rom, FAO.
HUNTER, G. u.a. (Hrsg.), 1976: Policy and Practice in Rural Development. Croom Helm Ltd., London.
ILLICH I., 1978: Fortschrittsmythen. Wider die Verschulung. Rowohlt, Reinbek, S. 114-138.
ILLY, L.B., ILLY, H.F., 1977: Mobilisierung der ländlichen Bevölkerung im frankophonen Afrika. Eine Kritik der "Animation Rurale" als Partizipationsmodell. Bonn: Deutsche Vereinigung für Polit. Wiss.
INFORMATIONSZENTRUM DRITTE WELT (Hrsg.), 1979: Entwicklungshilfe - Hilfe oder Ausbeutung? Die entwicklungspolitische Praxis der BRD und ihre wirtschaftlichen Hintergründe. iz3w, Freiburg.
INGLE, M.D., 1979: Implementing development programs: a state-of-the-art review. Final report. Agency for International Development, Washington, D.C.
INSTITUTE OF DEVELOPMENT STUDIES, SUSSEX UNIVERSITY, ENGLAND, 1981: Rapid Rural Appraisal. IDS Bulletin, Vol. 12, No. 4. Sussex.
INSTITUTO UNIVERSITARIO DE EVORA (Hrsg.), 1974: Primero Seminario Universitario de Evora. Extensao Rural. Evora.
INTERNATIONAL AGRICULTURAL CENTRE (Hrsg.), 1977: Study Project: The small farmer and development cooperation. IAC, Vol. 1. Main Report, Wageningen.
INTERNATIONAL BROADCAST INSTITUTE (Hrsg.), 1975: Seminar on motivation, information and communication for development in African and Asian countries. International Broadcast Institute, London.
JAHODA, M., LAZARSFELD,H., ZEISEL,H., 1975: Die Arbeitslosen von Marienthal. Ein soziographischer Versuch. Suhrkamp (Edition Suhrkamp 769), Frankfurt.
JANATA, A., 1973: Beratungswiderstände. Völkerkundliche Aspekte zur Vermeidung von Beratungsfehlern und zur Überwindun g von Kommunikationsschwierigkeiten in einem Projekt der Technischen Hilfe. Museum für Völkerkunde, Wien.
JEDLICKA, A.D., 1977: Organization for rural development. Risk taking and appropriate technology. Praeger, New York.
JIGGINS, J., 1977: Motivation and performance of extension fiels staff. In: Extension, planning and the poor, Overseas Development Institute, London.
JOERGES, B., 1967: Animation Rural in Afrika. Die Methoden der IRAM. In: Zeitschrift für Ausl. Landwirtschaft, Frankfurt/Main, 6, S. 293-309.
JOERGES, B.: 1975: Beratung und Technologietransfer. Untersuchung zur Frage der Professionalisierbarkeit gesellschaftsüberschreitender Beratung. Nomos, Baden-Baden.
JOHNSTON, B.F., KILBY,P., 1975: Agriculture and structural transformation. Oxford Univ. Press, London.
JOHNSTON, B.F., MELLOR, J.W., 1962: Die Rolle der Landwirtschaft in der wirtschaftlichen Entwicklung. In: Zeitschrift für ausl. Landwirtschaft 1, H. 1, S. 18-46.
JONES, G. (Hrsg.) 1986: Investing in Rural Extension: Strategies and Goals. Elsevier, London, New York, 297 S.
JONES, G.E., ROLLS,M., 1982: Progress in Rural Extension and Community Development. Vol. 1: Extension and Relative Advantage in Rural Development. Wiley & Sons, Chichester.
KANTOWSKY, D., 1970: Dorfentwicklung und Dorfdemokratie in Indien. Formen und Wirkungen von Community Development und Panchayati Raj detailliert dargestellt am Beispiel eines Entwicklungsblocks und dreier Dörfer im östlichen Uttar Pradesh. Bielefeld.
KANTOWSKY, D. (Hrsg.), 1977: Evaluierungsforschung und -praxis in der Entwicklungshilfe. Verlag der Fachvereine, Zürich.
KASSLER, R., 1977: Selected methods in workers'education. KASSLER, R.: Choix de méthods pour l'éducation ouvrière. (Jeweils 7 Broschüren). International Labour Office, Genf.
KEARL, B. (Hrsg.), 1976: Field data collection in the social sciences. Experiences in Africa and the Middle East. Agricultural Development Council, New York.
KHAN, A.H., HUSSAIN, M.Z., 1963: A new rural cooperative system for Comilla Thana, Pakistan Academy for Rural Development. Comilla, East-Pakistan, Third Annual Report.
KLEBERT, K., SCHRADER, E., STRAUB, w., 1984: Moderationsmethode. Gestaltung der Meinungs- und Willensbildung in Gruppen, die miteinander lernen und leben, arbeiten und spielen. Zweite überarbeitete und erweiterte Auflage, Preisinger Verlag, Rimsting am Chiemsee.

KNERSCH, V., NAGEL, U.J., 1985: La journée du CVA, une nouvelle approche dans la vulgarisation agricole. Projet Benino-Allemand de developpement rural, CARDER de l'Atlantique. Cotonou.

KOCK, W.: 1968: Beratungs- und Ausbildungsförderung im fortgeschrittenen Stadium der Entwicklungsförderung. In: Zeitschrift für ausl. Landwirtschaft 1, S. 94-106.

KOCK, W., 1971: Beratung in Regionalprojekten - Erfahrungen aus dem Regionalprojekt Salima in Malawi. In: Zeitschrift f. Ausl. Landw., 10, Heft 2.

KOGAN, N., WALLACH, M.A., 1967: Risk taking as a function of the situation, the person, and the group. In: New directions in psychology. Bd. 3, Rinehart and Winston, New York.

KÖNIG, R., 1973: Handbuch der empirischen Sozialforschung. Grundlegende Methoden und Techniken, 3. Aufl. Bd. 2.Dt. Taschenbuchverlag Verlag, München.

KÖTTER, H., 1977: Integrierte ländliche Entwicklung. Ein Holzweg oder eine neue Strategie? In: Innere Kolonisation 26, H. 6, S. 222-225.

KRAPF, B., 1980: Die Aufgaben des Beraters im partnerzentrierten Beratungsgespräch. In: Zeitschrift für Gruppenpädagogik, 6. S. 189-194

KRISHAN, R., 1965: Agricultural Demonstration and Extension Communication. Asia Publishing House, London.

KUHNEN, F., 1978: Community Development. Folgerungen aus den Aktivitäten in Indien, Pakistan und Südkorea. In: Strukturwandel und Strukturpolitik im ländlichen Raum. Festschrift zum 65. Geburtstag vom HELMUT RÖHM (Hrsg.) von J. STARK und M. DOLL, Stuttgart, S. 104-122.

KUHNEN, F., 1978: Changes in the Asian agrarian situation and their effects on smallholders and rural landless. In: Rurale Entwicklung zur Überwindung der Massenarmut. Verlag der SSIP-Schriften, Saarbrücken, S. 87-103

KULP, E.M., 1977: Designing and managing basic agricultural programs. Intern. Development Institute, Blomington, Indiana.

LAGEMANN, HOFFMANN, RAUSCH, SCHREINER, YEBE, 1984: Evaluation du projet CARDER Atlantique, République Populaire du Bénin. Unveröffentlichtes Gutachten für die GTZ, Eschborn.

LAKANWAL, G.A., 1974: Das Übernahmeverhalten paschtunischer Landwirte in bezug auf produktionstechnische Neuerungen (Saatgut und Düngemittel). Eine empirische Untersuchung in drei Dörfern des östlichen Beckens von Khost/Afghanistan. Unveröffentlichte Diplomarbeit, Hohenheim.

LAKANWAL, G.A., 1978: Situationsanalyse landwirtschaftlicher Beratungsprogramme in Entwicklungsländern. Sozialökonomische Schriften zur Agrarentwicklung, Band 30, Breitenbach, Saarbrücken.

LAPPE, F.M., COLLINS, J., KINLEY, D., 1980: Aid as Obstacle: twenty Questions about our Foreign Aid and the Hungry. San Francisco, Institute for Food and development Policy.

LE CLAIR, E.E., SCHNEIDER, H.K. (Hrsg.), 1968: Economic anthropology. Readings in theory and analysis. Holt, Rinehart & Winston, New York.

LECHENAUER, G., 1979: Videomachen. Technische Grundlagen, Geräte, Arbeitspraxis, Erfahrungsberichte. Rowohlt, Reinbek.

LELE, U., 1975: The design of rural development. Lessons from Africa. Hopkins, Baltimore.

LEONARD, D.K., 1977: Reaching the peasant farmer. Organisation theory and practice in Kenya. Univ. of Chicago Press, Chicago.

LEONARD, W.R., JENNY, B.A., NWALI, O., 1971: UN-Development Aid. Criteria and methods of Evaluation. Arno Press, New York.

LEUPOLT, M., 1977: Integrated rural development. Key elements of an integrated rural development strategy. In: Sociologia Ruralis 17, H. 1-2, S. 7-28.

LEWIN, K., 1963: Feldtheorie in den Sozialwissenschaften. Berlin, Stuttgart.

LINDSAY, P.H., NORMAN, D.A., 1981: Einführung in die Psychologie. Informationsaufnahme und -verarbeitung beim Menschen. Springer, Berlin, Heidelberg, New York.

LIPPIT, R., 1961: Dimensions of the Consultants Job. In: Bennis; Benne; Chin (Eds.): The Planning of Change. New York, S. 156-162

LIPTON, M., MOORE, M., 1972: The methodology of village studies in less developed countries. Univ. of Sussex, Institute of Development Studies, Brighton.

LU, CH.CH., 1985: Landwirtschaftliche Beratung in Taiwan (1900-1981) - eine systemorientierte historische Analyse -. Sozialökonomische Schriften zur Ruralen Entwicklung, Bd. 60. Edition Herodot, Göttingen.

LYNCH, F., 1976: field data collection in Developing Countries: experiences in Asia. A/D/C Seminar Report, 1976, No. 10.

MAI, D., 1976: Methoden sozialökonomischer Feldforschung. SSIP-Schriften, Saarbrücken.

MANGAN, J., 1978: Cultural conventions of pictorial representation. Iconic literacy and education. In. Educational Communication and Technology, S. 245-267

MATLON, P.J., 1979: Income distribution among farmers in northern Nigeria. Empirical results and policy implications. Michigan State University, East Lansing, Mich..

MAUNDER, A.H., 1972: Agricultural extension. A refence manual. FAO, Rome.

MAYER, A. u.a., 1959: Etawah, pilot project, India: The story of rural development at Etawah, Uttar Pradesh. Berkeley: University of California Press.

MBITHI, P.M., 1977: Farmers decision-making with respect to social psychological elements and the human factor in agricultural management. In: Decision-making and agriculture. Univ. of Nebraska Press, Lincoln, Nebr., S. 131-141.

MBITI, J.S., 1969: African religions and philosophy. Heineman, London.

MEISTER, A.: 1972: Characteristics of community development and rural animation in Africa. In: International Review of Community Development (1972), H. 27-28, S. 75-132, zugleich International Issue of "Centro Sociale" 19 (1972), H. 103-105.

MELLOR, J.W., 1976: The new economics of growth. A strategy for India and the developing world. Cornell Univ. Press, Ithaca, N.Y..

METAPLAN, 1975: Metaplan-Gesprächstechnik. Kommunikationswerkzeug für die Gruppenarbeit. Quickborn. Überarbeitete Neuauflage 1982 (Metaplan-Reihe, Heft 2).

MICKELWAIT, D.R., RIEGELMAN, M.A., SWEET, C.F., 1976: Women in rural development. Westview Press, Boulder, Col..

MICKELWAIT, D.R., SWEET, C.F., MOORS, E.R., 1978: The "New Directions" mandate: Studies in project design, approval and implementation. Development Alternatives, Inc. 1978, Washington D.C..

MINISTRY OF AGRICULTURE, KENYA, 1979: Labour requirements, availability ond economics of mechanization. Farm management handbook of Kenya, Vol. 1, Nairobi.

MOHARAM, I.S.E., ABDEL HAMID, I. A., 1986: Communication with Posters. Why Posters fail to Convey Ideas and Information? Unpublished conference paper, Regional Seminar on Andiovisual Aids in Cooperative Education in the Arab World. 13. - 18.12., Amman, Jordan. 17 S.

MOLCHO, S., GITLIN, M. (eds.), 1970: Agricultural Extension. A Sociological Appraisal. Keter Publication House, Jerusalem.

MOLLET, A., 1965: L`animation rurale à Madagascar. In: Developpement et Civilisation (21).

MORRS, E.R. u.a. (Hrsg.), 1976: Strategies for small farmer development. Westview Press, Bd. 1.2., Boulder, Col..

MOSHER, A.T., 1966: Getting agriculture moving. Essentials for development and modernization. Praeger, New York.

MOSHER, A.T., 1978: An introduction to agricultural extension. Agricultural Development Council, New York.

MOTON, A.L., 1978: Briefing paper on local action guidance and implementation. Agency for International Development, Development Support Bureau, Washington, D.C.

MUCCHIELLI, R., o.J.: Das Nicht-Direktive Beratungsgespräch. Otto Müller, Salzburg.

MÜLLER, J.O., 1967: Beobachtungen zur Reaktion kleiner Landbewirtschafter in Togo auf Berater und Beratung. In: Zeitschrift für ausl. Landwirtschaft 6, H. 3, S. 278-292.

MÜLLER, J.O.,1968: Die Förderung der Reisproduktion in Madagaskar. In: Intern. Africa-Forum, München, 4, S. 620-627.

MÜLLER, J.O., 1978: Soziale Partizipation - Konzept, Probleme, und Bedingungen eines entwicklungspolitischen Ideals. In: Rurale Entwicklung zur Überwindung von Massenarmut. Verlag der SSIP-Schriften, Saarbrücken, S. 57-68.

MYRDAL, G., 1971: Objektivität in der Sozialforschung. Suhrkamp (Edition Suhrkamp 508), Frankfurt.

McGREGOR, D., 1960: The Human Side of Enterprise. New York.

McLOUGHLIN, P.F.M. (Hrsg.), 1970: African food production systems. Cases and theory. Hopkins, Baltimore, Md..

NAEM, J., 1971: Interviewing Illiterate Populations. In: Research Methodology No.6, June 1971. A/D/C teaching forum.

NAGEL, U.J., 1979: Knowledge flows in agriculture. Linking research extension and the farmer. In: Zeitschrift für ausl. Landwirtschaft, 18, H. 2, S. 135-150.

NAGEL, U.J., 1980: Institutionalization of knowledge flows: An Analysis of two Agricultural Universities in India. Quarterly Journal of Intern. Agriculture, Special Issue No. 30, DLG-Verlag, Frankfurt/Main.

NAGEL, U.J., 1983: The modified training and visit system in the Philippines. A study on the Extension Delivery System in Region III. TU Berlin, FB Intern. Agrarentwicklung (FIA) Seminar f. Landw. Entwicklung (SLE), Reihe Studien Nr. IV/43.

NASH, J. u.a. (Hrsg.), 1976: Popular participation in social change cooperatives, collectives, and nationalized industry. The Hague: Mouton.

NATIONAL DEVELOPMENT SERVICE (Hrsg.), 1976: Communication with pictures. National Development Service, Tribhuvan Univ. Kathmandu, Nepal.

NIEHOFF, A.H. (Ed.), 1966: A Casebook of Social Change. Critical Evaluations of Attempts to Introduce Change in the Five Mayor Developing Areas of the World. Aldine, Chicago.

NITSCH, U., 1982: Farmer's Perceptions of and Preferences concerning Agricultural Extension Programs. Swedish University of Agricultural Science, Uppsala.

OAKLEY, P., 1984: The Monitoring and Evaluation of Participation in Rural Development. Rom, FAO.

OAKLEY, P., MARSDEN, D., 1984: Approaches to Participation in Rural Development. Genf, ILO.

OECD, 1981: Les Services de Vulgarisation Agricole dans l'OCDE. Paris.

OECD: 1982: Landwirtschaftliche Beratungsdienste. Schriftenreihe des Bundesministers für ELF, Reihe A: Angewandte Wissenschaft, Heft 266, Landwirtschaftsverlag GmbH, Münster-Hiltrup.

OLDENBURG, R., 1977: Das Konzept der Massenberatung bei der Steigerung der Reisproduktion im Hochland von Madagaskar. Unveröffentl. Diplomarbeit, Göttingen.

OLSON, C.V., 1978: Adaptive field-testing for rural development projects. Development Alternatives, Washington, D.C.

OXFAM, 1976: Field Directors Handbook. Guidelines and information for assessing projects. Oxfam, Oxford.

PADDOCK, W., PADDOCK, E., 1973: We don't know how. An independent audit of what they call success in foreign assistance. Iowa State Univ. Press, Ames.

PÄTZOLDT, B., 1979: Didaktisches Seminarkonzept und methodischer Ablauf. In: MUNZINGER P.: Beratung als Instrument der ländlichen Entwicklung in Westafrika. Bericht über das 1. Regionalseminar der GTZ/DSE in Kamerun 1978. Eschborn: GTZ, S. 3-5

PALA, A.O., 1976: La femme africaine dans le développement rural: Orientations et priorités. Overseas Liaison Committee, Washington, D.C. .

PAUSEWANG, S., 1973: Methods and concepts of social research in a rural developing society. Weltforum, München.

PAYER, C., 1979: The World Bank and the small farmer. Rome Declaration Group, Zürich.

PAYR, G., 1977: Förderung und Beratung traditioneller Kleinbauern in Salima/Malawi. Weltforum, München.

PELTO, P.J., PELTO, G.H., 1978: Anthropological research. The structure of inquiry. 2. Aufl., Cambridge Univ. Press, Cambridge.

PETZOLDT, K., 1976: Schadbilder und Unkräuter "begreiflich machen". In: Von Projekt zu Projekt, Eschborn, H. 1, S. 3-4.

PITT, D.C. (ed.), 1976: Development from Below. Anthropologists and Development Situations. The Hague: Mouton

PRAI (Hrsg.), 1963: Action research and its importance in an underdeveloped economy. Planning Research and Action Institute. Lucknow, Uttar Pradesh.

PRINCE, C.M., 1972: Creative meetings through power sharing. In: Harvard Business Review.

PROJET AGRO PASTORAL DE NYABISINDU, DIVISION VULGARISATION-FORMATION, 1984: L'érosion et l'installation des lignes anti-érosives (Traduction du text de formation en Kinyarwanda), Nyabisindu, Rwanda.

PROJET CAPRIN, 1986: Guide de l'Elevage Caprin au Burundi. Ngozi, Burundi.

RAFIPOOR, F., 1974: Das "Extension and Development Corps" im Iran. Verlag der SSIP-Schriften, Saarbrücken.

RAMM, G., 1985: Unterschiede der Bildperzeption in Kulturen der Dritten Welt. Magisterarbeit, Osnabrück.

REMENYI, J.V.(Ed.) 1985: Agricultural Systems Research for Developing Countries. Proceedings of an international workshop held at Hawkesbury College, Richmond, N.S.W., Australia, 12.-15.5.

RHEINWALD, H., 1967: "Intellektuelle Investitionen" als Bestandteil von Programmen und Projekten zur Verbesserung der Agrarstruktur. In: Zeitschrift für ausl. Landwirtschaft 6, H. 3, S. 225-248.

RHOADES, R.E., 1984: Understanding small-scale farmers in developing countries: Sociocultural perspectives on agronomic farm trials. In: Journal of Agronomic Education, vol 13, S. 64-68

ROGERS, C., 1972: Die nicht-direktive Beratung. Kindler-Verlag, München.

ROGERS, C., 1974: Lernen in Freiheit. Kösel-Verlag, München.

ROGERS, C., 1977: Therapeut und Klient. Kindler-Verlag, München.

ROGERS, E.M. (Hrsg.), 1976: Communication and Development: Critical Perspectives. Beverly hills and London, SAGE Publishers.

ROGERS, E.M., 1983: The Diffusion of Innovations. Third Edition. New York, The Free Press.

RONDINELLI, D.A., RUDDLE, K., 1977: Appropriate institutions for rural development: organizing services and technology in developing countries. Agency for International Development, Washington, D.C.

ROSSER, M., 1980: Preliminary perception survey. (for development of self-explanatory graphic illustrations for birth control pill usage). DSC Project, Mariut, Ägypten, 20 S.

ROSSI, P.H., FREEMAN, H.E., WRIGHT, S.R., 1979: Evaluation. A systematic approach. Sage, Beverly Hills.

RÜLING, N., 1974: Problem solving research: a strategy for change. In: tijdschrift voor agologie, S. 66-73.

RÜCKER, M., 1976: Vergleich des Beratungsansatzes in ausgewählten ostafrikanischen Entwicklungsprojekten. Unveröffentl. Diplomarbeit, Hohenheim.

RUTHENBERG, H., THORWART, H., 1971: Landwirtschaftliche Beratung als landwirtschaftliche Innovation. In: Zeitschrift für ausl. Landwirtschaft 10, H. 4, S. 333-361.

RUTHENBERG, H., 1972: Landwirtschaftliche Entwicklungspolitik. DLG-Verlag, Frankfurt.

RUTHENBERG, H., 1976: Farming systems in the tropics. 2. Aufl., Clarendon Press, Oxford.

SACHS, R.E.G., 1974: Diskrepanzen im Sozialsystem deutscher Agrarhilfeprojekte. In: Zeitschrift für ausl. Landwirtschaft 13, H. 3, S. 201-215.

SANDERS, H.C. (Hrsg.), 1966: The Cooperative Extension Service. Prentice Hall, Englewood Cliffs, N.J.

SCHNELLE, E., 1973: Metaplanung - Zielsuche ... Lernprozeß der Beteiligten und Betroffenen. Quickborn: Metaplan GmbH (Metaplan-Reihe, Heft 1).

SCHNELLE-CÖLLN, T., 1975: Visualisierung, die optische Sprache problemlösender und lernender Gruppen. Quickborn: Metaplan GmbH, (Metaplan-Reihe, Heft 6).

SCHÖNHERR, S., 1975: Neue Extension Methoden zu beschleunigter Verbreitung agrarischer Innovationen. In: Störfaktoren der Entwicklungspolitik. Hrsg.: WURZBACHER,G. Enke-Verlag, Stuttgart.

SCHÖNHERR, S., 1979: Konzeptionen ländlicher Entwicklungspolitik. In: Zeitschrift für ausl. Landwirtschaft 18, H. 1, S. 5-18.

SCHÜNMEIER, H.W., 1977: Agriculture in Conflict. The Shambaa Case. Bensheim: Kübel Foundation, S. 288.

SCHÜPPING, W., 1974: Die nicht-direktive Beratung. In: Schwalbacher Blätter, 102, H. 2. Jg. 25, S. 42-50

SCHUBERT, B., 1977: Die Agrarmarktkomponente bilateraler deutscher Agrarhilfeprojekte. Kurzanalyse im Auftrag des BMZ. BMZ, Bonn.

SCHUHMACHER, E., '1977: Die Rückkehr zum menschlichen Maß. Alternativen für Wirtschaft und Technik. Rowohlt, Reinbek.

SCHULER, E.A., 1964: The origin and nature of the Pakistan Academies for village development. In: Rural Sociology, 29, S. 304-312.

SCHUMAN, H., 1967: Economic Development and Individual Change: A Social-Psychological Study of the Comilla Experimentin Pakistan. Harvard Univ., Center for Intern. Affairs, Unpubl. Paper.

SCHULZ von THUN, F., 1981: Miteinander reden: Störungen und Klärungen. Psychologie der zwischenmenschlichen Kommunikation. roro Sachbuch, Reinbeck.

SCHULZ, M., 1975: Zur organisatorischen Gestaltung der Landwirtschaftsberatung bei fortschreitender Entwicklung. Das Beispiel Elfenbeinküste. In: Zeitschrift für ausl. Landwirtschaft 14, H. 1, S. 15-36.

SCHWEFEL, D., 1977: Bedürfnisorientierte Planung und Evaluierung. Deutsches Institut für Entwicklungspolitik, Berlin.
SEIBEL, H.D., MASSING, A., 1974: Traditional Organizations and Economic Development. Praeger Publishers, New York, London.
SHANIN, T. (ed.), 1971: Peasants and peasant societies. Selected readings. Penguin, Harmondsworth, Middlesex.
SHARAR, S., 1977: Konflikte in Entwicklungsprojekten. Breitenbach, Saarbrücken.
SIMMONDS, N.W., 1985: The State of The art of Farming Systems Research. World Bank Technical Paper No. 43. 100 S.
SINHA, P.R.R. (Hrsg.), 1976: Communication and rural change. Asian Mass Communication Research and Information Centre, Singapore.
SPENCER, D.S.C., 1976: African Women in Agric. Development. Overseas Liaison Committee, Washington, D.C.
SRINIVASAN, L., 1977: Perspectives on nonformal adult learning. World Education, New York.
STAHL, C.D., 1977: Was geschieht zwischen dem Berater und seinem Klienten? Kommunikationstheoretische Überlegungen zum Prozeß der psychosozialen Beratung. In: Blätter der Wohlfahrtspflege 124, S. 263-268
STEINER, G., 1978: Tierzeichnungen in Kürzeln. Fischer, Stuttgart.
STRAHM, R., 1978: Überentwicklung - Unterentwicklumg. Ein Werkbuch. 3. überarb. Aufl., Laetare Verlag, Nürnberg.
STRAHM, R.,1985: Warum sie so arm sind. Arbeitsbuch zur Entwicklung der Unterentwicklung in der Dritten Welt mit Schaubildern und Kommentaren. Peter Hammer Verlag, Wuppertal.
STRÖBEL, H., et al., 1973: An economic analysis of smallholder agriculture in the Kericho District, Berlin.
STRÖBEL, H., 1976: Entwicklungsmöglichkeiten landw. Kleinbetriebe, Kericho District, Kenya, unter besonderer Berücksichtigung des Einsatzes von Kleinkrediten mit Beratung. München.
SÜLZER, R., 1979: Das Untersuchungsverfahren durch die Partei und die Frage der Massenlinie. In: S. GROENEVELD (Hrsg.): Materialien zur China-Diskussion. Breitenbach, Saarbrücken, S. 219-223.
SÜLZER, R., 1979: Information Systems für Propagating Rural Innovations in African Countries. Audiovision Workshop 1979. Ed.: H:G. HUBRICH. Berlin: Internationales Institut für Medien und Entwicklung, S. 55-79 und Anhang I - XII.
SÜLZER, R.: 1980: Beratung als Instrument der ländlichen Entwicklung in Südost-Asien. Bericht über das 2. Regionalseminar der DSE/ZEL und der GTZ vom 02.12.-15.12.1979 in Chiang-Mai, Thailand. DSE/GTZ, Feldafing/Eschborn.
SÜLZER, R., 1980: Medienstrategien und Entwicklungpolitik. Anwendungsbezogene Forderungen für Medienprojekte im ländlichen Raum. In:Rundfunk und Fernsehen, 28, S. 56-69.
SWANSON, B., (Hrsg.), 1984: Agricultural Extension: A Reference Manual. Second Edition. Rom, FAO.
TRAPPE, P., 1978: Development from below as an alternative. A case study in Karamoja/Uganda. Social Strategies 1978. Kap. 5, S. 45-50, (Monographien zur Soziologie und Gesellschaftspolitik), Basel.
TSCHAJANOW, A., 1917: Die Sozialagronomie. Ihre Gedanken und Arbeitsmethoden. 1. Aufl. 1917. Parey 1924, Berlin.
TURNBULL, C.M., 1963: The Lonely African. New York, Anchor Books.
ULLRICH, G., KRAPPITZ, U., 1985: Participatory Approaches for Cooperative Group Events - Introduction and Examples of Application -. DSE, Feldafing.
UNESCO (Hrsg.), 1973: Practical guide to functional literacy. UNESCO, Paris.
UNITED NATIONS (Hrsg.), 1975: Popular participation in decision making for development. United Nations, Department of Economic and Social Affairs, New York, N.Y.
UNITED NATIONS (Hrsg.), 1978: Systematic Monitoring and Evaluation of integrated development programmes: a source book. United Nations, New York.
UN/ESCAP (Hrsg.), 1978: Local-level planning for integrated rural development. Report of an expert group meeting. UN/ESCAP, Bangkok.
UPHOFF, N.T., COHEN, J.M., GOLDSMITH, A.A., 1979: Feasibility and application of rural development participation. A state-of-the-art paper. Cornell University, Ithaca, N.Y..
VAN DEN BAN, A., 1974: Inleiding tot de voorlichtingskunde. Boom, Meppel.

VAN DEN BAN, A., WEHLAND, W., 1984: Einführung in die Beratung. Pareys Studientexte, 36, Paul Parey, Berlin, Hamburg.
VAN SCHOOT, Ch. M.E., 1985: In the Picture. Pictorial perception and communication in rural development. Masters Thesis, Reading.
VAN WOERKUM, C.M.J., 1982: Voorlichtingskunde en Massacommunicatie. Het werkplan van de massamediale voorlichting. Landbowhogeschool Wageningen, vakgroep Voorlichtingskunde.
VON BLANCKENBURG, P., 1982: The Training and Visit System in Agricultural Extension. A Review of First Experiences. In: Quarterly Journ. of Agriculture, Vol. 21, No. 1, S. 6 - 25.
VINK, A.P.A., 1975: Land use in advancing agriculture. Springer, Berlin.
WALKER, D.A., 1979: Understanding pictures: A study in the design of appropriate visual materials for education in developing countries. Center for International Education, University of Massachusetts, Amhurst.
WALLMANN, S., 1965: The Communication of Measurement in Basutoland. In: Human Organization, 24, S. 236-243.
WATERSTON, A., 1965: Development Planning. Lessons of Experience. John Hopkins, Baltimore, Maryland.
WATERSTON, A., 1976: Managing planned agricultural development. Governmental Affairs Institute, Washington,D.C.
WEBSTER, R.L. (Hrsg.), 1975: Integrated communication. Bringing people anr rural development together. East-West-Center, Honolulu.
WEISBACH, CH.R., EHRESMANN, F., 1985: Reden und verstanden werden. Ein Lese- und Übungsbuch. Fischer, Frankfurt/Main.
WEISBACH, CH.R., 1982: Das Beratungsgespräch, Trainingshandbuch. In: Neue Lernverfahren, Hrsg.: W. Ziefreund, Bd. 10, Lexika-Verlag, Weil der Stadt.
WEISCHET, W., 1980: Das ökologische Handicap der Tropen in der agrarwirtschaftlichen Entwicklung. In: epd-Entwicklungspolitik. Materialien (1980), H. 1, S. 21-33.
WEISS, D., 1971: Infrastrukturplanung. Ziele, Kriterien und Bewertung von Alternativen. Hessling, Berlin.
WHYTE, W.F., 1975: Organizing for agricultural development. Human aspects in the utilization of science and technology. Transaction Books, New Brunswick, N.J.
WHYTE, W.F., 1981: Participatory Approaches to Agricultural Research and Development. Rural Development Participation Review, Cornell University, Ithaca/New York.
WORTMANN, S., CUMMINGS, R.W., 1979: To feed this world. The challenge and the strategy. Hopkins, Baltimore.
YANG, H.P., 1955: Fact-finding with Rural People. A Study of Social Survey.FAO, Agricultural Development Paper, No. 52.
Tonino ZELLWEGER, T., 1986: Verbesserung landwirtschaftlicher Nutzungssysteme. Eine Einführung in Farming-System-Research (FSR). In: Berater-News, LBL, Lindau, 2, S. 6-13
ZIMMER, A. und F., 1978: Visual literacy in communication: designing for development. Ed. H.S. BHOLA, Indiana University, Hulton Educational Publications Ltd.

REGISTER

Aberglaube 24
Abgaben 24
Abhängigkeit 23, 27, 33, 39
Abholzung 29
Abschlußevaluierung 270, 273
Abstand zum Problem 72
Abstraktion 62
Abstraktionsleiter 63
Abwehrhaltungen 124
Abwehrmechanismen 88
Abwehrreaktionen 113
Abweichendes Verhalten 83
Ackerbau 24, 118
Administration 59
Adoption 104
Adoptions- und Diffusionsforschung 104
Adoptionsraten 120
Aggression 89
Aggressivität 129
Agrar-exporte 23, 31
Agrarforschung 23
Agrarförderung 41, 42
Agrarreform 28
Agrarverfassung 27, 28
Agricultural extension 39
Aktion, erprobende 189, 199
Alltagskommunikation 91
Almosen 34
Alternativen 201
Analphabetenrate 140
Analphabetentum 159
Analyse des Sozialsystems 188
Anbauanweisung 54
Anbaumethode 23
Anbauverfahren 23
Anekdoten 145
Animation Rurale 55, 116
Animismus 24
Animistisches Weltbild 88
Annahme von Gastfreundschaft 186
Anpassung 83
Anpassungsdruck 84
Anschaulichkeit 98, 131, 155
Anschauungsmaterial 222
Anschlagtafeln 138, 158
Anspruchsniveau 80
Anstandsregeln 88
Anstellungsbedingungen 247
Appell 34, 91
Arbeitsaufwand 42

Arbeitsbedingungen 101
Arbeitslosigkeit 23
Arbeitsmotivation 57, 119, 229, 230
Arbeitsplanung 228
Arbeitsplatzbeschreibungen 249
Arbeitsprogramm 225
Arbeitsteilung 51
Arbeitsüberwachung 100
Arbeitsverpflichtungen 24
Argumentationskette 81
Armut, drei Stufen von 25
Armut, ländliche 22, 25
Arzneiforschung 23
Außendarstellung 83
Außenseiterposition 83
Audio-visuelle Materialien 155
Aufbaustudium 253
Aufforderungscharakter 73
Auffrischungskurse 256
Aufmerksamkeitsschwellen 170
Aufstiegsmöglichkeiten 120
Aus- und Fortbildung von Beratern 253
Ausbeutung 25, 27
Ausbildung 28, 37, 89, 141
Ausbildung am Arbeitsplatz 255
Ausbildungsmaßnahmen 248
Ausbildungsniveau 152
Ausbildungsplan 254
Ausbildungszentren 138
Ausfallbürgschaften 114
Ausfallzeiten 226
Auswahl der Evaluierer 275
Auswanderung 29
Auswertung von Sekundärmaterial 189
Autonome Neuerungsausbreitung 202
Autonomie 33
Autoritärer Führungsstil 229
Autorität 100
Autoritäten 24
Autoritätsanmaßung 85
Basis 42
Beaufsichtigung 101
Bedingungen erfolgreicher Kommunikation 66
Bedingungen erfolgreicher Beratungsarbeit 120
Bedürfnis nach Sicherheit und Orientierung 76
Bedürfnisanalyse 79
Bedürfnisse 73, 74, 78, 82
Beeinflussung 36
Befangenheit 39
Befragung 135, 189, 194

Begleitende Evaluierung 263, 270
Begriffsinventar 191
Begriffskartei 191
Beherrschung von Inhalt und Methode 61
Bekehrungsversuche 89
Beobachtung 135, 189, 193
Beobachtung, nicht-teilnehmende 194
Berateraufgaben 239, 240, 241, 242
Berater, Aus- und Fortbildung 253
Berater, weibliche 221
Beraterausbildung 160
Beraterbesprechungen 129
Beraterbüro 126
Beraterdichte 95, 133, 201, 216
Berater, nebenberufliche 56
Beraterschulung 132, 172, 175, 223, 262
Beratersteckbriefe 223
Beratungsalltag 66
Beratungsansatz 43, 45, 65, 201
Beratung, ländliche 40
Beratung, landwirtschaftliche 21, 35, 39, 41
Beratungsaufgaben 123
Beratungsbesprechungen 130
Beratungsbeziehung 39
Beratungsdefinition 36
Beratungsdienst 22, 64
Beratungsdienste, staatliche 235
Beratungsfremde Aufgaben 228
Beratungsgespräch 124
Beratungshilfsmittel 95, 119, 154, 155, 156, 178, 221
Beratungsinhalt 125
Beratungsinhalte 134, 201, 206
Beratungskampagne 146
Beratungskapazität 209
Beratungskonferenzen 257
Beratungskonzeption 203, 205
Beratungskosten 126
Beratungsmaßnahmen 41
Beratungsmethoden 66, 123
Beratungsmethodik 259
Beratungsorganisation 94
Beratungspartner 36
Beratungspraxis 61
Beratungsprogramm 38
Beratungsqualität 38
Beratungssteckbriefe 172
Beratungsverfahren 123
Beratungsvorhaben 115
Beratungswirkungen 136
Beratungswissen 22
Beratungsziele 201
Berichterstattung 251
Berichtswesen 229, 242, 250, 251
Berufsfeld landwirtschaftliche Beratung 21
Besichtigungen 132

Betriebsausgaben 30
Betriebskartei 271
Betriebsorganisation 41
Betriebssysteme 34, 53
Betriebswirtschaft 41
Bevölkerung, ländliche 23
Bevölkerungsdichte 29
Bewußtsein 73
Bewußtseinsstand 33
Bewußtseinswandel 29, 34
Beziehung 22, 36, 90
Beziehungsfeld 65
Bezugsbeispiele 61, 66
Bildfolgen 179
Bildgeschichten 163
Bildliche Darstellungen 160
Bildmaterial 176
Bildmaterial, Gestaltung von 76
Bildungsdefizit 253
Bildungswesen 142
Binnenmärkte 30
Blitzlichtgeräte 223
Blutsverwandschaft 67
Bodenerschöpfung 29
Bodenfruchtbarkeit 23, 41
Breitenwirkung 93, 113, 117
Brettspiele 168
Broschüren 123, 158, 223
Bürokratisierung 235
CFSME-Beratungssystem 141
Comics 162, 163
Commodity Approach 115
Community Development 54, 55, 116
Datenauswertung 186
Datenbeschaffung 267
Datenerhebung 266
Datensammlung 58, 251
Dauerredner 130
Demonstration 95, 98, 128, 129, 131, 137, 146
Demonstration, Ergebnis- 131
Demonstration, nicht-vergleichende 131
Demonstration, Methoden- 131
Demonstrationsbetrieb 131
Demonstrationsblock 161
Demonstrationseffekt 134
Demonstrationsfläche 131, 137
Demonstrationsstandort 133
Demonstrationsveranstaltungen 134
Demonstrationsverfahren 114
Demonstrationsziele 132
Denken 62, 87
Denkgewohnheiten 163
Denkmalspflege 88
Desinteresse 41
Development Support Communication Service 176
Dia-Projektion 179

Dia-Serie 155
Dia-Serien, vertonte 164
Diagnostische Fähigkeiten 253
Dialog 63
Dialogverfahren 170
Dias 162, 164
Didaktik 261
Dienstleistung 23, 39
Dienstleistungseinrichtung 118
Dienstleistungsgruppen 53
Dienstverträge 248
Dienstwohnung 220
Differenzierung, ökonomische 109
Diffusionsforschung 104
Diffusionskurve 109, 110, 277
Diffusionsprozeß 104, 108
Dilemma der Organisationen 99, 100
Direktes Messen 189
Dokumentationsstellen 190
Dominanz 129
Dorfentwicklungsgenossenschaften 128
Dorfgemeinschaft 65
Dorfkartei 271
Dorfkomitees 128
Dorfräte 128
Dorfstudien 273
Dorfversammlung 133
Dorfvorsteher 138
Drehbuch 165
Drei Stufen von Armut 25
Düngemittel 23
Dunkelkammer 223
Durchführbarkeitsstudie 59, 183, 201,, 202, 270
Effizienz 100
Eigeninteresse 39
Eigenständige Entwicklung 23
Eigenversorgung 28
Einflußpersonen 94, 108, 130, 136
Einführung von Neuerungen 188
Einkommen 28
Einkommenssteigerung 32
Einsicht 33
Einstellungen 74
Einzelberatung 82, 123, 126, 134, 217
Einzelgespräch 124, 126, 128
Elend 25
Eliten, ländliche 52
Energiegewinnung 35
Entdeckungen 210
Entlassung 248
Entlohnung 100
Entmündigung 34
Entschädigung 132
Entscheidung 81
Entscheidungsfreiheit 36
Entscheidungsprozesse 51

Entschlüsselungsarbeit 91
Entwicklung, eigenständige 23
Entwicklungsanreize 35
Entwicklungsansatz 115
Entwicklungsbarrieren 40
Entwicklungsleistungen 31
Entwicklungspolitik 27, 32
Entwicklungstheorie 27
Erfahrungen 62, 69, 73, 74
Erfahrungsaustausch 34, 136, 147
Erfahrungssammlung 63
Erfindungen 210
Erfolgsbeurteilung 135
Ergebnisbewertung 81
Ergebnisdemonstration 131
Ergebnisfeststellung 81
Ergebnismatrix 266
Erkenntnisphilosophie 74
Erleben 39
Ermittlung des Bildungsbedarfes 253
Ernährung 41
Ernteausfälle 24
Erosion 29
Erprobende Aktion 189, 199
Erprobungsphase 107
Ersatzfahrzeuge 138
Ersatzteilversorgung 142
Erstübernehmer 113
Ertragserhebungen 272
Ertragsmessungen 198
Erwartungen 69
Erzähler 22
Erzählungen 163
Erzeugerpreise 30
Ethnozentrismus 88
Evaluierer, unabhängige 276
Evaluierung 59, 181, 199, 263, 265
Evaluierungsbericht 277
Evaluierungskosten 280
Evaluierungsplan 267, 270
Evaluierungsspezialisten 275
Evaluierungsverfahren 269
Ex-ante Evaluierung 263
Ex-post Evaluierung 263
Exkursionen 257
Exportkulturen 28
Exportproduktion 115
Extensao agricola 39
Extensión agropecuaria 39
Fachabteilungen 102
Fachberatung 61
Fachliche Qualifikation 243
Fachverstand 81
Fahrtkosten 125
Falschinformationen 194
Familienbetrieb 24

Familienplanung 29
Farbgebung 160
Fatalismus 24
Feasibility-Studie 202
Federzeichnung 162
Feedback 91
Fehleinschätzungen 78
Fehler- und Kapazitätsausgleich 84
Fehlerquellen 56
Fehlersuchsystem 65
Fehlinterpretation 193
Fehlinvestitionen 109
Feld persönlicher Beziehungen. 65
Feld, psychisches 69
Feldberater 238
Feldberatung 139
Felderheber 275
Felderhebungen 184
Feldprozessionen 88
Feldtag 135, 146, 174
Feldtagsprogramme 137
Feldtheorie, psychologische 69
Fernsehen 167
Fernsehprogramme 164
Feste 22, 228
Film 155, 164, 222
Filmkamera 73
Filmproduktionen 165
Filmprojektoren 223
Filmstreifen 162
Filmstreifen, vertonte 164
Filmvorführungen 145
Firmenberater 38
Flächenermittlung 198
Flanelltafel 160, 223
Flip chart 160
Flugblätter 158
Folgewirkungen 81
Folklore 158
Förderungsangebote 124
Förderungsansätze 46
Förderungsinstitutionen 117
Förderungskonzept 31, 115
Förderungsmaßnahmen 40
Förderungspolitik 22
Förderungspolitik, ländliche 45
Förderungsprogramme 115
Formale Organisationen 102
Formelle Beratungsgespräche 124
Formelle Erziehung 150
Forschung 210
Forschungsergebnisse 211
Forschungsinstitutionen 39
Forschungsstationen 53
Fortbildung 63, 228, 255
Fortbildung im Ausland 257

Fortbildungsseminare 135
Fortbildungsveranstaltungen 260
Fortschrittsgläubigkeit 104
Foto 159, 162
Fotoausrüstungen 223
Fotodokumentation 194
Fotokopiergeräte 222
Fragebogenerhebungen 195
Freies Interview 195
Fremdinitiative 31
Frühe Übernehmer 105
Führer 28
Führung 99, 229
Führungseigenschaften 231
Führungsposition 83
Führungsstil 100, 230
Funktionäre 123, 124
Geburtenrate 29
Gedächtnis 74, 75
Gegenseitige Hilfe 23
Geldverleiher 30
Genossenschaften 52, 53, 138
Gesamtbevölkerung 52
Geschichten 22, 163, 168
Geschichtenerzähler 158
Geschichtete Stichproben 274
Gesellschaftsstrukturen 82
Gesellschaftssystem 65
Gespräch 123
Gesprächsführung 186
Gesprächsklima 126
Gesprächsleiter 131
Gesprächsleitfaden 195, 273
Gesprächsleitung 130
Gestaltung von Bildmaterial 76
Gestaltung von Lernvorgängen 61
Gestaltung von Reden 146
Gesundheit 88
Gewichte 34
Gießharz 167
Glaubwürdigkeit 77, 94, 145
Gleichgewicht ökologisches 26
Gleichgewichtsniveau 71
Gleichnisse 145
Glockenkurve 109
Grafik 159
Green Revolution 116
Großbetriebe 116
Großfotos 171
Großgrundbesitzer 52
Grundbedürfnisse 25
Grundherr 24
Grundlagen der Beratung 61
Grundlagenwissen 138
Grundnahrungsmittel 28
Grundwasserabsenkung 29

Gruppe 82
Gruppe, Leistungsvorteile der 84
Gruppenarbeit 173
Gruppenberatung 95, 123, 126, 127, 128, 131, 135, 141, 158, 166, 166, 223
Gruppenbildung 127
Gruppendiskussion 123, 196
Gruppendynamik 82, 85
Gruppendynamische Prozesse 127
Gruppengeschehen 82
Gruppengespräch 53, 128, 134, 135, 141, 146
Gruppengröße 129
Gruppenideale 83
Gruppenidentifikation 84
Gruppennorm 83, 85
Gruppensprache 84
Gruppenverfahren 125
Gruppenvertreter 137
Gruppenzusammensetzung 85
Gutachter 59
Handbücher für Lehrer 153
Handeln 62
Handlautsprecher 224
Händler 40, 52
Handlungsplan 84
Handlungsspielraum 22
Handwerker 40
Handzettel 159, 173
Haushalt 24
Haushaltsführung 41
Hauswirtschaft 40
Hemmende Kräfte 70
Hierarchie der Probleme 49
Hilfeleistung 24
Hochleistungssorten 116
Höflichkeitsregeln 145, 186
Hoheitsaufgaben 119
Hörergruppen 158, 224
Humanistische Ethik 37
Hunger 29
Identifikationsgefühl 85
Identität 26
Identität, kulturelle 33
Identität, persönliche 33
Image 77, 94
Imponiergehabe 124
Import 213
Indikator 104, 184, 265
Industrieländer 27, 188
Industrienorm 88
Information 89
Informationsvorsprung 27
Informationsabfolge 97
Informationsbeschaffung 182, 186, 208
Informationskampagnen 136
Informationskanal 95

Informationsstand 95
Informationssuche 108
Informationswesen 37
Informelle Gruppen 56
Infrastruktur 35, 40, 142, 212
Inkompetenz 56
Innenspannung 72
Innovationen 103
Innovator 67, 104, 105, 106
Institutionalisierung 39
Institutionen 86
Institutionenaufbau 39
Integrated Rural Development 116
Integration von Teilmodellen 65
Interaktion 64
Interdisziplinarität 184
Interessengegensätze 28, 280
Interessengruppen 39
Interessenkonflikte 54, 59
Interessenvertretung 28, 84
Interkulturelle Kontakte 65
Interview, unstrukturiertes 195
Jugendliche 40, 136
Kampagne 142, 143, 173
Kapitalausstattung 213
Karrieredenken 260
Karteikarten 126
Karten 183, 191
Kartenspiele 161
Kastenzugehörigkeit 67
Katastrophen 29
Kindererziehung 40
Kindersegen 29
Klassenunterricht 153
Kleinbauern 22, 23, 39, 202
Kleinbauernförderung 30, 32, 35, 202
Kleinbauernprogramme 28
Kleinbetriebe 116
Klettenband 160
Klima 29
Kognitive Dissonanz 76
Kolonialzeit 101
Kommerzielle Beratungsdienste 235
Kommunikation 42, 61, 89
Kommunikationsbeziehungen 94, 123
Kommunikationshindernisse 67
Kommunikationskanäle 94
Kommunikationsmodell 93
Kommunikationsnetzwerke 89, 94
Kommunikationsstrategie 94, 170, 171
Kommunikationsvorgänge 89
Kommunikative Techniken 253
Kommunikator 93
Kompetenzverlust 28
Komplementäre Maßnahmenbereiche 201, 209
Konflikt 23, 39

Konfliktaustragung 88
Konfliktsituation 119
Konformität 86
Konfrontation 24
Konkurrenz 84
Kontaktbauern 123, 124, 138, 140
Kontakte, interkulturell 65
Kontrollspanne 100, 101
Konzepte 61, 62
Kooperativer Führungsstil 231
Koordination 229
Koordinierungsgespräch 226
Kopfsteuer 28
Korruption 28, 102
Kostenarten 225
Kostenstellendenken 103
Kräfteaddition 84
Kräftefeld 69
Kräfteungleichgewicht 76
Kraftstoffe 23
Krankheit 24, 29
Kreativität 82, 230
Kredit 30
Kreditbedarf 214
Kreditverwendung 214
Krieg 29
Kriterien 265
Kritik 56
Kritische Phase 108
Kultur 87
Kulturcharakteristika 87
Kulturdefinition 87
Kulturelle Identität 33
Kulturelles Milieu 65
Kulturschock 88, 102
Kultursystem 87
Kulturzugehörigkeit 87
Künstler 22
Kurzfilm 165
Kürzungen der Bezüge 248
Kurzzeitexperte 279
Lagermöglichkeiten 30
"laisser-faire"-Führungsstil 231
Landarbeit 28
Landbouw voorlichting 39
Landflucht 23
Landfrau 40, 51, 118, 174
Landfunk 53, 95, 156, 158
Landfunkjournalisten 156
Landfunksendungen 224
Ländliche Armut 25
LändlicheBeratung 40
Ländliche Bevölkerung, 21, 23
Ländliche Eliten 52
Ländliche Förderungspolitik 45
Ländliche Regionalentwicklung 35

Landlose 21, 23
Landnutzung 28
Landnutzungsformen 22
Landnutzungssysteme 35
Landwirtschaftliche Beratung 21, 35, 39, 41
Landwirtschaftlichen Bevölkerung 116
Landwirtschaftliches Praktikum 258
Landwirtschaftslehrer 152
Landwirtschaftsschau 146
Landwirtschaftsunterricht 151
Lautsprecherwagen 159
Lebensbedingungen 22, 26, 48
Lebensgeschichten 197
Lebensglück 29
Lebensstandard 50
Lehrangebot 97
Lehrfilme 165
Lehrinhalte 151
Lehrkräfte 152
Lehrpläne 151
Leistungsanreize 248
Leistungsbeurteilung 248
Leistungsdruck 57
Leistungsorientierung 245
Leistungsvorteile der Gruppe 84
Leitungsstellen 102
Lernergebnis 97
Lerngewohnheiten 164
Lernhemmnisse 97
Lernhilfen 98
Lerninhalt 97
Lerninteresse 98
Lernprozesse 97
Lernsituation 97
Lernvorgänge 89, 96
Lernvorgängen, Gestaltung von 61
Lieder 98, 158, 168
Literaturkartei 191
Lokale Rundfunkstation 138
Lokalisieren von Problemen 65
Lokalrassen 23
Lokalsorten 23
Lösungsalternativen 79
Lotterie 144
Luftaufnahmen 183
Luftbilder 191
Macht 26, 27, 82
Machtelite 28, 55
Magnettafel 160, 223
Makrofotografie 223
Makroskop vor Mikroskop 192
Management 78
Manipulation 34, 85
Markterhebungen 273
Marktfruchtanbau 81
Marktproduktion 32

Marktverhältnisse 35
Massenberatung 158
Massenkommunikation 93
Massenverfahren 141
Massenwirksame Beratung 141
Massenwirksame Beratungsverfahren 123
Materialgerechtigkeit 88
Meßflächen 198
Medien 92, 135, 141, 142, 154, 155
Medienaussagen 176
Mediendienst 221
Medieneinheit 170, 221
Medieneinrichtungen 170
Medieneinsatz 142, 154, 174, 177, 272
Medieninformation 94
Mediennutzung 175
Medienspezialisten 171
Medienunterstützung 174
Mehrdeutigkeit 91
Mehrfachbefragungen 196
Mehrfachinformationen 144
Mehrfachnutzung 103, 179
Menschenbild 100
Menschenrechte 25
Metakommunikation 92, 131
Methodendemonstrationen 135
Methodik der Gesprächsführung 125
Mißerfolgsrisiko 108
Mißtrauen 41
Mißverständnisse 91
Mischkulturen 29
Mitbestimmung 51
Mitsprache 34
Mitteilungsblätter 159
Mittlergruppen 52
Mobilisierung 40, 218
Modellbetriebe 137
Modelle 171
Moderation 86, 256
Modernisierung 23, 28, 31, 116
Monitoring 184, 251
Monokulturen 29
Motivationsfilme 165
Multiplikationseffekt 95
Multiplikatoren 94
Nach-Entscheidungs-Konflikte 72, 85
Nachbarschaftshilfe 28
Nachfrageberatung 54
Nachrichtenempfänger 89
Nachrichtengeber 89
Nachrichtenverbreitung 94, 95
Nahrungsmittelhilfe 28
Nahrungsmittelproduktion 26
Nahrungsmittelversorgung 40
Nahrungsüberschüssen 21
Naturwissenschaftliches Weltbild 88

Nebenberufliche Berater 56
Nebenerwerb 53
Nebenwirkungen 46
Netzwerkstrategie 94
Neuerer 104
Neuerungen 21, 40
Neuerungsausbreitung, autonome 202
Neuerungsübernahme 109
Neulanderschließung 29
Nicht-teilnehmende Beobachtung 194
Nicht-vergleichende Demonstration 131
Norm 38, 67, 86
Nutzungsschranken 51, 129
Ohnmacht 27
Ökologisches Gleichgewicht 26
Ökologische Unbedenklichkeit 209
Ökonomische Differenzierung 109
Ökosystem 30
On the job training 63
On-farm-test 132
Organigramm 230
Organisation 99, 229
Organisationen, formale 102
Organisation und Führung 61
Organisationsdilemma 99, 100
Organisationsformen der Beratung 229
Organisationskomitee 147
Organisationsmerkmale 233
Organisationsmitglieder 99
Organisationsumfeld 99
Organisationsstruktur 65
Organisationstheorie 230
Organisationsziel 99, 100
Orientierung 62, 75
Orientierungsrahmen 32, 65, 202
Overhead-Projektor 160
Pächter 24, 40
Papierblöcke 223
Parteifunktionäre 138
Partizipation 32, 43, 45, 50, 54, 56, 57, 158
Partizipationsansatz 54, 56
Partizipationsbereitschaft 55, 187
Partner-zentriert 38
Partner-zentrierte Beratung 42
Partnerschaftliches Prinzip 41
Personalbeurteilung 249
Persönliche Identität 33
Persönlichkeitsstruktur 96
Pflanzenschutz 35
Philosophie 25
Pilotprojekt 59
Pioniererfahrungen 50
Plakate 144, 158, 162, 163, 173, 222
Plakatwettbewerb 153
Planrevision 58
Plantagen 29

Planungsprozeß 58
Planungsunsicherheit 46
Plastische Modelle 167
Plastische Objekte 155
Plastizität des Verhaltens 62
Politiker 130
Prägnanz 98
Praktikum, landwirtschaftliches 258
Produktionszweig 23
Preisbeschränkungen 28
Preispolitik 40
Preisregulierung 30
Preisrisiko 215
Preisverteilung 145
Presse 146
Prinzipien erfolgreicher Führung 66
Problem 46, 61, 78
Problembetroffenheit 82
Problembewußtsein 42, 46
Problemdefinition 21, 49, 50, 78, 79
Problemdruck 38
Problemhierarchie 203
Problemklärung 81
Problemlösen 77
Problemlösung 34, 103
Problemlösungsansatz 45, 46, 57
Problemsicht 42
Problemsituation 41, 113
Problemwahrnehmung 78
Problemzusammenhang 62
Produktionsanreize 28
Produktionsbedingungen 22
Produktionselastizität 46
Produktionsergebnisse 136
Produktionsfaktoren 40, 41, 97, 116
Produktionsmittel 27, 212
Produktionsmittelversorgung 30
Produktionssteigerung 115
Produktionssysteme 33
Produktionstechnik 41, 115
Produktionstechnischer Ansatz 45
Produktionsverfahren 42, 131
Produktionsweise 53
Produktivitätssteigerung 31
Prognoseunsicherheit 199
Programmierung 225
Projektabkommen 59
Projektadministration 203
Projektdurchführung 182
Projekterfolg 55
Projektfindung 183
Projektion 75
Projektive Tests 197
Projektlaufzeit 56
Projektmanagement 118
Projektplanung 57

Projektplanung und -durchführung, schrittweise 45
Projektpolitik 118
Projektpraxis 32
Projektprüfung 202
Projektunterstützende Mediendienst 176
Propaganda 37
Protokollbögen 194
Psychisches Feld 69
Psychologische Feldtheorie 69
Puppenspiel 155, 168
Quantitative Betriebsdaten 53
Radioansagen 144
Radioreportagen 158
Radiosendungen 156
Rahmenmodell 66
Rahmenmodell organisierter Beratung 61, 64
Ratsuchender 64
Raubbau am Boden 28
Reaktionsbereitschaft 51
Redegewandtheit 124
Reden, Gestaltung von 146
Redezeit 130
Regelmäßige Betriebsbesuche 125
Regierungsvereinbarung 202
Regionalentwicklung, ländliche 35
Reichtum 25
Religion 25
Reparaturanfälligkeit 142
Resignation 24
Ressourcen 24, 27
Ressourcenausstattung 129, 182
Rezepte 62
Rezipient 93
Risiko 106
Risikoteilung 132
Rolle der Beratung 115, 117
Rolle der Frau 51
Rollenanalyse 197
Rollenaufteilung 99
Rollenkonflikt 39
Rollenverständnis 57
Rollenverteilung 85
Rückfallgefahr 72, 81, 82
Rückfrage 91, 94
Rückinformation 95
Rückkontrollmöglichkeit 91
Rückkopplung 50, 91, 94, 175
Rückmeldungen 92, 172
Rückvergewisserung 91, 94
Rundbriefe 153, 158
Rundfunk 146
Rundfunkstation, lokale 138
Sachinhalt 89
Sachwissen 81
Sanktion 86

Sanktionsmaßnahmen 85
Satellitenaufnahmen 191
Schädlingsepidemie 29
Schande, öffentliche 34
Schattenspiele 168
Schaubilder 162
Schautafeln 146, 171
Scheingenauigkeit 183
Schlüsselpersonen 108
Schrittweise Projektplanung und -durchführung 45
Schulbehörde 152
Schulddienste 24
Schulgärten 137, 151
Schulungszentren 139, 141
Schulwesen 28
Schulwissen 150
Schwachstellen 42
Schwachstellenanalyse 205
Schwerdeutbarkeit 91
Schwerpunktprogramme 32
Sectoral Programme 115
Sehgewohnheiten 165
Selbstbeschränkung 25
Selbstbestätigung 82
Selbstbestimmung 26, 27
Selbstdarstellung 90
Selbstenthüllung 90
Selbsthilfe 40
Selbsthilfeeinrichtungen 39
Selbsthilfefähigkeit 33, 41, 187
Selbsthilfeorganisationen 235, 237
Selbstklärung 81
Selbstkontrolle 33, 101
Selbstoffenbarung 90
selbsttragender Verbreitungsprozeß 113
Selbstverantwortlichkeit 36
Selbstvertrauen 33
Selbstverwirklichung 82
Selektion 75
Seminare 256
Siebdruckanlagen 162
Siedlungsformen 22
Single Crop Approach 115
Situationsanalyse 31, 46, 136, 170, 177, 181, 182, 185, 192, 201, 266
Situationsfunktionale Betrachtung 104, 111
Situationswahrnehmung 78
Solidarität 24
Sorten, neue 29
Soziale Gerechtigkeit 40
Soziale Abstimmung 81
Soziale Beziehungen 82
Soziale Kontrolle 86
Soziale Verpflichtungen 42
Sozialer Ausgleich 40

Sozialer Wandel 89
Sozialordnung 88
Sozialstruktur 65, 67, 86
Sozialsystem 104
Sozialwissenschaften 61, 62
Spannung 81
Spannungsintensität 70
Spannungsminderung 76
Spannungsreduktion 108
Spannungsregler 224
Spannungszustand 76
Spezialisten 127, 129, 238, 243
Spezialkurse 256
Spiele, Negativsummen- 34
Spiele, Nullsummen- 34
Spiele, produktive 34
Spielszenen 98
Sprache 25, 75, 87
Spracherwerb 88
Sprechstunden 126
Sprechzeiten 126
Sprichwörter 22
Staatliche Beratungsdienste 235
Stabilisierung 170
Stadien systematischer Problemlösung 78
Stadtbevölkerung 28
Standardlehrmittel 262
Standortbedingungen 22
Statistenrollen 56
Statistiken 183
Statusdenken 152
Staudämme 29
Steckwand 223
Sterberate 29
Stichproben, geschichtete 274
Stichwortkartei 191
Stimulanz 98
Subjektive Wahrnehmung 69
Subsistenzanbau 81
Subsistenzkulturen 218
Subsistenzproduktion 32
Subsistenzsicherung 24
Subventionierung 213
Super-8-Filme 223
System 63
Tafeln 223
Tagebuchmethode 196
Tageslichtfolien 160, 162, 222
Tageslichtprojektor 223
Tagesordnung 130
Tagträumerei 77
Tänze 168
Tanzgruppen 144
Teamarbeit 184
Teilgruppen innerhalb der Zielgruppe 52
Teilmodellen, Integration von 65

305

Teilnehmenden Beobachtung 193
Tests, projektive 197
Testverfahren 197
"Theorie X" 100
"Theorie Y" 101
Therapie 37, 38
Therapieplan 38
Tonbandgerät 73
Tonbildschauen 148
Tonfilme 164
Tonkassetten 179
Träger 38, 54
Trägereinrichtungen 45
Training and Visit System 117
Transparentfolien 223
Transport 30, 213
Transportfahrzeuge 139
Transportfrage 139
Transportkosten 138
Transportmöglichkeiten 220
Transportprobleme 136
Transportschwierigkeiten 125
Treibende Kräfte 70
Überbevölkerung 27, 29
Überernährung 21
Überlebensstrategien 118
Überlokale Kontakte 107
Übernahme von Neuerungen 136
Übernahmerate 105
Überweidung 29
Übungen im Schulgarten 153
Übungseinheiten 98
Umstellungsergebnisse 82
Umstrukturieren 72, 82
Umweltfaktoren 69
Unabhängige Evaluierer 276
Unbedenklichkeit, ökologische 209
Ungleichgewichte 35
Ungleichgewichtslage 72
Ungleichheit 25, 27
Unklarheit 72
Unpersönliche Kommunikationssituationen 89
Unstrukturiertes Interview 195
Unterbringungsmöglichkeiten 139
Unterdrückung 25, 27
Unterentwicklung 21
Unterernährung 40
Unterkünfte für die Berater 219
Untersuchungsgebiet 186
Untersuchungsplan 185
Unterwerfung 24
Unterwerfungsansprüche 88
Ur-Armut 25
Ursachen-Wirkungskette 203
Ursachenanalyse 26
Ursachenzuschreibung 81

Vegetationsperiode 136
Verarmung 25, 27, 35, 40
Verbesserung der Betriebssysteme 116
Verbreitung von Neuerungen 61, 67, 89, 103, 150
Verbreitungsprozeß, selbsttragender 113
Verbreitungsvorgang 104
Verfahrensregeln 88
vergleichende Demonstration 131
Verhalten 61, 62, 65, 69
Verhaltensänderung 34, 63, 66, 72, 76, 104
Verhaltensänderungsmodell 76
Verhaltensreaktionen 88
Verkaufsgespräch 38
Vermarktung 30, 118, 215
Verödung 29
Verpächter 40
Versammlungen 172
Versammlungsplätze 141
Versammlungsräume 141
Verschlüsselungsarbeit 91
Verschuldung 24
Verschwendung 25
Versprechungen 125
Verständlichkeit 98
Versuchsansteller 107
Versuchsanstellung 118, 132
Versuchsstation 135, 137
Vertonte Dia-Serien 164
Vertonte Filmstreifen 164
Vertröstungen 125
Verunsichernde Information 107
Vervielfältigungsgeräte 222
Verwarnungen 248
Verweigerungen 194
Verweigerungshaltung 118
Vetternwirtschaft 102
Video 166
Video-Aufzeichnung 166
Video-Geräte 166, 175
Videoanlagen 224, 262
Viehhaltung 118
Viehzucht 24
Viehzüchter 23
Vielfachnutzung 102
Vielzweck-Denken und -Handeln 102
Visualisierung 86, 256
Visuelle Veranschaulichung 160
Visuelles Analphabetentum 160
Volksspielgruppen 169
Volkswirtschaftliche Rentabilität, 209
Vollerwerb 53
Voreingenommenheit 124
Vorführgeschwindigkeit 155
Vorhersagen 62
Vorlaufphase 53

Vortesten 165, 175
Vorurteile 34
Vulgarisation agricole 39
Wahl zwischen Alternativen 80
Wahrnehmung 38, 62, 69, 73, 87, 113
Wahrnehmungsfaktoren, funktionale 73
Wahrnehmungsfaktoren strukturelle 73
Wahrnehmungsgewohnheiten 165
Wahrnehmungspsychologie 75
Wahrnehmungsreize 73
Wahrnehmungsvermögen 134
Wahrnehmungsverzerrungen 34, 78
Wahrscheinlichkeit 80
Wahrscheinlichkeitsaussagen 62
Wanderfeldbau 50
Wandtafel 160
Wandzeitungen 158
Weibliche Berater 221
Weiterbildungsmaßnahmen 59
Weltbank 117
Weltbild, naturwissenschaftliches 88
Welternährungsproblem 26
Weltmarkt 31, 36
Werbung 37
Werte 25, 34, 38
Wertmuster 88
Wertschätzung 22
Wertvorstellungen 74, 78, 87, 88
Wettstreit 84
Wichtigtuer 130
Widerspruch 24
Widerstand 24, 34
Willkür 24
Wissensgebiete 61
Wissensvermittlung 129
Wissensweitergabe 27
Wunschvorstellungen 28
Würde 34
Wüstenausbreitung 23
Zeichnungen 162
Zeitungen 159
Zeitschriften 159
Zeitungsmitteilungen 144
Zeremonien 22
Ziel-Mittel-Beziehung 99
Zielbestimmung 78
Zielbevölkerung 39, 52
Zieldefinition 49
Ziele 46
Zielerreichung 50, 59, 204
Zielgruppe 31, 32, 39, 45, 136
Zielgruppen, Beteiligung der 158
Zielgruppenbeteiligung 207
Zielgruppenermittlung 54
Zielgruppenerreichung 269
Zielgruppenorganisationen 144, 217

Zielgruppenorientierung 45, 51, 54, 203, 207
Zielhierarchie 203
Zielorientierte Projektplanung 49, 51, 59, 184, 203
Zielvorstellungen 73
Zuerwerb 53
Zukunftserwartungen 74
Zukunftsperspektive 33, 35
Zuordnungsproblematik 135
Zurechtweisen 124
Zwang 42
Zwänge in Gruppen 83
Zwischenevaluierung 279